含可变参数的
灰色建模方法及其应用

刘解放　高普梅◎著

西南财经大学出版社
中国·成都

图书在版编目(CIP)数据

含可变参数的灰色建模方法及其应用/刘解放,高普梅著.--成都:西南财经大学出版社,2024.7.
ISBN 978-7-5504-6271-7
Ⅰ.N941.5

中国国家版本馆 CIP 数据核字第 2024A3M658 号

含可变参数的灰色建模方法及其应用

HAN KEBIAN CANSHU DE HUISE JIANMO FANGFA JI QI YINGYONG

刘解放　高普梅　著

策划编辑:孙　婧
责任编辑:孙　婧
助理编辑:陈婷婷
责任校对:李　琼
封面设计:墨创文化
责任印制:朱曼丽

出版发行	西南财经大学出版社(四川省成都市光华村街 55 号)
网　　址	http://cbs.swufe.edu.cn
电子邮件	bookcj@swufe.edu.cn
邮政编码	610074
电　　话	028-87353785
照　　排	四川胜翔数码印务设计有限公司
印　　刷	成都金龙印务有限责任公司
成品尺寸	170 mm×240 mm
印　　张	14.75
字　　数	352 千字
版　　次	2024 年 7 月第 1 版
印　　次	2024 年 7 月第 1 次印刷
书　　号	ISBN 978-7-5504-6271-7
定　　价	88.00 元

前　言

灰色系统理论是一种研究小样本、贫信息、不确定问题的新方法。近年来，灰色系统理论在工业、农业、经济、能源、管理、教育等众多领域得到了广泛应用。灰色预测理论是灰色系统理论的重要组成部分，近年来，相关研究取得了丰硕的成果，但仍然存在扰动信息造成的模型稳定性不足、定性分析和定量计算结果不一致、中长期预测结果精度不高等问题，而不同类型的含可变参数的灰色预测模型可以从不同角度解决这些问题。因此，探索构建含可变参数的灰色建模方法及其应用是一个亟须解决的理论和现实问题。

本书的主要研究内容包括以下几个方面：

（1）一类含时变参数的弱化缓冲算子。为了削弱冲击扰动对系统的干扰，正确掌握系统的变化规律，本书在现有研究的基础上，构建了一类含时变参数的弱化缓冲算子及其拓展形式，克服了传统缓冲算子缓冲强度无法调节的弊端，而且充分考虑了新信息优先原理，通过优化算法对参数进行求解，可以使缓冲后的序列更加符合灰色预测模型的建模要求，从而有效提高灰色预测模型的预测精度。此外，本书将该缓冲算子应用到我国航空运输业从业人数的预测中，取得了优于传统缓冲算子的建模效果，进一步丰富和完善了缓冲算子的理论体系。

（2）分数阶累加线性时变参数离散灰色预测模型。传统灰色预测模型利用数据累加的灰指数规律进行建模，而对于更为一般的序列，数据累加后应该同时存在线性和非线性规律。因此，为了充分利用累加数据序列的规律，本书提出了一种分数阶累加线性时变参数离散灰色预测模型，该模型对于单独包含线性趋势或指数趋势的系统，以及两种趋势耦合的复杂系统，均能取得较高的建模精度，从而进一步拓宽了灰色预测模型的应用范围。此外，本书将该模型应用于广东省的 GDP 和我国公路运输线路的预测中，进一步验证了模型的有效性和实用性。

(3) 分数阶累加多项式时变参数离散灰色预测模型。本书将累加序列的规律性推广到更为一般的形式，充分考虑了累加序列的指数规律和多项式规律，进一步解决了现有灰色预测模型对于累加序列的规律性利用不足的问题，充分利用了多项式拟合模型的思想与灰色预测模型的优点。本书在建模过程中发现，当模型阶数过高时，多项式时变参数离散灰色预测模型容易出现过拟合的问题，基于此，本章提出了分数阶累加多项式时变参数离散灰色预测模型，该模型可以有效解决由于多项式次数的增加带来的过拟合问题，从而丰富和完善了灰色预测模型的理论体系。此外，数值算例和实例分析表明，分数阶累加多项式时变参数离散灰色预测模型的精度高于传统的灰色预测模型，从而进一步验证了该模型的实用性和有效性。

(4) 分数阶反向累加非齐次离散灰色预测模型。为了充分利用系统的新信息，从另外一个视角考查累加的规律性，本书提出了分数阶反向累加非齐次离散灰色预测模型，而且利用二次建模的方法，解决了反向累加灰色预测模型只能用于模拟而无法用于预测的问题，并对模型的解的扰动界进行了理论推导和计算，提出了模型的建模过程和参数求解方法，从另外一个视角丰富并完善了灰色预测模型的理论体系。此外，实例分析表明，分数阶反向累加非齐次离散灰色预测模型的预测精度高于一阶反向累加非齐次离散灰色预测模型，进一步验证了分数阶反向累加非齐次离散灰色预测模型的有效性和实用性。

(5) 基于扰动信息的连续区间灰数灰色预测模型。现有的连续区间灰数灰色预测模型均是针对稳定系统进行的建模分析，而当系统出现扰动信息干扰时，如何保持连续区间灰数灰色预测模型的稳定性，是一个需要解决的问题。基于此，本书提出了分数阶累加二次时变参数离散灰色预测模型，该模型可在不损失原始信息的前提下，将区间灰数转化为核序列和灰半径序列，然后分别对核序列和灰半径序列建立分数阶累加二次时变参数离散灰色预测模型，并进行还原计算，该模型为解决带有扰动信息的连续区间灰数的预测问题提供了一个新思路。

(6) 基于扰动信息的离散灰色预测模型。本书构建了分数阶反向累加离散灰色预测模型［FORA-DGM (1, 1) 模型］，并讨论了其解的扰动界。同时，利用扰动分析理论，分析了 FORA-DGM (1, 1) 模型适合小样本建模的原因，发现 FORA-DGM (1, 1) 模型的解的扰动界小于离散灰色预测模型［DGM (1, 1) 模型］。因此，FORA-DGM (1, 1) 模型比

DGM (1, 1) 模型具有更好的稳定性。此外，本书通过对上海市工业部门的 SO_2 排放量进行预测，进一步验证了 FORA-DGM (1, 1) 模型的有效性和实用性。

(7) 两类离散灰色预测模型的优势分析。本书提出了分数阶累加离散灰色模型和分数阶反向累加离散灰色模型［FIDGM (1, 1) 模型］，并对两种模型进行了对比分析。从理论分析来看，一般情况下，新信息包含的扰动信息比较少，因此，FIDGM (1, 1) 模型通常具有较高的稳定性。此外，通过具体实例分析，验证了 FIDGM (1, 1) 模型的有效性和实用性，并进一步拓宽了灰色预测模型的应用范围。

(8) 基于周期性波动序列的灰色幂模型。本书提出了 GM (1, 1, V, T) 幂模型，进一步拓宽了传统 GM (1, 1) 幂模型的适用范围，通过引入正弦函数，对具有周期性波动特征的序列进行建模。同时，在建模过程中，采用最小二乘法和遗传算法，在参数求解的同时实现全局优化。此外，本书利用 GM (1, 1, V, T) 模型对河北省衡大高速公路的车流量和天津市大气污染物中的 PM2.5 含量进行分析，结果表明，该模型相较于 GM (1, 1) 幂模型、DGM (1, 1) 模型、统计模型等，在具有周期性波动的序列的建模过程中，能实现更好的拟合和预测。

(9) 基于弱化缓冲算子的分数阶灰色预测模型。本书构建了缓冲算子与分数阶累加线性时变参数离散灰色预测组合模型，并讨论了其性质和参数求解方法。此外，本书将该模型应用于我国能源消耗和人均用电量的预测中，获得了较高的模拟和预测精度，特别是在多步预测中，显示出模型具有明显的优越性，表明该模型具有良好的记忆能力。

(10) 新陈代谢 GM (1, 1, t^h, p) 幂模型在生鲜电商预测中的应用。本书通过在求解背景值时引进一个新参数，将背景值表示为相邻序列点的线性函数，并在参数求解时，运用遗传算法对幂指数和新参数进行协同优化。同时，为了更加符合新信息优先原理，本书将新陈代谢理论与 GM (1, 1, t^h, p) 幂模型相结合，并将其首次应用于生鲜电商行业交易规模和盒马鲜生季度月活用户规模的预测中，结果表明，改进后的模型能很好地提升模拟和预测精度，进一步扩大幂模型的适用范围，具有一定的实际意义和应用前景。此外，尽管我国生鲜电商仍处于初级阶段，但随着互联网的普及和电子商务的发展，未来生鲜电商具有很大的发展前景，生鲜电商从业者应顺应时代潮流，与时俱进，不断创新，从而提升品牌的核心竞争力。

（11）信息扰动条件下的 FRNHGM（1，1，k）预测模型。本书对比分析了一阶反向累加 NHGM（1，1，k）模型的解的扰动界和分数阶反向累加 NHGM（1，1，k）模型的解的扰动界，经过大量的数据模拟发现，当 $0 < r < 1$ 时，建立的 FRNHGM（1，1，k）模型的解具有更小的扰动界；对于系统数据出现扰动的情况，该模型的解的稳定性更好，而且由于反向累加更加有效地利用了系统的新信息，因此预测误差更小，预测的精度更高，从而丰富和完善了灰色预测模型的理论研究和实际应用。

（12）含可变参数的灰色预测模型在航空运输中的应用。本书将所提出的含时变参数的弱化缓冲算子、线性时变参数离散灰色预测模型、多项式时变参数离散灰色预测模型等分别应用于上海市航空运输业从业人数，上海市航空运输旅客周转量、货物周转量，以及我国民航的不安全事件的预测中，取得了较高的模拟和预测精度，解决了传统灰色预测模型对于航空运输的预测针对性不强、精度不高等问题，进一步拓宽了灰色预测模型的应用范围。

（13）基于灰色预测模型的直播电商发展趋势研究。本书从新的研究视角出发，用新的方法从定量的角度对直播电商的发展趋势进行了研究。首先，依据直播电商生态系统选取可量化的指标，并构建灰色关联分析模型，从众多因素中确定了影响直播电商发展规模的量化指标；其次，针对这些量化指标构建 GM（1，1）、DGM（1，1）、NDGM（1，1）和 FDGM（1，1）四种灰色预测模型，以对直播电商市场交易额及其影响因素进行数据模拟，选出了预测精度较高的 NDGM（1，1）模型；最后，对直播电商发展规模预测指标进行分析，结果表明，直播电商未来的发展势头依旧很猛，但如果想要使直播电商行业实现健康可持续发展，就需要发展特色产业，走出一条因地制宜的创新路。

本书由天津职业技术师范大学经济与管理学院刘解放与天津电子信息职业技术学院经济与管理系高普梅合著，刘解放撰写了第 7、8、9、10、11、12、14、15 章，高普梅撰写了第 1、2、4、5、6、13 章，第 3 章由二人共同撰写。书中难免有表达不恰当之处，欢迎读者批评指正，以期为推动灰色系统理论的发展共同努力。

刘解放、高普梅

2024 年 3 月

目　录

1 绪论

1.1 研究背景与意义

1.1.1 研究背景

系统科学是20世纪人类最伟大的成就之一。随着系统科学的引入，人类开始从系统的角度去解决一些比较复杂的工程问题，又把从工程技术中得到的经验总结为理论，进一步丰富和完善了系统科学。由于各种干扰因素的存在，人们获得的系统信息往往带有某种程度的不确定性[①②]。随着科学技术的飞速发展，人们对各类不确定性系统的研究也在逐步深入，从而出现了不同形式的研究不确定问题的理论。例如，20世纪60年代Zadeh L A教授创立的模糊数学[③]，20世纪80年代邓聚龙教授创立的灰色系统理论[④]，Pawlak Z创立的粗糙集理论[⑤]，20世纪90年代王光远教授创立的未确知数学[⑥]等，这些理论从不同的角度研究了不确定问题。

1982年，我国学者邓聚龙教授在 *Systems & Control Letters* 和《华中工

---

① 刘思峰，杨英杰，吴利丰. 灰色系统理论及其应用［M］. 7版. 北京：科学出版社，2014.

② LIU S F, LIN Y. Grey information theory and practical applications［M］. London：Springer-Verlag，2006.

③ ZADEH L A. Soft computing and fuzzy logic［J］. IEEE Computer Society Press，1994：48-56.

④ DENG J L. Control problems of grey systems［J］. Systems & Control Letters，1982，1（5）：288-294.

⑤ PAWLAK Z. Rough sets：theoretical aspects of reasoning about data［M］. Den Haag：Kluwer Academic Publishers，1992.

⑥ 王光远. 未确知信息及其数学处理［J］. 哈尔滨建筑大学学报，1990（4）：1-9.

学院学报》上发表了两篇介绍“灰色控制系统”的学术论文①，这两篇论文的发表标志着灰色系统理论的诞生。随后，邓聚龙教授、陈绵云教授等发表了多篇开拓性的学术论文，初步奠定了灰色系统的理论框架②③。灰色系统理论主要对小样本数据进行建模，不需要预先假设数据序列满足一定的分布，这种对于数据序列的宽泛要求使得灰色系统理论迅速得到了广泛的推广和应用④。

经过30多年的发展，灰色系统理论已初步建立了一门新兴学科的理论架构，其主要内容包括灰数的运算理论、灰色预测理论、灰色关联理论、灰色聚类理论、灰色决策理论、灰色博弈理论等，因其建模过程简洁、建模机理清晰而赢得了国内外学术界的关注和肯定。其中，灰色预测模型是灰色系统理论的一个重要组成部分，也是灰色系统理论研究中成果最丰富、应用最广泛的领域。灰色预测模型的基本原理是对原始数据的累加生成序列进行建模，通过累加挖掘数据序列的内在规律。由于实践中的小样本、贫信息、不确定问题等大量存在，决定了灰色预测模型具有广阔的应用和发展前景。当前，灰色预测模型已经在社会经济⑤⑥、地理环境⑦、能

---

① 邓聚龙. 灰色控制系统［J］. 华中工学院学报，1982（3）：11-20.

② 邓聚龙. 本征性灰色系统的主要方法［J］. 系统工程理论与实践，1986，6（1）：1-10.

③ 陈绵云. 镗床控制系统的灰色动态［J］. 华中工学院学报，1982（6）：9-13.

④ 刘思峰. 灰色系统理论的产生、发展及前沿动态［J］. 浙江万里学院学报，2003，16（4）：14-17.

⑤ WU L F, LIU S F, YAO L, et al. The effect of sample size on the grey system model［J］. Applied Mathematical Modelling，2013，37（9）：6577-6583.

⑥ XIA M, WONG W K. A seasonal discrete grey forecasting model for fashion retailing［J］. Knowledge-Based Systems，2014，57（2）：119-126.

⑦ LIN Y H, CHIU C C, LEE P C, et al. Applying fuzzy grey modification model on inflow forecasting［J］. Engineering Applications of Artificial Intelligence，2012，25（4）：734-743.

源系统[1,2]、交通运输[3,4]、工程科学[5,6]等诸多领域的各类动态系统中获得了广泛应用。

学者们在应用灰色预测模型进行模型构建时，发现有时候会出现建模误差较大、模型不稳定的情况。研究发现，这并不是模型的选择问题，而是大量扰动信息的存在，使得系统预测的结果与人们定性分析的结论不一致。因此，冲击扰动系统预测是一大难题[7,8,9,10]。

近年来，随着航空运输行业的不断发展，其对新型数据分析方法的需求不断提高，我国航空运输系统受到气候、经济、消费水平等多因素的综合影响，具有极强的复杂性和不确定性。在航空事故、航空燃油量等领域出现了大量小样本的情况，因此很多学者开始运用灰色预测方法进行研究。学者们以灰色预测模型为研究工具，对航空运输进行量化分析，解决

---

① PAO H T, FU H C, TSENG C L. Forecasting of CO_2 emissions energy consumption and economic growth in China using an improved grey model [J]. Energy, 2012, 40 (1): 400-409.

② WU L F, LIU S F, LIU D L, et al. Modelling and forecasting CO_2 emissions in the BRICS (Brazil, Russia, India, China, and South Africa) countries using a novel multi-variable grey model [J]. Energy, 2015, 79: 489-495.

③ YIN J C, WANG N N. Online grey prediction of ship roll motion using variable RBFN [M]. Taylor & Francis, Inc, 2013: 941-960.

④ GUO H, XIAO X P, FORREST J. A research on a comprehensive adaptive grey prediction model CAGM (1, N) [J]. Applied Mathematics and Computation, 2013 (225): 216-227.

⑤ LIN Y H, LEE P C. Novel high-precision grey forecasting model [J]. Automation in Construction, 2007, 16 (6): 771-777.

⑥ PENG Y, DONG M. A hybrid approach of HMM and grey model for age-dependent health prediction of engineering assets [J]. Expert Systems With Applications, 2011, 38 (10): 12946-12953.

⑦ 刘思峰，杨英杰，吴利丰. 灰色系统理论及其应用 [M]. 7版. 北京：科学出版社，2014.

⑧ LIU S F. The three axioms of buffer operator and their application [J]. The Journal of Grey System, 1991, 3 (1): 39-48.

⑨ 党耀国，刘思峰，刘斌. 关于弱化缓冲算子的研究 [J]. 中国管理科学，2004，12 (2)：108-111.

⑩ 党耀国，刘思峰，米传民. 强化缓冲算子性质的研究 [J]. 控制与决策，2007，22 (7)：730-734.

了航空运输领域存在的部分问题[①②③④]。但是随着航空运输业的快速发展，学者们遇到了新的问题，现有研究一般应用传统灰色预测模型进行建模计算，缺乏对航空运输数据序列特征的考量，出现了航空运输系统的预测误差较大、模型的建模精度不能满足实际研究需要、模型的适应能力较弱等问题。

鉴于此，本书从理论分析的角度对含可变参数的灰色建模方法的建模机理、建模过程、参数求解方法、模型的稳定性等问题展开研究，建立了新的灰色预测模型，并对模型的建模过程和参数求解、优化方法进行了研究。同时，为了进一步凸显本书提出的模型的实用性和有效性，在每一个案例分析中，均和已有模型的建模效果进行了对比分析，结果均显示本书提出的模型具有更好的稳定性和更高的建模精度。

1.1.2 研究意义

本书从理论上对灰色预测模型进行了改进，提出了一种含可变参数的灰色建模方法，包含了含时变参数的弱化缓冲算子，新的缓冲算子对时间权重的利用更为灵活，缓冲强度可以根据建模序列的性质进行调整；提出了分数阶累加线性时变参数离散灰色预测模型和分数阶累加多项式时变参数离散灰色预测模型，有效解决了已有灰色预测模型只能利用累加序列的灰指数规律的问题，新模型可以同时考虑累加序列的灰指数规律、线性规律和多项式规律，对于累加信息的利用更为充分；提出了分数阶反向累加非齐次离散灰色预测模型，从另外一个视角对新信息的充分利用提供了新的建模方法，利用二次建模的思想，解决了以往反向累加灰色预测模型只能用于模拟而无法用于预测的问题；已有的连续区间灰数灰色预测模型均针对稳定序列建立，对于非稳定的连续区间灰数序列的建模效果较差，本书提出的连续区间灰数灰色预测模型，可以有效增强模型的稳定性，进一步丰富并完善了灰色预测模型的理论体系；同时，本书把建立的模型应用

---

① 王衍洋，曹义华. 航空运行风险的灰色神经网络模型［J］. 航空动力学报，2010（5）：80-86.

② 王永刚，郑红运. 基于最优变权组合模型的航空运输事故征候预测［J］. 中国安全科学学报，2013，23（4）：26-31.

③ 甘旭升，端木京顺，王青. 航空装备事故的灰色时序组合预测模型［J］. 中国安全科学学报，2012（4）：34-39.

④ 张燕军，孙有朝. 基于灰色理论的民航燃油消耗量预测模型及应用［J］. 环境工程，2012，30（S2）：378-380.

到了航空运输和电子商务的发展趋势的分析中去，为航空运输和电子商务数据分析提供了一种新的方法。

1.2 国内外研究现状及述评

灰色预测模型是灰色系统理论的重要组成部分。邓聚龙教授于1982年首次提出灰色系统理论以来，灰色预测模型成为灰色系统理论领域研究的热点[①]。学者们围绕灰色预测系列模型，在模型构建、参数估计及优化、背景值优化、初始值优化以及模型拓展等领域开展了大量的理论探索工作，取得了丰硕的研究成果，充分体现了灰色系统理论的价值。

1.2.1 缓冲算子的研究

在预测科学领域，冲击扰动系统预测是一大难题。冲击扰动的存在，导致系统的真实规律被掩盖，从而造成了系统的失真现象。为减弱冲击扰动因素的干扰，刘思峰教授（1991）提出了缓冲算子的概念和公理体系，并构造了强化缓冲算子和弱化缓冲算子，通过研究它们的性质，开创了缓冲算子研究的新局面[②]。

缓冲算子的概念提出后不久，便得到了国内外学者的广泛关注，学者们对缓冲算子的构建机理和实际应用进行了广泛研究，并取得了一系列有价值的研究成果。党耀国等构造了一系列的强化和弱化缓冲算子，并研究了它们的性质[③④]。谢乃明等研究了强化缓冲算子的性质，并针对系统冲击扰动导致的发展趋势过于平缓的系统构造了若干强化缓冲算子[⑤]。戴文战等针对如何选择合适的缓冲算子，以提高模型精度的问题，研究了缓冲算

---

① DENG J L. The primary methods of grey theory [M]. Wuhan: Huazhong University of Science and Technology Press, 2004: 26-34.

② LIU S F. The three axioms of buffer operator and their application [J]. The Journal of Grey System, 1991, 3 (1): 39-48.

③ 党耀国，刘思峰，刘斌. 关于弱化缓冲算子的研究 [J]. 中国管理科学，2004，12 (2): 108-111.

④ 党耀国，刘思峰，米传民. 强化缓冲算子性质的研究 [J]. 控制与决策，2007，22 (7): 730-734.

⑤ 谢乃明，刘思峰. 强化缓冲算子的性质与若干实用强化算子的构造 [J]. 统计与决策，2006 (7): 9-10.

子光滑度与调节度的关系，并比较了常见缓冲算子的调节度与光滑度[①]。高岩等提出了基于指数型的新弱化缓冲算子，并将该弱化缓冲算子应用在中国能源需求的短期预测中[②]。钱吴永等利用序列的平均增长率构造了新的弱化缓冲算子，并对缓冲强度的调节进行了深入研究[③]。Hu X L 等利用函数的单调性构造了一类强化缓冲算子，为强化缓冲算子的构造提供了新的研究方向[④]。刘解放等利用现有数据和最新数据之间的关系，构造了一类新的弱化缓冲算子，并研究了该缓冲算子的性质和缓冲强度的调节方法[⑤]。刘松等提出一种同性缓冲算子的组合方法，通过对同性缓冲算子进行有效组合，可以得到一种新的缓冲算子[⑥]。Wu L F 等证明了弱化缓冲算子（WBO）的本质是能够弱化单变量的扰动，并在此基础上提出了多变量弱化缓冲算子，多变量弱化缓冲算子能够满足使用最新数据的要求[⑦]。王正新构造了一类全信息变权弱化缓冲算子和强化缓冲算子，并利用权重调节因子与预测误差之间的关系构造了数学规划模型，以求解最优的调节因子。Li C 等在已有研究的基础上提出了一类双向弱化缓冲算子，同时考虑了新信息对旧信息的影响，并对新提出的缓冲算子的性质进行了研究[⑧]。

在缓冲算子的应用方面，Guo C L 等、Liao R J 等和朱坚等都是利用经

① 戴文战，苏永. 缓冲算子调节度与光滑度的关系［J］. 控制与决策，2014，29（1）：158-162.

② 高岩，周德群，刘晨琛. 基于指数型新弱化缓冲算子的能源需求预测［J］. 管理学报，2010，7（8）：1211-1214.

③ 钱吴永，党耀国. 基于平均增长率的弱化变权缓冲算子及其性质［J］. 系统工程，2011，29（1）：105-110.

④ HU X L，WU Z P，HAN R. Analysis on the strengthening buffer operator based on the strictly monotone function［J］. International Journal of Applied Physics and Mathematics，2013，3（2）：132-136.

⑤ 刘解放，刘思峰，方志耕. 一类调节强度可变的弱化缓冲算子及其应用研究［J］. 中国管理科学，2016，24（8）：172-176.

⑥ 刘松，李平. 灰色预测中缓冲算子的组合性质及应用［J］. 控制与决策，2016，31（10）：1798-1802.

⑦ WU L F，LIU S F，YANG Y J，et al. Multi-variable weakening buffer operator and its application［J］. Information Sciences，2016，339（C）：98-107.

⑧ LI C，YANG Y J，LIU S F. Comparative analysis of properties of weakening buffer operators in time series prediction models［J］. Communications in Nonlinear Science and Numerical Simulation，2019（68）：257-285.

典的平均弱化缓冲算子来解决实际问题[①②③]。王大鹏等利用变权缓冲算子实现了对原始负荷数据的动态预处理[④]。为了较好地控制缓冲算子的作用强度，防止出现 k 阶缓冲算子的作用强度不够，而 $k+1$ 阶缓冲算子的作用强度过大的现象，李雪梅等和高岩等分别对变权缓冲算子进行了研究，初步研究了缓冲强度的调节问题[⑤⑥]。曾波利用缓冲算子构建了高速公路经济效益后评价模型[⑦]。阳杰等针对永磁容错电机系统受到外在冲击的情况，采用强化缓冲算子对数据序列进行了处理[⑧]。万臣等引入指数型弱化缓冲算子，以消除围岩位移原始数据序列所受的随机干扰[⑨]。

1.2.2 灰色预测技术的研究

GM（1，1）模型是灰色预测模型的基础，其结构简单、求解方便，该模型由邓聚龙教授提出以来，得到了广泛的应用。在学者们对 GM（1，1）模型进行研究的过程中，逐渐发现了其存在的问题，并提出了有针对性的解决方法，对 GM（1，1）模型进行了完善。当前，学者们对于 GM（1，1）模型的研究主要集中在以下几个方面：

---

① GUO C L, XU X X, GONG Z W. Co-integration analysis between GDP and meteorological catastrophic factors of Nanjing city based on the buffer operator [J]. Natural Hazards, 2014, 71 (2): 1091-1105.

② LIAO R J, YANG J P, GRZYBOWSKI S, et al. Forecasting dissolved gases content in power transformer oil based on weakening buffer operator and least square support vector. machine-Markov [J]. IET Generation, Transmission & Distribution, 2012, 6 (2): 142-151.

③ 朱坚民，翟东婷，黄之文. 基于弱化缓冲算子和 GM（1，1）等维新息模型的骨折愈合应力预测［J］. 中国生物医学工程学报，2012，31（2）：268-275.

④ 王大鹏，汪秉文. 基于变权缓冲灰色模型的中长期负荷预测［J］. 电网技术，2013，37（1）：167-171.

⑤ 李雪梅，党耀国，王正新. 调和变权缓冲算子及其作用强度比较［J］. 系统工程理论与实践，2012，32（11）：2486-2492.

⑥ 高岩，周德群，刘晨琛. 新变权缓冲算子的构造方法及其内在联系［J］. 系统工程理论与实践，2013，33（2）：489-497.

⑦ 曾波. 基于缓冲算子的高速公路经济效益后评价模型研究［J］. 重庆师范大学学报（自然科学版），2013，30（1）：63-66.

⑧ 阳杰，雷晓犇，李曙伟. 基于强化缓冲算子的六相永磁容错电机故障预测［J］. 空军工程大学学报自然科学版，2015（5）：24-27.

⑨ 万臣，李建峰. 基于缓冲算子修正的新维无偏灰色模型的洞室围岩位移预测［J］. 现代隧道技术，2017，54（2）：81-86.

1. 背景值优化

传统的 GM（1，1）模型的背景值，用 $x^{(1)}(k)$ 的紧邻均值生成序列来表示，即

$$z^{(1)}(k)=\frac{x^{(1)}(k)+x^{(1)}(k+1)}{2}$$

对于变化速度平缓的序列，传统方法能够取得比较好的建模效果，但是对于变化速度较快的序列，传统方法常常会产生滞后误差，建模精度无法满足要求，这一问题限制了灰色预测模型的进一步应用。

因此，学者们对于背景值的改进提出了不同的方法。例如，谭冠军利用插值的方法来构造新背景值，即

$$z^{(1)}(k)=\frac{(n+1)x^{(1)}(k)+(n-1)x^{(1)}(k+1)}{2n}$$

并给出了 n 的具体求解方法①；罗党等从定积分的角度分析了传统背景值的近似计算方法产生误差的原因，并根据原始序列的特征，用序列曲线在区间上的面积作为背景值，重新构造了背景值的计算公式②；李俊峰等用插值和 Newton-Cores 公式重构了模型中的背景值③；王正新等构造的背景值为

$$z^{(1)}(k)=\frac{x^{(0)}(k)}{\ln x^{(1)}(k)-\ln x^{(1)}(k-1)}+\frac{x^{(0)}(k-1)^{k}}{x^{(0)}(k-1)^{k-2}[x^{(0)}(k-1)-x^{(0)}(k)]}$$ ④

Zou L H 等根据非齐次函数的性质，构造的背景值为

$$z^{(1)}(k)=\frac{x^{(0)}(k)}{\ln x^{(1)}(k)-\ln x^{(1)}(k-1)}$$ ⑤

① 谭冠军. GM（1，1）模型的背景值构造方法和应用（I）［J］. 系统工程理论与实践，2000（4）：98-103.

② 罗党，刘思峰，党耀国. 灰色模型 GM（1，1）优化［J］. 中国工程科学，2003（8）：50-53.

③ 李俊峰，戴文战. 基于插值和 Newton-Cores 公式的 GM（1，1）模型的背景值构造新方法与应用［J］. 系统工程理论与实践，2004（10）：122-126.

④ 王正新，党耀国，刘思峰. 基于离散指数函数优化的 GM（1，1）模型［J］. 系统工程理论与实践，2008（2）：61-67.

⑤ ZOU L H，DAI S L，BUTTERWORTH J，et al. Grey forecasting model for active vibration control systems［J］. Journal of Sound & Vibration，2009，322（4）：690-706.

Lin Y H 等构造的背景值为

$$z^{(1)}(k) = \frac{x^{(0)}(k)}{\ln x^{(0)}(k) - \ln x^{(0)}(k-1)} + x^{(1)}(k) - \frac{[x^{(0)}(k)]^2}{x^{(0)}(k) - x^{(0)}(k-1)}$$ ①

卢懿等研究了一种带有调节因子的背景值的构造方法，即

$$z^{(1)}(k) = [x^{(1)}(k)]^{\lambda} \cdot [x^{(1)}(k)]^{1-\lambda}$$ ②

蒋诗泉等结合复化梯形公式对 GM（1，1）模型的背景值进行了求解③；Ye J 等在传统的灰色模型基础上，应用背景值优化来生成更好的拟合数据，并在此基础上，建立了改进的灰色马尔可夫预测模型④。

2. 初始值优化

陈俊珍和 Tien T L 对初值问题进行研究发现，第一个数据的值并没有被利用，因此浪费了第一个数据的信息⑤⑥；Dang Y G 等把 $x^{(1)}(n)$ 作为初始值进行建模，符合新信息优先原理，可以提高预测精度⑦；王义闹等以平均相对误差绝对值最小为优化准则，提出了一种直接优化 GM（1，1）模型参数的方法⑧。罗佑新以 $x^{(0)}(n)$ 作为灰色微分方程的初始值进行计算，提出了非等间距新信息 GM（1，1）模型，并通过数值实验验证了模型的实用性⑨；郭金海等以相对误差平方和最小为目标，优化了 GM（1，1）模型

---

① LIN Y H, CHIU C C, LEE P C, et al. Applying fuzzy grey modification model on inflow forecasting [J]. Engineering Applications of Artificial Intelligence, 2012, 25 (4): 734-743.

② 卢懿，戴文战. 一种带有调节因子的背景值构造方法及在灰色系统建模中的应用 [J]. 江南大学学报（自然科学版），2013，12（5）：565-570.

③ 蒋诗泉，刘思峰，周兴才. 基于复化梯形公式的 GM（1，1）模型背景值的优化 [J]. 控制与决策，2014，29（12）：2221-2225.

④ YE J, DANG Y G, LI B J. Grey-Markov prediction model based on background value optimization and central-point triangular whitenization weight function [J]. Communications in Nonlinear Science and Numerical Simulation, 2018, 54: 320-330.

⑤ 陈俊珍. 关于灰色系统理论中的累加生成 [J]. 系统工程理论与实践，1989（5）：10-15.

⑥ TIEN T L. A new grey prediction model FGM (1, 1) [J]. Mathematical and Computer Modelling, 2009, 49 (7-8): 1416-1426.

⑦ DANG Y G, LIU S F, CHEN K J. The GM Models That x (n) Be Taken as Initial Value [J]. 厦门大学学报（自然科学版），2002，33（S1）：247-254.

⑧ 王义闹，吴利丰. 基于平均相对误差绝对值最小的 GM（1，1）建模 [J]. 华中科技大学学报（自然科学版），2009，37（10）：29-31.

⑨ 罗佑新. 非等间距新息 GM（1，1）模型及其应用 [J]. 沈阳工业大学学报，2010，32（5）：550-554.

的初始条件和初始点①。

3. GM（1，1）模型的拓展

吉培荣等证明了传统灰色预测模型是有偏差的指数模型，并在传统GM（1，1）模型的基础上提出了无偏GM（1，1）模型和无偏直接GM（1，1）模型，并分析了模型的性质，用数值例子验证了新提出模型的优越性②；谢乃明等建立了离散灰色预测模型［也称为DGM（1，1）模型］，并对其与原GM（1，1）模型的关系做了深入研究，找出了原模型预测结果不稳定的原因③；结合伯努利微分方程的概念，在GM（1，1）模型的基础上，Chen C I等提出了NGBM（1，1）模型④；针对具有非齐次指数特征的数据序列，崔杰等构建了NGM（1，1，k）模型，并提出了模型的建模机理和建模过程，以及利用矩阵的条件数研究了NGM（1，1，k）模型的病态性⑤；钱吴永等提出了灰色GM（1，1，t^{α}）模型，并研究了该模型的建模过程和参数求解方法，讨论了模型的性质和应用范围⑥；针对GM（1，1）模型中存在的指数拟合偏差问题和离散GM（1，1）模型中原方程和白化方程之间转化不相等的问题，Zhou W等提出了广义GM（1，1）模型⑦；针对近似非齐次指数序列的建模问题，战立青等对NGM（1，1，k）模型进行了改进，提出了模型的建模过程和参数求解方法，并通过实例分析结果进一步验证了新模型的优越性⑧；基于卷积积分的灰色预测模型［GMC（1，n）］是一种精确的灰色多变量模型，Xiao X P等根据GM

---

① 郭金海，杨锦伟. GM（1，1）模型初始条件和初始点的优化［J］. 系统工程理论与实践，2015，35（9）：2333-2338.

② 吉培荣，黄巍松，胡翔勇. 无偏灰色预测模型［J］. 系统工程与电子技术，2000，22（6）：6-7.

③ 谢乃明，刘思峰. 离散GM（1，1）模型与灰色预测模型建模机理［J］. 系统工程理论与实践，2005，25（1）：93-99.

④ CHEN C I，CHEN H L，CHEN S P. Forecasting of foreign exchange rates of Taiwan's major trading partners by novel nonlinear Grey Bernoulli model NGBM（1，1）［J］. Communications in Nonlinear Science & Numerical Simulation，2008，13（6）：1194-1204.

⑤ 崔杰，党耀国，刘思峰. 基于矩阵条件数NGM（1，1，k）模型病态性研究［J］. 控制与决策，2010，25（7）：1050-1054.

⑥ 钱吴永，党耀国，刘思峰. 含时间幂次项的灰色GM（1，1，t^{α}）模型及其应用［J］. 系统工程理论与实践，2012，32（10）：2247-2252.

⑦ ZHOU W，HE J M. Generalized GM（1，1）model and its application in forecasting of fuel production［J］. Applied Mathematical Modelling，2013，37（9）：6234-6243.

⑧ 战立青，施化吉. 近似非齐次指数数据的灰色建模方法与模型［J］. 系统工程理论与实践，2013，33（3）：689-694.

(1，1）模型的矩阵形式提出了 GM（1，1）模型的若干个扩展方向①；Wang Z X 等建立了非线性优化模型，得到了模型误差最小的最优参数②。

1.2.3 区间灰数灰色预测模型研究

由于人类思维的不确定性，许多信息以区间灰数的形式呈现。近年来，区间灰数的预测问题引起了许多学者的关注。现有研究主要提出了以下几种方法：建立区间灰数组合模型③；根据区间灰数的几何性质，建立区间灰数的几何预测模型④⑤；建立三参数区间灰数预测模型⑥；把区间灰数转化为核序列和信息域序列，并在此基础上建立预测模型⑦；建立基于核序列和灰半径序列的区间灰数预测模型⑧⑨；建立基于函数变换的区间灰数灰色模型⑩。曾波以区间灰数的“核”和灰度为基础，构建了区间灰数预测模型⑪。袁潮清等运用区间灰数的发展趋势序列和认知程度，构建了区间灰数预测模型⑫。谢万明等针对传统广义关联度模型在灰数信息背景

---

① XIAO X P, HU Y C, GUO H. Modeling mechanism and extension of GM（1，1）[J]. Journal of Systems Engineering and Electronics, 2013, 24（3）: 445-453.

② WANG Z X, HAO P. An improved grey multivariable model for predicting industrial energy consumption in China [J]. Applied Mathematical Modelling, 2016, 40（11-12）: 5745-5758.

③ TSAUR R C. The development of an interval grey regression model for limited time series forecasting [J]. Expert Systems with Applications, 2010, 37（2）: 1200-1206.

④ 王大鹏，汪秉文，李睿凡. 考虑合成灰数灰度性质的改进区间灰数预测模型 [J]. 系统工程与电子技术，2013，35（5）：1013-1017.

⑤ 郭晓君，刘思峰，方志耕. 基于合成灰数灰度的区间灰数自忆性预测模型 [J]. 系统工程与电子技术，2014，36（6）：1124-1129.

⑥ LUO D, WANG X. The multi-attribute grey target decision method for attribute value within three-parameter interval grey number [J]. Applied Mathematical Modelling, 2012, 36（5）: 1957-1963.

⑦ 杨德岭，刘思峰，曾波. 基于核和信息域的区间灰数 Verhulst 模型 [J]. 控制与决策，2013，28（2）：264-268.

⑧ 刘解放，刘思峰，方志耕. 基于核与灰半径的连续区间灰数预测模型 [J]. 系统工程，2013（2）：61-64.

⑨ 熊萍萍，李军，张倩. 基于核与灰半径序列的 GM（1，N）预测模型及其在雾霾中的应用 [J]. 山西大学学报（自然科学版），2017，40（2）：273-280.

⑩ 叶璟，党耀国，刘震. 基于余切函数变换的区间灰数预测模型 [J]. 控制与决策，2017，32（4）：688-694.

⑪ 曾波. 基于核和灰度的区间灰数预测模型 [J]. 系统工程与电子技术，2011，33（4）：821-824.

⑫ 袁潮清，刘思峰，张可. 基于发展趋势和认知程度的区间灰数预测 [J]. 控制与决策，2011，26（2）：313-315.

下的拓展问题展开研究，构建了一类基于区间灰数信息的广义关联度模型[①]。吴利丰等通过几何转换，构建了区间灰数预测模型[②]。叶璟等在充分挖掘和拓展“灰度不减”公理的基础上，建立了基于广义“灰度不减”公理的区间灰数预测模型，并运用准灰度因子对区间灰数上下界进行灰度最大化处理，保证建模过程中的灰度不减[③]。党耀国等通过构建区间灰数核的预测模型，并结合残差修正思想对区间灰数的信息域进行扩展，同时运用改进的区间灰数函数处理方法强化对区间灰数上下界序列的趋势拟合[④]。

1.2.4 灰色系统理论在航空运输中的应用

世界航空运输业发展已接近成熟，但其发展速度依然很快。我国航空运输规模从2005年开始攀升至世界第二位，航空运输业的发展面临前所未有的重要战略机遇。与此同时，由于我国加入世界贸易组织、铁路不断提速等，我国航空运输业的发展也面临巨大挑战，再加上航空运输业的发展本身具有典型的周期性，易受到外部因素的影响，使得航空运输业的发展具有显著波动性[⑤]。对航空运输进行准确预测可以为民航建设规划提供重要参考，预测结果对我国民航事业的政策制定也具有重要的理论支撑作用。因此，对于航空运输的有效预测成为当前学术界研究的重点。随着学者们的不断深入研究，灰色预测理论被广泛应用于航空运输领域[⑥⑦⑧]。

航空运输是现代交通运输的主要方式之一。研究航空货运量的内在规

---

① 谢乃明，郑静，辛江慧. 基于区间灰数信息的广义关联度模型 [J]. 南京航空航天大学学报（英文版），2012，29（2）：118-124.

② 吴利丰，刘思峰，闫书丽. 区间灰数序列的灰色预测模型构建方法 [J]. 控制与决策，2013（12）：1912-1914.

③ 叶璟，党耀国，丁松. 基于广义“灰度不减”公理的区间灰数预测模型 [J]. 控制与决策，2016，31（10）：1831-1836.

④ 党耀国，叶璟. 基于残差思想的区间灰数预测优化模型 [J]. 控制与决策，2018，33（6）：1147-1152.

⑤ 道格尼斯. 迷航：航空运输经济与营销 [M]. 邵龙，译. 北京：航空工业出版社，2011：5-8.

⑥ 傅培华，鲍福光，李进. 基于组合预测模型的航空货运吞吐量预测研究 [J]. 上海管理科学，2012，34（2）：48-52.

⑦ 殷继勇，杨洋. 基于灰色GM（1，1）模型的广西航空物流预测分析 [J]. 物流技术，2012，31（5）：92-94.

⑧ BENÍTEZ R B C，PAREDES R B C，LODEWIJKS G，et al. Damp trend grey model forecasting method for airline industry [J]. Expert Systems with Applications，2013，40（12）：4915-4921.

律，建立有关模型，以及准确预测未来一段时间内的货运量是航空运输系统的研究热点。文军等建立了灰色 GM（1，1）模型和回归分析模型的组合模型，对我国的航空货运量进行了预测，并取得了理想的预测效果[①]。文军构建了灰色预测模型和马尔可夫链组合模型，以对我国航空货运量的发展趋势进行预测，取得了不错的预测精度[②]。傅培华等构建了基于 BP 神经网络和灰色预测模型的组合模型，以对航空货运吞吐量进行预测，取得了较高的预测精度[③]。殷继勇等运用 GM（1，1）模型对“十二五”规划期间广西航空市场的货邮吞吐量进行了预测，得出“十二五”时期末广西航空货邮吞吐量达到 15.8 万吨[④]的结论。

在航空客运量方面，Benítez R B C 等提出了一种改进的灰色模型，以预测航空运输业的航线乘客需求，并对 GM 模型进行修正，以抑制乘客需求随时间增长的趋势。当可用数据点较少时，该模型可用于计算航空公司的乘客流量[⑤]。朱星辉等针对航空旅客需求既有较强的增长性，又有较强的季节波动性的二重性特征，提出了一种能同时体现季节性 ARIMA 乘积模型和季节性灰色系统模型的新的组合预测方法[⑥]。

对航空运输过程中的燃油消耗进行有效预测，对飞行安全和飞行效率都有重要意义。张燕军等通过灰色系统建模、关联度分析以及残差辨识，建立了民航燃油消耗量的灰色预测模型，以均方差比值和小误差概率两项评级指标为基础，将预测结果与精度检验等级进行对比分析，发现灰色预测模型模拟的民航燃油消耗量的拟合精度较高[⑦]。耿宏等构建了一种改进的灰色马尔科夫预测方法，并对航空煤油飞行消耗量进行预测及检验，取

---

① 文军，刘雄，谭朝阳. 基于最优加权法的航空货运量组合预测［J］. 科学技术与工程，2010，10（26）：6595-6598.

② 文军. 基于灰色马尔可夫链模型的航空货运量预测研究［J］. 武汉理工大学学报（交通科学与工程版），2010，34（4）：695-698.

③ 傅培华，鲍福光，李进. 基于组合预测模型的航空货运吞吐量预测研究［J］. 上海管理科学，2012，34（2）：48-52.

④ 殷继勇，杨洋. 基于灰色 GM（1，1）模型的广西航空物流预测分析［J］. 物流技术，2012，31（5）：92-94.

⑤ BENÍTEZ R B C，PAREDES R B C，LODEWIJKS G，et al. Damp trend grey model forecasting method for airline industry［J］. Expert Systems with Applications，2013，40（12）：4915-4921.

⑥ 朱星辉，朱金福. 季节性组合预测模型在航空旅客需求中的应用研究［J］. 统计与决策，2007（1）：49-50.

⑦ 张燕军，孙有朝. 基于灰色理论的民航燃油消耗量预测模型及应用［J］. 环境工程，2012，30（S2）：378-380.

得了不错的建模精度①。

为实现航空运输的持续安全，有关部门需要掌握其发展趋势，加强对航空事故的预测。甘旭升等构建了灰色残差预测模型，对航空装备事故进行预测，取得了较好的建模效果②。针对机场航班延误预测中存在的问题，Ding J L 等构建了基于危险模型理论和灰色模型理论的组合预测模型，对飞行延迟进行了预测③。Liu C X 等试图设计一个改进的灰色神经网络模型，以帮助企业更好地预测交通中断后的市场需求，并实证研究其可行性④。刘杰等将灰色灾变与回归分析方法有机结合，建立了灰色灾变回归组合预测模型，并将其应用于某飞行训练基地的航空装备不安全事件频数的数据预测中⑤。

1.2.5 研究述评

当前，灰色预测模型的研究已经取得了丰硕的成果，学者们从上述不同的角度对灰色预测模型进行了进一步的完善，灰色预测理论体系也得到了进一步拓展⑥⑦⑧。但是，由于灰色理论体系的发展时间比较短，灰色预测模型的理论体系仍然不够完善，仍存在亟须解决的理论问题。另外，已经有学者运用灰色预测模型对中国航空运输进行了建模计算，并取得了初步的研究成果，对于推动中国航空运输业的发展起到了积极的作用，但是，针对航空运输序列的具体特征，还需要构建更有针对性的灰色预测模

---

① 耿宏，王硕，陈静杰. 航空煤油飞行消耗量准确预测仿真［J］. 计算机仿真，2018，35（3）：19-23.

② 甘旭升，端木京顺，王青. 航空装备事故的灰色时序组合预测模型［J］. 中国安全科学学报，2012（4）：34-39.

③ DING J L，LI H F. The forecasting model of flight delay based on DMT-GMT model［J］. Physics Procedia，2012，33：395-402.

④ LIU C X，SHU T，CHEN S，et al. An improved grey neural network model for predicting transportation disruptions［J］. Expert Systems with Applications，2016，45（C）：331-340.

⑤ 刘杰，甘旭升，吴亚荣. 灰色灾变与回归分析法的航空装备不安全事件预测［J］. 火力与指挥控制，2016，41（11）：117-120.

⑥ 崔杰，党耀国，刘思峰. 基于矩阵条件数 NGM（1，1，k）模型病态性研究［J］. 控制与决策，2010，25（7）：1050-1054.

⑦ 钱吴永，党耀国，刘思峰. 含时间幂次项的灰色 GM（1，1，tα）模型及其应用［J］. 系统工程理论与实践，2012，32（10）：2247-2252.

⑧ WANG Z X，HAO P. An improved grey multivariable model for predicting industrial energy consumption in China［J］. Applied Mathematical Modelling，2016，40（11-12）：5745-5758.

型。现有文献在该方面的研究如下：

当前，关于缓冲算子的理论研究和应用研究都存在亟须解决的问题：已有的弱化缓冲算子存在缓冲强度无法调节、部分缓冲算子的构建机理不明确、对于含可变参数的缓冲算子的研究还没有形成体系等问题。因此，我们有必要构建新的缓冲算子，以进一步提高灰色预测模型的建模精度。

传统灰色预测模型运用的是累加生成的灰指数定律，通过累加弱化系统的不确定性。但是，对于一个复杂系统而言，其累加生成序列不仅包含指数规律，还包括线性规律或多项式规律，若只考虑指数规律，则模型对于系统的描述是不完整的。因此，有必要建立线性灰色预测模型和多项式灰色预测模型，充分考虑系统存在的指数趋势、线性趋势和多项式趋势，以及两种趋势的耦合。当前研究主要是运用原始数据的整数阶进行累加，利用的是原始数据的全信息，但是当系统存在扰动信息时，容易导致模型的稳定性变差。因此，有必要引入分数阶累加模型，利用原始数据的部分信息，以增加系统的稳定性。反向累加生成更加符合灰色系统的新信息优先原理，但是当前的反向累加灰色模型只能进行模拟计算，而无法用于预测。因此，有必要建立一种用于预测的反向累加预测模型。

对于区间灰数的预测问题，当前，学者们主要根据区间灰数的几何特征来构建区间灰数预测模型，已经在一定程度上解决了稳定系统的预测问题，取得了一定的研究成果[①②③]。但是，该建模过程偏于复杂，给实际应用造成了诸多不便。当前，对于存在扰动信息的区间灰数的预测问题，鲜有学者进行研究。而在实际系统中，一般都会包含扰动信息，存在指数趋势与多项式趋势的耦合，从而给区间灰色预测模型的应用形成了限制。因此，需要建立一种能够减少扰动信息干扰的模型，而且要求模型的建模机理清晰，建模过程简洁。

中国航空运输业的发展时间比较短，发展过程具有明显的阶段性特征，如果采用统计分析方法进行研究，则需要把不同阶段的数据放入一个模型中进行预测，且对于未来趋势的预测会出现较大的系统误差。航空运

---

① 曾波. 基于核和灰度的区间灰数预测模型 [J]. 系统工程与电子技术，2011，33（4）：821-824.

② 袁潮清，刘思峰，张可. 基于发展趋势和认知程度的区间灰数预测 [J]. 控制与决策，2011，26（2）：313-315.

③ 吴利丰，刘思峰，闫书丽. 区间灰数序列的灰色预测模型构建方法 [J]. 控制与决策，2013（12）：1912-1914.

输系统的很多数据都具有小样本、贫信息的特征，可用的信息比较少，因此无法应用统计建模的方法。针对上述问题，学者们利用灰色预测模型对中国航空运输系统进行建模分析，并取得了一定的研究成果①②。但是，在建模过程中，存在模型的针对性和适应性不强等问题，尤其是对于具有非平稳特征的航空运输系统，模型的建模精度无法满足要求。因此，有必要根据航空运输系统的特征建立更稳定、更具有针对性的灰色预测模型，并对模型的性质进行深入讨论，运用航空运输系统的真实数据进行建模计算，从而对模型的参数进行求解和优化。此外，现有的用于航空运输建模的灰色预测模型大都存在短期预测效果较好、中长期预测效果较差的问题，因此，如何对航空运输进行中长期预测，也是一个亟须解决的问题。

1.3 研究方法

本书以灰色系统理论为基础，以灰色建模方法为指导，在灰色系统理论框架下，采用文献研究、系统建模、模拟仿真、实例分析相结合的方法对灰色预测模型进行了系统研究。在充分挖掘已有缓冲算子和分数阶预测模型研究成果的基础上，本书建立了一类含时变参数的弱化缓冲算子、分数阶累加线性时变参数离散灰色预测模型、分数阶累加多项式时变参数离散灰色预测模型、分数阶反向累加非齐次离散灰色预测模型、基于扰动信息的连续区间灰数灰色预测模型等，研究了各模型的建模过程与优化方法，并将新建立的灰色模型应用于我国航空运输系统的预测中。

1.4 研究创新点

本书以灰色预测模型的构建机理和构建过程为基础，在现有研究的理论框架下，构建了含可变参数的缓冲算子和几类含可变参数的灰色预测模

① 殷继勇，杨洋. 基于灰色 GM（1，1）模型的广西航空物流预测分析［J］. 物流技术，2012，31（5）：92-94.

② LIU C X，SHU T，CHEN S，et al. An improved grey neural network model for predicting transportation disruptions［J］. Expert Systems with Applications，2016，45（C）：331-340.

型，并运用矩阵扰动理论分析了模型的稳定性，提出模型的参数求解与优化方法，从理论上证明了本书构建的几类含可变参数的灰色预测模型具有更广泛的适应性和更好的稳定性，从而进一步丰富和完善了灰色预测理论。此外，本书将新建立的灰色预测模型应用于航空运输数据序列的预测上，取得了优于现有灰色预测模型的效果，从而为航空运输数据序列的预测和分析提供了一种更加有效的理论支持，进一步拓宽了灰色预测模型的应用范围。

本书的具体创新点如下：

（1）在已有研究的基础上，本书构建了一类含时变参数的弱化缓冲算子，并对其性质进行了分析和探讨。该缓冲算子构建的理论基础是新信息优先原理，建模的物理意义明确，消除了传统缓冲算子缓冲强度无法调节的弊端，因此该建模方法具有较高的建模精度。

（2）本书分别构建了分数阶累加线性时变参数离散灰色预测模型、分数阶累加多项式时变参数离散灰色预测模型，突破了已有灰色预测模型只利用累加生成序列的灰指数规律的限制，新模型可以解决具有线性趋势和指数趋势耦合的复杂系统、具有多项式趋势和指数趋势耦合的复杂系统的预测问题，为具有复杂趋势和振荡趋势的序列的预测提供了一种新方法。

（3）本书提出了分数阶反向累加非齐次离散灰色预测模型，从反向的角度考虑了累加生成问题，可以更加有效地利用系统的新信息；通过二次建模的方法，解决了反向累加生成灰色预测模型用于预测的问题，从而进一步拓宽了灰色预测模型的适用范围。

（4）在分数阶理论的基础上，本书提出了基于核与灰半径的连续区间灰数灰色预测模型，可以实现对连续区间灰数的无损转化。同时，对于具有振荡趋势的连续区间灰数序列，该模型仍然具有较好的稳定性，从而为连续区间灰数的预测提供了一种新的思路和方法。

1.5 本章小结

本章介绍了本书的研究背景与研究意义，论述了灰色系统理论诞生以来，灰色预测模型理论与应用的研究进展，并在上述内容的基础上，进一步明确了本书的主要研究内容和研究方法，以及提出了本书的技术路线。

2 一类含时变参数的弱化缓冲算子

灰色预测模型主要针对小样本数据进行建模，不需要数据序列满足给定的分布规律，建模机理清晰，建模过程适应性较强。灰色预测模型提出以来，其在不同的领域得到了广泛的应用，并取得了丰硕的研究成果。但是，在建模过程中，会出现定量计算结果与定性分析不相符、差别较大的问题，针对该情况，刘思峰教授（1991）进行了深入的研究，发现不是模型本身的问题，而是系统出现了冲击扰动，由于冲击扰动的存在，系统的真实规律被掩盖，因此，需要利用科学的方法还原系统的真实规律。针对上述问题，刘思峰教授创造性地提出了缓冲算子的概念，利用缓冲算子对系统数据序列进行缓冲，以减弱系统冲击扰动的干扰；缓冲算子的构造原理清晰，构造过程规范，对于减弱系统的冲击扰动有非常好的效果①。随后，学者们把缓冲算子应用到了不同的领域，为解决冲击扰动系统的预测问题提供了系统的方案②③④⑤。

刘思峰教授（1997）提出的平均弱化缓冲算子，可以充分利用系统的整体信息，对数据序列进行缓冲计算，以解决前期发展较快而后期发展过慢的系统的预测问题。但是，平均弱化缓冲算子把时点数据 $x(k)$ 的权重设定为时间 k , k 为固定值，因此，对于不同的时间序列，缓冲强度固定不

① LIU S F. The three axioms of buffer operator and their application [J]. The Journal of Grey System, 1991, 3 (1): 39-48.

② 尹春华，顾培亮. 基于灰色序列生成中缓冲算子的能源预测 [J]. 系统工程学报，2003，18 (2)：189-194.

③ 朱坚民，翟东婷，黄之文. 基于弱化缓冲算子和 GM (1, 1) 等维新息模型的骨折愈合应力预测 [J]. 中国生物医学工程学报，2012，31 (2)：268-275.

④ 李雪梅，党耀国，王正新. 调和变权缓冲算子及其作用强度比较 [J]. 系统工程理论与实践，2012，32 (11)：2486-2492.

⑤ 高岩，周德群，刘晨琛. 新变权缓冲算子的构造方法及其内在联系 [J]. 系统工程理论与实践，2013，33 (2)：489-497.

变，这样会导致不同时间序列出现缓冲效果较差的问题，以及对于系统冲击扰动的干扰过滤不足。鉴于此，本章构造了一类含时变参数的弱化缓冲算子，分析了新缓冲算子的性质，并将其应用到中国航空运输业从业人数的预测中，取得了较高的预测精度。

2.1 基本概念

定义 2.1 设系统行为数据序列为 $X=\{x(1), x(2), \cdots, x(n)\}$，那么

（1）若 $\forall k=2, 3, \cdots, n$，$x(k)-x(k-1)>0$，则称 X 为单调增长序列；

（2）若 $\forall k=2, 3, \cdots, n$，$x(k)-x(k-1)<0$，则称 X 为单调衰减序列；

（3）若存在 $k, k' \in (2, 3, \cdots, n)$，有 $x(k)-x(k-1)>0$，$x(k')-x(k'-1)<0$，则称 X 为振荡序列。

设 $M=\max\{x(k) \mid k=1, 2, \cdots, n\}$，$m=\min\{x(k) \mid k=1, 2, \cdots, n\}$，称 $M-m$ 为序列 X 的振幅。

公理 2.1[①]**（不动点公理）** 设 X 为系统行为数据系列，D 为序列算子，则 D 满足 $x(n)d=x(n)$。

公理 2.2（信息充分利用公理） 系统行为数据序列 X 中的每一个数据都应充分参与算子作用的全过程。

公理 2.3（解析化、规范化公理） 任意的 $x(k)$，$k=1, 2, \cdots, n$，皆可由一个统一的 $x(1), x(2), \cdots, x(n)$ 的初等解析式表达。

我们将上述三个公理称为缓冲算子三公理，满足缓冲算子三公理的序列算子称为缓冲算子。

定义 2.2 设 X 为原始数据序列，D 为缓冲算子，当 X 为增长（或衰减或振荡）序列时，若缓冲序列 XD 比原始序列 X 的增长速度（或衰减速度或振幅）减小，则称缓冲算子 D 为弱化算子。

定理 2.1 设 $X=\{x(1), x(2), \cdots, x(n)\}$ 为系统行为序列，$XD=$

---

① 刘思峰. 冲击扰动系统预测陷阱与缓冲算子 [J]. 华中理工大学学报，1997，25（1）：25-27.

$\{x(1)d, x(2)d, \cdots, x(n)d\}$ 为其弱化缓冲序列，则有

（1）X 为单调增长序列，D 为弱化缓冲算子 $\Leftrightarrow x(k) \leqslant x(k)d$，$k=1, 2, \cdots, n$。

（2）X 为单调衰减序列，D 为弱化缓冲算子 $\Leftrightarrow x(k) \geqslant x(k)d$，$k=1, 2, \cdots, n$。

（3）X 为振荡序列，D 为弱化缓冲算子，则

$$\max_{1\leqslant k\leqslant n}\{x(k)\} \geqslant \max_{1\leqslant k\leqslant n}\{x(k)d\}, \quad \min_{1\leqslant k\leqslant n}\{x(k)\} \leqslant \min_{1\leqslant k\leqslant n}\{x(k)d\}$$

上述定理表明，单调增长序列在弱化算子作用下数据膨胀，单调衰减序列在弱化算子作用下数据萎缩，振荡序列在弱化算子作用下振幅减小。

2.2 一类含时变参数的弱化缓冲算子的构建

定理 2.2 设 $X=\{x(1), x(2), \cdots, x(n)\}$，$x(k)>0$ 为系统行为序列，$XD_1=\{x(1)d_1, x(2)d_1, \cdots, x(n)d_1\}$ 为其缓冲序列，其中

$$x(k)d_1=\frac{k^\alpha x(k)+(k+1)^\alpha x(k+1)+\cdots+n^\alpha x(n)}{\sum_{i=k}^{n} i^\alpha}, \quad k=1, 2, \cdots, n$$

那么，当 X 分别为单调增长序列、单调衰减序列和振荡序列时，D_1 都是弱化缓冲算子。

证明： 从 D_1 的构造过程可以看出，D_1 满足缓冲算子三公理，那么 D_1 为缓冲算子，下面证明 D_1 是弱化缓冲算子。

（1）假设 X 为单调增长序列，那么

$$x(k)d_1-x(k)=\frac{k^\alpha x(k)+(k+1)^\alpha x(k+1)+\cdots+n^\alpha x(n)}{\sum_{i=k}^{n} i^\alpha}-x(k)$$

$$>\frac{k^\alpha x(k)+(k+1)^\alpha x(k)+\cdots+n^\alpha x(k)}{\sum_{i=k}^{n} i^\alpha}-x(k)=\frac{x(k)\sum_{i=k}^{n} i^\alpha}{\sum_{i=k}^{n} i^\alpha}-x(k)$$

$$=x(k)-x(k)=0$$

即 $x(k)d_1>x(k)$。

由定理 2.1 可知，D_1 为弱化缓冲算子。而且

则

$$\frac{x(k)d_1}{x(k+1)d_1}=\frac{\dfrac{k^\alpha x(k)+(k+1)^\alpha x(k+1)+\cdots+n^\alpha x(n)}{\sum\limits_{i=k}^{n} i^\alpha}}{\dfrac{(k+1)^\alpha x(k+1)+(k+2)^\alpha x(k+2)+\cdots+n^\alpha x(n)}{\sum\limits_{i=k+1}^{n} i^\alpha}}$$

$$=\frac{\dfrac{k^\alpha x(k)+(k+1)^\alpha x(k+1)+\cdots+n^\alpha x(n)}{\sum\limits_{i=k}^{n} i^\alpha}}{\dfrac{(k+1)^\alpha x(k+1)+(k+2)^\alpha x(k+2)\cdots+n^\alpha x(n)+(k)^\alpha x(k)-(k)^\alpha x(k)}{\sum\limits_{i=k+1}^{n} i^\alpha+k^\alpha-k^\alpha}}$$

$$=\frac{k^\alpha x(k)+(k+1)^\alpha x(k+1)+\cdots+n^\alpha x(n)}{(k+1)^\alpha x(k+1)+(k+2)^\alpha x(k+2)+\cdots+n^\alpha x(n)+k^\alpha x(k)-k^\alpha x(k)}$$

$$\frac{\sum\limits_{i=k+1}^{n} i^\alpha+k^\alpha-k^\alpha}{\sum\limits_{i=k}^{n} i^\alpha}$$

$$=\frac{1-\dfrac{1}{1+\sum\limits_{i=k+1}^{n}\dfrac{i^\alpha}{k^\alpha}}}{1-\dfrac{1}{1+(\dfrac{k+1}{k})^\alpha\dfrac{x(k+1)}{x(k)}+(\dfrac{k+2}{k})^\alpha\dfrac{x(k+2)}{x(k)}+\cdots+(\dfrac{n}{k})^\alpha\dfrac{x(n)}{x(k)}}}$$

$$=\frac{1-\dfrac{1}{1+(\dfrac{k+1}{k})^\alpha+(\dfrac{k+2}{k})^\alpha+\cdots+(\dfrac{n}{k})^\alpha}}{1-\dfrac{1}{1+(\dfrac{k+1}{k})^\alpha\dfrac{x(k+1)}{x(k)}+(\dfrac{k+2}{k})^\alpha\dfrac{x(k+2)}{x(k)}+\cdots+(\dfrac{n}{k})^\alpha\dfrac{x(n)}{x(k)}}}$$

令

$$q_1=1+(\frac{k+1}{k})^\alpha+(\frac{k+2}{k})^\alpha+\cdots+(\frac{n}{k})^\alpha$$

$$q_2=1+(\frac{k+1}{k})^\alpha\frac{x(k+1)}{x(k)}+(\frac{k+2}{k})^\alpha\frac{x(k+2)}{x(k)}+\cdots+(\frac{n}{k})^\alpha\frac{x(n)}{x(k)}$$

则

$$\frac{x(k)d_1}{x(k+1)d_1}=\frac{1-\dfrac{1}{q_1}}{1-\dfrac{1}{q_2}}$$

因为 X 为单调增长序列，所以

$$x(k)<x(k+1)\Leftrightarrow\frac{x(k+1)}{x(k)}>1$$

因此

$$q_1<q_2\Leftrightarrow\frac{1}{q_1}>\frac{1}{q_2}\Leftrightarrow 1-\frac{1}{q_1}<1-\frac{1}{q_2}\Leftrightarrow\frac{1-\dfrac{1}{q_1}}{1-\dfrac{1}{q_2}}<1$$

从而

$$\frac{x(k)d_1}{x(k+1)d_1}<1\Leftrightarrow x(k)d_1<x(k+1)d_1$$

即缓冲后的序列 XD_1 仍然为单调增长序列，与原始序列保持相同的单调性。

（2）假设 X 为单调衰减序列，那么

$$x(k)d_1-x(k)=\frac{k^{\alpha}x(k)+(k+1)^{\alpha}x(k+1)+\cdots+n^{\alpha}x(n)}{\sum_{i=k}^{n}i^{\alpha}}-x(k)$$

$$<\frac{k^{\alpha}x(k)+(k+1)^{\alpha}x(k)+\cdots+n^{\alpha}x(k)}{\sum_{i=k}^{n}i^{\alpha}}-x(k)=\frac{x(k)\sum_{i=k}^{n}i^{\alpha}}{\sum_{i=k}^{n}i^{\alpha}}-x(k)=$$

$x(k)-x(k)=0$

即 $x(k)d_1<x(k)$。

由定理 2.1 可知，D_1 为弱化缓冲算子。而且

$$\frac{x(k)d_1}{x(k+1)d_1}=\frac{\dfrac{k^{\alpha}x(k)+(k+1)^{\alpha}x(k+1)+\cdots+n^{\alpha}x(n)}{\sum_{i=k}^{n}i^{\alpha}}}{\dfrac{(k+1)^{\alpha}x(k+1)+(k+2)^{\alpha}x(k+2)\cdots+n^{\alpha}x(n)}{\sum_{i=k+1}^{n}i^{\alpha}}}$$

$$\frac{\dfrac{k^\alpha x(k)+(k+1)^\alpha x(k+1)+\cdots+n^\alpha x(n)}{\sum_{i=k}^{n} i^\alpha}}{=\dfrac{(k+1)^\alpha x(k+1)+(k+2)^\alpha x(k+2)+\cdots+n^\alpha x(n)+(k)^\alpha x(k)-k^\alpha x(k)}{\sum_{i=k+1}^{n} i^\alpha+k^\alpha-k^\alpha}}$$

令

$$q_1=1+\left(\frac{k+1}{k}\right)^\alpha+\left(\frac{k+2}{k}\right)^\alpha+\cdots+\left(\frac{n}{k}\right)^\alpha$$

$$q_2=1+\left(\frac{k+1}{k}\right)^\alpha\frac{x(k+1)}{x(k)}+\left(\frac{k+2}{k}\right)^\alpha\frac{x(k+2)}{x(k)}+\cdots+\left(\frac{n}{k}\right)^\alpha\frac{x(n)}{x(k)}$$

因为 X 为单调衰减序列，所以

$$x(k)>x(k+1)\Leftrightarrow\frac{x(k+1)}{x(k)}<1$$

因此

$$q_1>q_2\Leftrightarrow\frac{1}{q_1}<\frac{1}{q_2}\Leftrightarrow 1-\frac{1}{q_1}>1-\frac{1}{q_2}\Leftrightarrow\frac{1-\dfrac{1}{q_1}}{1-\dfrac{1}{q_2}}>1$$

从而

$$\frac{x(k)d_1}{x(k+1)d_1}>1\Leftrightarrow x(k)d_1>x(k+1)d_1$$

即缓冲后的序列 XD_1 仍然为单调衰减序列，与原始序列保持相同的单调性。

（3）假设 X 为振荡序列，不妨假设

$x(M)=\max\{x(k)\mid k=1,2,\cdots,n\}$，$x(m)=\min\{x(k)\mid k=1,2,\cdots,n\}$

那么

$$x(M)d_1-x(M)=\frac{M^\alpha x(M)+(M+1)^\alpha x(M+1)+\cdots+n^\alpha x(n)}{\sum_{i=M}^{n} i^\alpha}-x(M)$$

$$<\frac{M^\alpha x(M)+(M+1)^\alpha x(M)+\cdots+n^\alpha x(M)}{\sum_{i=M}^{n} i^\alpha}-x(M)$$

$$=\frac{M^{\alpha}+(M+1)^{\alpha}+\cdots+n^{\alpha}}{\sum_{i=M}^{n}i^{\alpha}}x(M)-x(M)$$

$$=x(M)-x(M)=0$$

即 $x(M)d_1-x(M)<0$；

$$x(m)d_1-x(m)=\frac{m^{\alpha}x(m)+(m+1)^{\alpha}x(m+1)+\cdots+n^{\alpha}x(n)}{\sum_{i=m}^{n}i^{\alpha}}-x(m)$$

$$>\frac{m^{\alpha}x(m)+(m+1)^{\alpha}x(m)+\cdots+n^{\alpha}x(m)}{\sum_{i=m}^{n}i^{\alpha}}-x(m)$$

$$=\frac{m^{\alpha}+(m+1)^{\alpha}+\cdots+n^{\alpha}}{\sum_{i=m}^{n}i^{\alpha}}x(m)-x(m)$$

$$=x(m)-x(m)=0$$

即 $x(m)d_1-x(m)>0$。

因此，$x(M)d_1<x(M)$，$x(m)d_1>x(m)$，由定理2.1可知，D_1 为弱化缓冲算子。

定理2.3 设 $X=\{x(1),\ x(2),\ \cdots,\ x(n)\}$，$x(k)>0$ 为系统行为序列，$XD_1=\{x(1)\ d_1,\ x(2)\ d_1,\ \cdots,\ x(n)\ d_1\}$ 为其缓冲序列，其中

$$x(k)d_1=\frac{k^{\alpha}x(k)+(k+1)^{\alpha}x(k+1)+\cdots+n^{\alpha}x(n)}{\sum_{i=k}^{n}i^{\alpha}},\ k=1,\ 2,\ \cdots,\ n$$

那么

$$x(k)d_1=\frac{k^{\alpha}x(k)+(k+1)^{\alpha}x(k+1)+\cdots+n^{\alpha}x(n)}{\sum_{i=k}^{n}k^{\alpha}}$$

$$=\left[\frac{k^{\alpha}}{\sum_{i=k}^{n}k^{\alpha}},\ \frac{(k+1)^{\alpha}}{\sum_{i=k}^{n}k^{\alpha}},\ \cdots,\ \frac{n^{\alpha}}{\sum_{i=k}^{n}k^{\alpha}}\right][x(k),\ x(k+1),\ \cdots,\ x(n)]^{T}$$

则权重序列可以记为 $\lambda=\left[\frac{k^{\alpha}}{\sum_{i=k}^{n}k^{\alpha}},\ \frac{(k+1)^{\alpha}}{\sum_{i=k}^{n}k^{\alpha}},\ \cdots,\ \frac{n^{\alpha}}{\sum_{i=k}^{n}k^{\alpha}}\right]$。

（1）当 $\alpha=0$ 时，

$$\lambda=\left(\frac{1}{n-k+1},\ \frac{1}{n-k+1},\ \cdots,\ \frac{1}{n-k+1}\right)$$

本章算子退化为平均弱化缓冲算子，可以看到，此时每个数据的权重相等。

（2）当 $\alpha=1$ 时，

$$\lambda=\left[\frac{k}{\frac{(n-k+1)(k+n)}{2}},\ \frac{k+1}{\frac{(n-k+1)(k+n)}{2}},\ \cdots,\ \frac{n}{\frac{(n-k+1)(k+n)}{2}}\right]$$

本章算子退化为加权弱化缓冲算子，可以看到，此时序列数据的权重随着 k 的变化，呈现出线性递增的规律，新信息的权重大于旧信息，与灰色系统理论的“新信息优先原理”比较相符。

（3）当 $\alpha\to+\infty$ 时，

$$\lambda=\left[\frac{k^{\alpha}}{k^{\alpha}+(k+1)^{\alpha}+\cdots+n^{\alpha}},\quad \frac{(k+1)^{\alpha}}{k^{\alpha}+(k+1)^{\alpha}+\cdots+n^{\alpha}},\ \cdots,\ \frac{n^{\alpha}}{k^{\alpha}+(k+1)^{\alpha}+\cdots+n^{\alpha}}\right]$$

$$=\left[\frac{1}{1+(\frac{k+1}{k})^{\alpha}+\cdots+(\frac{n}{k})^{\alpha}},\ \frac{1}{(\frac{k}{k+1})^{\alpha}+1+\cdots+(\frac{n}{k+1})^{\alpha}},\ \cdots,\ \frac{1}{(\frac{k}{n})^{\alpha}+(\frac{k+1}{n})^{\alpha}+\cdots+(\frac{n}{n})^{\alpha}}\right]=(0,\ 0,\ \cdots,\ 0,\ 1)$$

此时是一种极端情况，即最新信息 $x(n)$ 的权重为 1，其他信息的权重为 0。此时 $x(k)d_1=(0,\ 0,\ \cdots,\ 1)\left[x(k),\ x(k+1),\ \cdots,\ x(n)\right]^T=x(n)$，$k=1,\ 2,\ \cdots,\ n$。那么弱化后的序列为 $XD_1=\{x(n),\ x(n),\ \cdots,\ x(n)\}$，此时，序列变为一个常数序列，这意味着系统不再发生变化，保持稳定。

从 λ 的表达式可以看出，随着 α 的增大，$\lambda_1=\dfrac{1}{1+(\frac{k+1}{k})^{\alpha}+\cdots+(\frac{n}{k})^{\alpha}}$ 的值在减小，$\lambda_n=\dfrac{1}{(\frac{k}{n})^{\alpha}+(\frac{k+1}{n})^{\alpha}+\cdots+(\frac{n}{n})^{\alpha}}$ 的值在增加。这意味着，随着 α 的增大，旧信息的权重在减少，新信息的权重在增加。因此，如果要强调旧信息，可以适当减小 α 的值；如果要强调新信息，可以适当增大

α 的值。对于不同的系统序列，可以通过智能优化算法来求解 α 的最优值。

2.3 含时变参数的弱化缓冲算子的一种改进

定理 2.4 设 $X=\{x(1), x(2), \cdots, x(n)\}$，$x(k)>0$ 为系统行为序列，$XD_2=\{x(1)d_1, x(2)d_1, \cdots, x(n)d_1\}$ 为其缓冲序列，其中

$$x(k)d_2=\frac{(k^{\alpha}+\beta)x(k)+[(k+1)^{\alpha}+\beta]x(k+1)+\cdots+(n^{\alpha}+\beta)x(n)}{\sum_{i=k}^{n}(i^{\alpha}+\beta)},$$

$k=1, 2, \cdots, n$

那么，当 X 分别为单调增长序列、单调衰减序列和振荡序列时，D_2 都是弱化缓冲算子。

证明： 从 D_2 的构造过程可以看出，D_2 满足缓冲算子三公理，那么 D_2 为缓冲算子，下面证明 D_2 是弱化缓冲算子。

（1）假设 X 为单调增长序列，那么

$$x(k)d_2-x(k)=\frac{(k^{\alpha}+\beta)x(k)+[(k+1)^{\alpha}+\beta]x(k+1)+\cdots+(n^{\alpha}+\beta)x(n)}{\sum_{i=k}^{n}(i^{\alpha}+\beta)}-x(k)$$

$$>\frac{(k^{\alpha}+\beta)x(k)+[(k+1)^{\alpha}+\beta]x(k)+\cdots+(n^{\alpha}+\beta)x(k)}{\sum_{i=k}^{n}(i^{\alpha}+\beta)}-x(k)$$

$$=\frac{x(k)\sum_{i=k}^{n}(i^{\alpha}+\beta)}{\sum_{i=k}^{n}(i^{\alpha}+\beta)}-x(k)=x(k)-x(k)=0$$

即 $x(k)d_2>x(k)$。

由定理 2.1 可知，D_2 为弱化缓冲算子。而且

$$\frac{x(k)d_2}{x(k+1)d_2}=\frac{\dfrac{(k^{\alpha}+\beta)x(k)+[(k+1)^{\alpha}+\beta]x(k+1)+\cdots+(n^{\alpha}+\beta)x(n)}{\sum_{i=k}^{n}(i^{\alpha}+\beta)}}{\dfrac{[(k+1)^{\alpha}+\beta]x(k+1)+\cdots+(n^{\alpha}+\beta)x(n)}{\sum_{i=k+1}^{n}(i^{\alpha}+\beta)}}$$

$$
=\frac{\dfrac{(k^{\alpha}+\beta)x(k)+[(k+1)^{\alpha}+\beta]x(k+1)+\cdots+(n^{\alpha}+\beta)x(n)}{\sum\limits_{i=k}^{n}(i^{\alpha}+\beta)}}{\dfrac{[(k+1)^{\alpha}+\beta]x(k+1)+\cdots+(n^{\alpha}+\beta)x(n)+(k^{\alpha}+\beta)x(k)-(k^{\alpha}+\beta)x(k)}{\sum\limits_{i=k+1}^{n}(i^{\alpha}+\beta)+k^{\alpha}+\beta-(k^{\alpha}+\beta)}}
$$

$$
=\frac{(k^{\alpha}+\beta)x(k)+[(k+1)^{\alpha}+\beta]x(k+1)+\cdots+(n^{\alpha}+\beta)x(n)}{[(k+1)^{\alpha}+\beta]x(k+1)+\cdots+(n^{\alpha}+\beta)x(n)+(k^{\alpha}+\beta)x(k)-(k^{\alpha}+\beta)x(k)}
$$

$$
\frac{\sum\limits_{i=k+1}^{n}(i^{\alpha}+\beta)+k^{\alpha}+\beta-(k^{\alpha}+\beta)}{\sum\limits_{i=k}^{n}(i^{\alpha}+\beta)}
$$

$$
=\frac{1}{1-\dfrac{(k^{\alpha}+\beta)x(k)}{(k^{\alpha}+\beta)x(k)+[(k+1)^{\alpha}+\beta]x(k+1)+\cdots+(n^{\alpha}+\beta)x(n)}}\left(1-\frac{k^{\alpha}+\beta}{\sum\limits_{i=k}^{n}(i^{\alpha}+\beta)}\right)
$$

$$
=\frac{1}{1-\dfrac{1}{1+\dfrac{[(k+1)^{\alpha}+\beta]}{(k^{\alpha}+\beta)}\dfrac{x(k+1)}{x(k)}+\cdots+\dfrac{(n^{\alpha}+\beta)}{(k^{\alpha}+\beta)}\dfrac{x(n)}{x(k)}}}\left(1-\frac{1}{1+\dfrac{(k+1)^{\alpha}+\beta}{k^{\alpha}+\beta}+\cdots+\dfrac{n^{\alpha}+\beta}{k^{\alpha}+\beta}}\right)
$$

令

$$
q_1=1+\frac{(k+1)^{\alpha}+\beta}{k^{\alpha}+\beta}+\cdots+\frac{n^{\alpha}+\beta}{k^{\alpha}+\beta}
$$

$$
q_2=1+\frac{[(k+1)^{\alpha}+\beta]}{(k^{\alpha}+\beta)}\frac{x(k+1)}{x(k)}+\cdots+\frac{(n^{\alpha}+\beta)}{(k^{\alpha}+\beta)}\frac{x(n)}{x(k)}
$$

因为 X 为单调增长序列，所以

$$
x(k)<x(k+1)\Leftrightarrow\frac{x(k+1)}{x(k)}>1
$$

因此

$$
q_1<q_2\Leftrightarrow\frac{1}{q_1}>\frac{1}{q_2}\Leftrightarrow 1-\frac{1}{q_1}<1-\frac{1}{q_2}\Leftrightarrow\frac{1-\dfrac{1}{q_1}}{1-\dfrac{1}{q_2}}<1
$$

从而

$$
\frac{x(k)d_2}{x(k+1)d_2}<1\Leftrightarrow x(k)d_2<x(k+1)d_2
$$

即缓冲后的序列 XD_2 仍然为单调增长序列，与原始序列保持相同的单调性。

（2）假设 X 为单调衰减序列，那么

$$x(k)d_2-x(k)=\frac{(k^\alpha+\beta)x(k)+[(k+1)^\alpha+\beta]x(k+1)+\cdots+(n^\alpha+\beta)x(n)}{\sum_{i=k}^{n}(i^\alpha+\beta)}-x(k)$$

$$<\frac{(k^\alpha+\beta)x(k)+[(k+1)^\alpha+\beta]x(k)+\cdots+(n^\alpha+\beta)x(k)}{\sum_{i=k}^{n}(i^\alpha+\beta)}-x(k)$$

$$=\frac{x(k)\sum_{i=k}^{n}(i^\alpha+\beta)}{\sum_{i=k}^{n}(i^\alpha+\beta)}-x(k)=x(k)-x(k)=0$$

即 $x(k)d_2<x(k)$。

由定理 2.1 可知，D_2 为弱化缓冲算子。而且

$$\frac{x(k)d_2}{x(k+1)d_2}=\frac{\dfrac{(k^\alpha+\beta)x(k)+[(k+1)^\alpha+\beta]x(k+1)+\cdots+(n^\alpha+\beta)x(n)}{\sum_{i=k}^{n}(i^\alpha+\beta)}}{\dfrac{[(k+1)^\alpha+\beta]x(k+1)+\cdots+(n^\alpha+\beta)x(n)}{\sum_{i=k+1}^{n}(i^\alpha+\beta)}}$$

$$=\frac{1}{1-\dfrac{1}{1+\dfrac{[(k+1)^\alpha+\beta]x(k+1)}{(k^\alpha+\beta)x(k)}+\cdots+\dfrac{(n^\alpha+\beta)x(n)}{(k^\alpha+\beta)x(k)}}}\left(1-\frac{1}{1+\dfrac{(k+1)^\alpha+\beta}{k^\alpha+\beta}+\cdots+\dfrac{n^\alpha+\beta}{k^\alpha+\beta}}\right)$$

令

$$q_1=1+\frac{(k+1)^\alpha+\beta}{k^\alpha+\beta}+\cdots+\frac{n^\alpha+\beta}{k^\alpha+\beta}$$

$$q_2=1+\frac{[(k+1)^\alpha+\beta]x(k+1)}{(k^\alpha+\beta)x(k)}+\cdots+\frac{(n^\alpha+\beta)x(n)}{(k^\alpha+\beta)x(k)}$$

因为 X 为单调递减序列，所以

$$x(k)>x(k+1)\Leftrightarrow\frac{x(k+1)}{x(k)}<1$$

因此

$$q_1>q_2\Leftrightarrow\frac{1}{q_1}<\frac{1}{q_2}\Leftrightarrow 1-\frac{1}{q_1}>1-\frac{1}{q_2}\Leftrightarrow\frac{1-\dfrac{1}{q_1}}{1-\dfrac{1}{q_2}}>1$$

从而

$$\frac{x(k)d_2}{x(k+1)d_2} > 1 \Leftrightarrow x(k)d_2 > x(k+1)d_2$$

即缓冲后的序列 XD_1 仍然为单调递减序列，与原始序列保持相同的单调性。

（3）假设 X 为振荡序列，不妨假设

$x(M)=\max\{x(k)\mid k=1,2,\cdots,n\}$，$x(m)=\min\{x(k)\mid k=1,2,\cdots,n\}$

那么

$$x(M)d_2 - x(M) = \frac{(M^\alpha+\beta)x(M)+[(M+1)^\alpha+\beta]x(M+1)+\cdots+(n^\alpha+\beta)x(n)}{\sum_{i=M}^{n}(i^\alpha+\beta)} - x(M)$$

$$< \frac{(M^\alpha+\beta)x(k)+[(M+1)^\alpha+\beta]x(M)+\cdots+(n^\alpha+\beta)x(M)}{\sum_{i=M}^{n}(i^\alpha+\beta)} - x(M)$$

$$= \frac{x(M)\sum_{i=M}^{n}(i^\alpha+\beta)}{\sum_{i=M}^{n}(i^\alpha+\beta)} - x(M) = x(M) - x(M) = 0$$

即 $x(M)d_2 < x(M)$；

$$x(m)d_2 - x(m) = \frac{(m^\alpha+\beta)x(m)+[(m+1)^\alpha+\beta]x(m+1)+\cdots+(n^\alpha+\beta)x(n)}{\sum_{i=m}^{n}(i^\alpha+\beta)} - x(m)$$

$$> \frac{(m^\alpha+\beta)x(k)+[(m+1)^\alpha+\beta]x(m)+\cdots+(n^\alpha+\beta)x(m)}{\sum_{i=m}^{n}(i^\alpha+\beta)} - x(m)$$

$$= \frac{x(m)\sum_{i=m}^{n}(i^\alpha+\beta)}{\sum_{i=m}^{n}(i^\alpha+\beta)} - x(m) = x(m) - x(m) = 0$$

即 $x(m)d_2 > x(m)$。

因此，$x(M)d_2 < x(M)$，$x(m)d_2 > x(m)$，由定理 2.1 可知，D_2 为弱化缓冲算子。

为了方便书写，改进的缓冲算子简写为 WAWBO-V（weighted average weakening buffer operator with variable parameters）。由上述推导和分析可知，

改进后的时变加权缓冲算子（D_2）具有更好的适应性，而且 D_1 可以看作 D_2 的一种特殊情况，即参数 $\beta = 0$。

2.4 实例分析

随着航空运输业的快速发展，大量的先进技术、先进经验和先进的管理模式广泛应用于航空运输业，因此，亟须专业性人才投入航空运输业的发展建设中。肩负人才培养重任的高等学校，应该转变人才培养模式，不断优化人才培养方案，建立合理的学科结构，从而提高人才培养的质量，这对于航空运输业的发展具有重要意义。2010—2018 年我国航空运输业的从业人数如表 2.1 所示，从业人数变化趋势如图 2.1 所示。

表 2.1　2010—2018 年中国航空运输业从业人数

单位：人

年份	2010	2011	2012	2013	2014	2015	2016	2017	2018
人数	272 023	335 260	376 100	494 397	507 789	553 358	595 301	624 318	645 957

数据来源：中国统计年鉴。

从表 2.1 可以看出，2011—2018 年我国航空运输业从业人数的年增长率分别为 23.25%，12.18%，31.45%，2.71%，8.97%，7.58%，4.87%，3.47%，说明从 2011 年开始，随着航空运输业的快速发展，我国航空运输业的从业人数呈现不断增长的趋势，最大的年增长率达到了 31.45%。随着从业人数的快速增加，增长率也逐年递减，序列呈现出典型的先快后慢的趋势，符合缓冲算子的应用条件。因此，本章以 2011—2016 年的数据作为建模数据，以 2017—2018 年的数据作为预测数据，以检验不同建模方法的精度，不同方法的计算结果如表 2.2 所示。其中，WAWBO（weighted average weakening buffer operator）为加权平均弱化缓冲算子，在 WAWBO-V 中，经过遗传算法求解，最优参数为 $\alpha = 1$，$\beta = 0.4$。

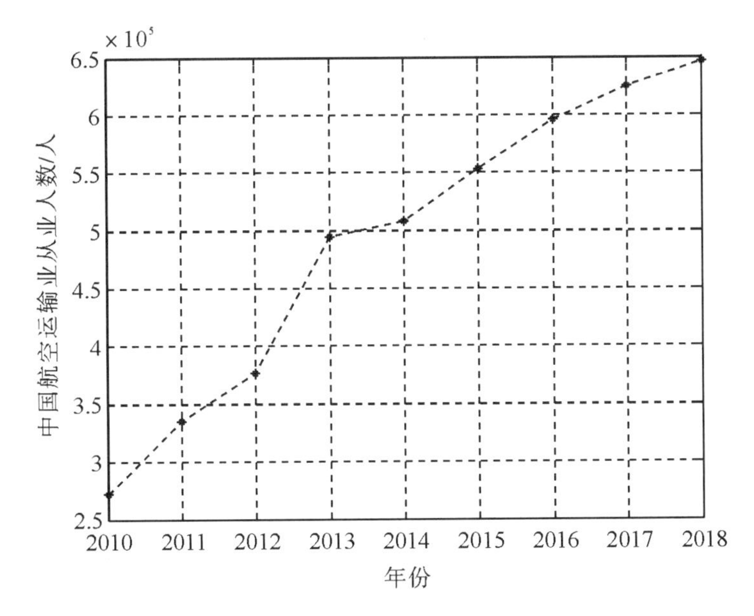

图 2.1　2010—2018 年中国航空运输业从业人数变化趋势

表 2.2　不同灰色预测模型的预测结果

年份	原始值/人	DGM（1，1）			WAWBO			WAWBO-V		
		预测值/人	APE/%	MAPE/%	预测值/人	APE/%	MAPE/%	预测值/人	APE/%	MAPE/%
2017	624 318	643 860	3.13	7.83	573 060	8.21	8.20	607 140	2.75	3.05
2018	645 957	726 880	12.53		593 050	8.19		624 370	3.34	

注：①APE（absolute percentage error）＝ $100\% \left| \frac{x(k) - \hat{x}(k)}{x(k)} \right|$；

②MAPE（mean absolute percentage error）＝ $100\% \frac{1}{n} \sum_{k=1}^{n} \left| \frac{x(k) - \hat{x}(k)}{x(k)} \right|$；下同。

一般来说，平均相对误差和模拟误差都要求越小越好，具体精度检验等级如表 2.3 所示。

表 2.3　精度检验等级参照

精度等级	指标临界值
	相对误差
一级	0.01
二级	0.05
三级	0.10
四级	0.20

从表 2. 2 的计算结果可以看出，直接采用原始序列建立灰色预测模型，由于冲击扰动对系统的干扰，三步预测的平均误差达到 14. 23%，预测精度为四级，误差偏大，不适合用于预测；加入加权平均弱化算子之后，误差有所降低，但仍然达到 7. 13%，预测精度为三级；运用本章提出的含时变参数的弱化缓冲算子，预测误差降低至 2. 23%，精度得到较大幅度的提升，进一步丰富和完善了缓冲算子的理论体系。

通过本章提出的含时变参数的弱化缓冲算子的建模过程和实际应用结果可以看出，新的缓冲算子在处理时间权重的表现上更为灵活，对于缓冲强度和缓冲效果的调整更为细腻。因此，本章提出的新缓冲算子可以应用在受到冲击扰动的系统序列的预测上，以有效解决定性分析和定量计算不相符的问题。

2. 5　本章小结

在现有研究的基础上，本章提出一类含时变参数的弱化缓冲算子，并对其性质进行了深入分析，通过利用智能优化算法计算参数的值，能够使缓冲算子得到最优的计算效果。相比于传统的灰色预测模型，将含时变参数的弱化缓冲算子应用到我国航空运输业从业人数的预测中，能够使预测精度得到大幅度的提升，并取得令人满意的效果。本章内容拓宽了缓冲算子的应用范围，进一步丰富和完善了缓冲算子的理论体系。

3 分数阶累加线性时变参数离散灰色预测模型

现有研究深入探讨了 DGM（1，1）模型与 GM（1，1）模型之间的关系，找出了 GM（1，1）失稳的原因，有效提高了建模精度①②③。传统的离散灰色预测模型及其拓展模型，利用的是累加生成的灰指数规律，用于稳定系统序列时，能够取得比较高的建模精度。但是，对于振荡序列和具有复杂趋势的序列，其累加序列的规律也相应地呈现出复杂性，为了应对这种现象，本章同时考虑了累加序列存在的指数规律和线性规律，提出了分数阶累加线性时变参数离散灰色预测模型，并研究了该模型的建模过程和参数计算方法。同时，本章利用矩阵扰动分析理论，说明了该模型具有良好的稳定性。最后，本章对两个实例进行验证，计算结果表明，分数阶累加线性时变参数离散灰色预测模型具有更好的稳定性和更高的预测精度，从而进一步验证了模型的有效性和实用性。

3.1 分数阶累加线性时变参数离散灰色预测模型的构建

定义 3.1 设非负序列 $X^{(0)}=\{x^{(0)}(1), x^{(0)}(2), \cdots, x^{(0)}(n)\}$，$X^{(1)}=\{x^{(1)}(1), x^{(1)}(2), \cdots, x^{(1)}(n)\}$ 是 $X^{(0)}$ 的一次累加生成序列，其中

---

① 刘思峰，杨英杰，吴利丰. 灰色系统理论及其应用（第七版）[M]. 7 版. 北京：科学出版社，2014.

② 谢乃明，刘思峰. 离散 GM（1，1）模型与灰色预测模型建模机理 [J]. 系统工程理论与实践，2005，25（1）：93-99.

③ DING J L, LI H F. The forecasting model of flight delay based on DMT-GMT model [J]. Physics Procedia，2012，33：395-402.

$$x^{(1)}(k)=\sum_{i=1}^{k}x^{(0)}(i)\quad,k=1,\ 2,\ \cdots,\ n$$

方程

$$x^{(1)}(k+1)=\beta_1 x^{(1)}(k)+\beta_2\ ,k=1,\ 2,\ \cdots,\ n-1$$

称为离散灰色预测模型［DGM（1，1）］。

定理 3.1 离散灰色预测模型的参数可以通过如下最小二乘估计进行求解：

$$\begin{bmatrix}\beta_1\\ \beta_2\end{bmatrix}=(B^TB)^{-1}B^TY\ ,$$

其中

$$B=\begin{bmatrix}x^{(1)}(1) & 1\\ x^{(1)}(2) & 1\\ \vdots & \vdots\\ x^{(1)}(n-2) & 1\\ x^{(1)}(n-1) & 1\end{bmatrix},\ Y=\begin{bmatrix}x^{(1)}(2)\\ x^{(1)}(3)\\ \vdots\\ x^{(1)}(n-1)\\ x^{(1)}(n)\end{bmatrix}$$

定义 3.2 设非负序列 $X^{(0)}=\{x^{(0)}(1)\ ,\ x^{(0)}(2)\ ,\ \cdots,\ x^{(0)}(n)\}$。$X^{(1)}=\{x^{(1)}(1)\ ,\ x^{(1)}(2)\ ,\ \cdots,\ x^{(1)}(n)\}$ 是 $X^{(0)}$ 的一次累加生成序列，其中

$$x^{(1)}(k)=\sum_{i=1}^{k}x^{(0)}(i)\quad,k=1,\ 2,\ \cdots,\ n$$

方程

$$x^{(1)}(k+1)=(\beta_1 k+\beta_2)x^{(1)}(k)+\beta_3 k+\beta_4\ ,k=1,\ 2,\ \cdots,\ n-1$$

称为线性时变参数离散灰色预测模型［linear time-varying parameter discrete grey model，以下简称 TDGM（1，1）］。

定理 3.2 线性时变参数离散灰色预测模型的参数可以通过如下最小二乘估计进行求解：

$$\begin{bmatrix}\beta_1\\ \beta_2\\ \beta_3\\ \beta_4\end{bmatrix}=(C^TC)^{-1}C^TY\ ,$$

其中

$$
C=\begin{bmatrix} x^{(1)}(1) & x^{(1)}(1) & 1 & 1 \\ 2x^{(1)}(2) & x^{(1)}(2) & 2 & 1 \\ \vdots & \vdots & \vdots & \vdots \\ (n-2)\ x^{(1)}(n-2) & x^{(1)}(n-2) & n-2 & 1 \\ (n-1)\ x^{(1)}\ (n-1) & x^{(1)}\ (n-1) & n-1 & 1 \end{bmatrix},\ Y=\begin{bmatrix} x^{(1)}(2) \\ x^{(1)}(3) \\ \vdots \\ x^{(1)}(n-1) \\ x^{(1)}(n) \end{bmatrix}
$$

定义 3.3[1]设非负序列 $X^{(0)}=\{x^{(0)}(1),\ x^{(0)}(2),\ \cdots,\ x^{(0)}(n)\}$，$X^{(r)}=\{x^{(r)}(1),\ x^{(r)}(2),\ \cdots,\ x^{(r)}(n)\}$ 是 $X^{(0)}$ 的分数阶累加序列，其中

$$
x^{(r)}(k)=\sum_{i=1}^{k} C_{k-i+r-1}^{k-i}x^{(0)}(i)\ ,\ C_{r-1}^{0}=1\ ,\ C_{k-1}^{k}=0,\ \ k=1,\ 2,\ \cdots,\ n
$$

定义 3.4 设非负序列 $X^{(0)}$，$X^{(r)}$ 如定义 3.3 所定义的，方程

$$
x^{(r)}(k+1)=(\beta_1 k+\beta_2)x^{(r)}(k)+\beta_3 k+\beta_4\ ,\ k=1,\ 2,\ \cdots,\ n-1
$$

称为分数阶累加线性时变参数离散灰色预测模型［fractional order cumulative linear time－varying parameters discrete grey model，以下简称 FTDGM（1，1）］。

定理 3.3 分数阶累加线性时变参数离散灰色预测模型的参数可以通过如下最小二乘估计进行求解：

$$
\begin{bmatrix} \beta_1 \\ \beta_2 \\ \beta_3 \\ \beta_4 \end{bmatrix}=(D^T D)^{-1}D^T W\ ,
$$

其中

$$
D=\begin{bmatrix} x^{(r)}(1) & x^{(r)}(1) & 1 & 1 \\ 2x^{(r)}(2) & x^{(r)}(2) & 2 & 1 \\ \vdots & \vdots & \vdots & \vdots \\ (n-2)\ x^{(r)}(n-2) & x^{(r)}(n-2) & n-2 & 1 \\ (n-1)\ x^{(r)}\ (n-1) & x^{(r)}\ (n-1) & n-1 & 1 \end{bmatrix},\ W=\begin{bmatrix} x^{(r)}(2) \\ x^{(r)}(3) \\ \vdots \\ x^{(r)}(n-1) \\ x^{(r)}(n) \end{bmatrix}
$$

FTDGM（1，1）模型的预测值如下：

$$
\hat{x}^{(r)}(k+1)=(\beta_1 k+\beta_2)\hat{x}^{(r)}(k)+\beta_3 k+\beta_4
$$

根据分数阶累加的计算公式，预测序列的累减值计算如下：

---

① WU L F，LIU S F，YAO L G，et al. Grey system model with the fractional order accumulation [J]. Communications in Nonlinear Science and Numerical Simulation，2013，18（7）：1775－1785.

$$\hat{x}^{(0)}(k)=\hat{x}^{(r)}(k)-\sum_{i=1}^{k}C_{k-i+r-1}^{k-i}\hat{x}^{(r)}(i),\ k=1,\ 2,\ \cdots,\ n$$

3.2　TDGM（1，1）模型和FTDGM（1，1）模型的扰动分析

定理3.4①②设$A\in C^{m\times n}$，$b\in C^{m}$，$A^{\dagger}$是矩阵A的广义逆，当A的列变量线性无关时，线性最小二乘问题$\|Ax-b\|_2=\min$有唯一解。

定理3.5 设$A\in C^{m\times n}$，$b\in C^{m}$，$A^{\dagger}$是矩阵A的广义逆。又设线性最小二乘问题$\|Bx-c\|_2=\min$与$\|Ax-b\|_2=\min$的解分别为$x+h$和x。如果$\text{rank}(A)=\text{rank}(B)=n$，且$\|A^{\dagger}\|_2\|E\|_2<1$时，有

$$\|h\|_2\leqslant\frac{s_{\dagger}}{t_{\dagger}}\left(\frac{\|E\|_2}{\|A\|}\|x\|+\frac{\|k\|}{\|A\|}+\frac{s_{\dagger}}{t_{\dagger}}\frac{\|E\|_2}{\|A\|}\frac{\|r_x\|}{\|A\|}\right)$$

其中

$$s_{\dagger}=\|A^{\dagger}\|_2\|A\|,\ t_{\dagger}=1-\|A^{\dagger}\|_2\|E\|_2,\ r_x=b-Ax$$

3.2.1　TDGM（1，1）模型的扰动分析

定理3.6 TDGM（1，1）模型可以求解为函数$\|Y-Cx\|_2=\min$。假定TDGM（1，1）模型的解为x，$\hat{x}^{(0)}(1)=x^{(0)}(1)+\varepsilon$，其中$\varepsilon$是扰动信息，那么解的扰动界如下：

$$\|h\|_2\leqslant|\varepsilon|\frac{s_{\dagger}}{t_{\dagger}}\left(\frac{\|x\|\sqrt{\sum_{i=1}^{n-1}i^2}}{\|B\|}+\frac{\sqrt{n-1}}{\|B\|}+\frac{s_{\dagger}}{t_{\dagger}}\frac{\sqrt{\sum_{i=1}^{n-1}i^2}}{\|B\|}\frac{\|r_x\|}{\|B\|}\right)$$

---

① STEWART G M. On the perturbation of pseudo-inverses projections and linear square problems [J]. SIAM Review, 1977 (19): 634-662.

② 孙继广. 矩阵扰动分析 [M]. 北京: 利学出版社, 1987: 355-356.

证明：

$$\hat{C}=C+\Delta C=\begin{bmatrix} x^{(1)}(1)+\varepsilon & x^{(1)}(1)+\varepsilon & 1 & 1 \\ 2[x^{(1)}(2)+\varepsilon] & x^{(1)}(2)+\varepsilon & 2 & 1 \\ \vdots & \vdots & \vdots & \vdots \\ (n-2)[x^{(1)}(n-2)+\varepsilon] & x^{(1)}(n-2)+\varepsilon & n-2 & 1 \\ (n-1)[x^{(1)}(n-1)+\varepsilon] & x^{(1)}(n-1)+\varepsilon & n-1 & 1 \end{bmatrix}$$

$$=\begin{bmatrix} x^{(1)}(1) & x^{(1)}(1) & 1 & 1 \\ 2x^{(1)}(2) & x^{(1)}(2) & 2 & 1 \\ \vdots & \vdots & \vdots & \vdots \\ (n-2)x^{(1)}(n-2) & x^{(1)}(n-2) & n-2 & 1 \\ (n-1)x^{(1)}(n-1) & x^{(1)}(n-1) & n-1 & 1 \end{bmatrix}+$$

$$\begin{bmatrix} \varepsilon & \varepsilon & 0 & 0 \\ 2\varepsilon & \varepsilon & 0 & 0 \\ \vdots & \vdots & \vdots & \vdots \\ (n-2)\varepsilon & \varepsilon & 0 & 0 \\ (n-1)\varepsilon & \varepsilon & 0 & 0 \end{bmatrix}$$

$$\hat{Y}=Y+\Delta Y=\begin{bmatrix} x^{(1)}(2) \\ x^{(1)}(3) \\ \vdots \\ x^{(1)}(n-1) \\ x^{(1)}(n) \end{bmatrix}+\begin{bmatrix} \varepsilon \\ \varepsilon \\ \vdots \\ \varepsilon \\ \varepsilon \end{bmatrix}$$

假设新模型 $\|\hat{Y}-\hat{C}x\|_2=\min$ 的解为 $\hat{x}$，扰动为 h，当列变量 C 线性无关时，方程 $\|Y-Cx\|_2=\min$ 有唯一解 $x=Y^{\dagger}C$。因为

$$\Delta Y=\begin{bmatrix} \varepsilon \\ \varepsilon \\ \vdots \\ \varepsilon \\ \varepsilon \end{bmatrix},\ \Delta C^T\Delta C=\begin{bmatrix} \sum_{i=1}^{n-1} i^2\varepsilon^2 & \sum_{i=1}^{n-1} i\varepsilon^2 & 0 & 0 \\ \sum_{i=1}^{n-1} i\varepsilon^2 & (n-1)\varepsilon^2 & 0 & 0 \\ 0 & 0 & 0 & 0 \\ 0 & 0 & 0 & 0 \end{bmatrix}$$

$$\|\Delta Y\|_2=|\varepsilon|\sqrt{n-1},\ \|\Delta C\|_2=\sqrt{\lambda_{\max}(\Delta C^T\Delta C)}$$

所以

$$\|\Delta C\|_2=\sqrt{\sum_{i=1}^{n-1} i^2\varepsilon^2}=|\varepsilon|\sqrt{\sum_{i=1}^{n-1} i^2}$$

根据定理3.5，可以得到以下结果：

$$\|h\|_2\leqslant\frac{s_\dagger}{t_\dagger}\left(\frac{\|\Delta C\|_2}{\|B\|}\|x\|+\frac{\|\Delta Y\|}{\|B\|}+\frac{s_\dagger}{t_\dagger}\frac{\|\Delta C\|_2}{\|B\|}\frac{\|r_x\|}{\|B\|}\right)$$

$$=|\varepsilon|\frac{s_\dagger}{t_\dagger}\left(\frac{\|x\|\sqrt{\sum_{i=1}^{n-1} i^2}}{\|B\|}+\frac{\sqrt{n-1}}{\|B\|}+\frac{s_\dagger}{t_\dagger}\frac{\sqrt{\sum_{i=1}^{n-1} i^2}}{\|B\|}\frac{\|r_x\|}{\|B\|}\right)=Q[x^{(0)}(1)]$$

定理3.7 TDGM（1，1）模型可以求解为函数 $\|Y-Cx\|_2=\min$ 。假定TDGM（1，1）模型的解为 x ，$\hat{x}^{(0)}(2)=x^{(0)}(2)+\varepsilon$ ，其中 ε 是扰动信息，那么解的扰动界如下：

$$\|h\|_2\leqslant|\varepsilon|\frac{s_\dagger}{t_\dagger}\left(\frac{\|x\|\sqrt{\sum_{i=2}^{n-1} i^2}}{\|B\|}+\frac{\sqrt{n-1}}{\|B\|}+\frac{s_\dagger}{t_\dagger}\frac{\sqrt{\sum_{i=2}^{n-1} i^2}}{\|B\|}\frac{\|r_x\|}{\|B\|}\right)$$

证明：

$$\hat{C}=C+\Delta C=\begin{bmatrix} x^{(1)}(1) & x^{(1)}(1) & 1 & 1\\ 2[x^{(1)}(2)+\varepsilon] & x^{(1)}(2)+\varepsilon & 2 & 1\\ \vdots & \vdots & \vdots & \vdots\\ (n-2)[x^{(1)}(n-2)+\varepsilon] & x^{(1)}(n-2)+\varepsilon & n-2 & 1\\ (n-1)[x^{(1)}(n-1)+\varepsilon] & x^{(1)}(n-1)+\varepsilon & n-1 & 1 \end{bmatrix}$$

$$=\begin{bmatrix} x^{(1)}(1) & x^{(1)}(1) & 1 & 1\\ 2x^{(1)}(2) & x^{(1)}(2) & 2 & 1\\ \vdots & \vdots & \vdots & \vdots\\ (n-2)x^{(1)}(n-2) & x^{(1)}(n-2) & n-2 & 1\\ (n-1)x^{(1)}(n-1) & x^{(1)}(n-1) & n-1 & 1 \end{bmatrix}+$$

$$\begin{bmatrix} 0 & 0 & 0 & 0\\ 2\varepsilon & \varepsilon & 0 & 0\\ \vdots & \vdots & \vdots & \vdots\\ (n-2)\varepsilon & \varepsilon & 0 & 0\\ (n-1)\varepsilon & \varepsilon & 0 & 0 \end{bmatrix}$$

$$\hat{Y} = Y + \Delta Y = \begin{bmatrix} x^{(1)}(2) \\ x^{(1)}(3) \\ \vdots \\ x^{(1)}(n-1) \\ x^{(1)}(n) \end{bmatrix} + \begin{bmatrix} \varepsilon \\ \varepsilon \\ \vdots \\ \varepsilon \\ \varepsilon \end{bmatrix}$$

假设新模型 $\| \hat{Y} - \hat{C}x \|_2 = \min$ 的解为 $\hat{x}$，扰动为 h，当列变量 C 线性无关时，方程 $\| Y - Cx \|_2 = \min$ 有唯一解 $x = Y^{\dagger}C$。因为

$$\Delta Y = \begin{bmatrix} \varepsilon \\ \varepsilon \\ \vdots \\ \varepsilon \\ \varepsilon \end{bmatrix}, \Delta C^T \Delta C = \begin{bmatrix} \sum_{i=2}^{n-1} i^2 \varepsilon^2 & \sum_{i=2}^{n-1} i\varepsilon^2 & 0 & 0 \\ \sum_{i=2}^{n-1} i\varepsilon^2 & (n-2)\varepsilon^2 & 0 & 0 \\ 0 & 0 & 0 & 0 \\ 0 & 0 & 0 & 0 \end{bmatrix}$$

$$\| \Delta Y \|_2 = |\varepsilon| \sqrt{n-1}, \ \| \Delta C \|_2 = \sqrt{\lambda_{\max}(\Delta C^T \Delta C)},$$

所以

$$\| \Delta C \|_2 = \sqrt{\sum_{i=2}^{n-1} i^2 \varepsilon^2} = |\varepsilon| \sqrt{\sum_{i=2}^{n-1} i^2}$$

根据定理3.5，可以得到以下结果：

$$\| h \|_2 \leqslant \frac{s_{\dagger}}{t_{\dagger}} \left(\frac{\| \Delta C \|_2}{\| B \|} \| x \| + \frac{\| \Delta Y \|}{\| B \|} + \frac{s_{\dagger}}{t_{\dagger}} \frac{\| \Delta C \|_2}{\| B \|} \frac{\| r_x \|}{\| B \|} \right)$$

$$= |\varepsilon| \frac{s_{\dagger}}{t_{\dagger}} \left(\frac{\| x \| \sqrt{\sum_{i=2}^{n-1} i^2}}{\| B \|} + \frac{\sqrt{n-1}}{\| B \|} + \frac{s_{\dagger}}{t_{\dagger}} \frac{\sqrt{\sum_{i=2}^{n-1} i^2}}{\| B \|} \frac{\| r_x \|}{\| B \|} \right) = Q[x^{(0)}(2)]$$

定理3.8 定理3.6的其他条件不变，假设 $\hat{x}^{(0)}(t) = x^{(0)}(t) + \varepsilon$，那么解的扰动界如下：

$$\| h \|_2 \leqslant |\varepsilon| \frac{s_{\dagger}}{t_{\dagger}} \left(\frac{\| x \| \sqrt{\sum_{i=t}^{n-1} i^2}}{\| B \|} + \frac{\sqrt{n-t+1}}{\| B \|} + \frac{s_{\dagger}}{t_{\dagger}} \frac{\sqrt{\sum_{i=t}^{n-1} i^2}}{\| B \|} \frac{\| r_x \|}{\| B \|} \right)$$

证明：

$$\hat{C} = C + \Delta C = \begin{bmatrix} x^{(1)}(1) & x^{(1)}(1) & 1 & 1 \\ \vdots & \vdots & \vdots & \vdots \\ t[x^{(1)}(t) + \varepsilon] & x^{(1)}(t) + \varepsilon & t & 1 \\ \vdots & \vdots & \vdots & \vdots \\ (n-2)[x^{(1)}(n-2) + \varepsilon] & x^{(1)}(n-2) + \varepsilon & n-2 & 1 \\ (n-1)[x^{(1)}(n-1) + \varepsilon] & x^{(1)}(n-1) + \varepsilon & n-1 & 1 \end{bmatrix}$$

$$= \begin{bmatrix} x^{(1)}(1) & x^{(1)}(1) & 1 & 1 \\ \vdots & \vdots & \vdots & \vdots \\ tx^{(1)}(t) & x^{(1)}(t) & t & 1 \\ \vdots & \vdots & \vdots & \vdots \\ (n-2)[x^{(1)}(n-2)] & x^{(1)}(n-2) & n-2 & 1 \\ (n-1)[x^{(1)}(n-1)] & x^{(1)}(n-1) & n-1 & 1 \end{bmatrix} + \begin{bmatrix} 0 & 0 & 1 & 1 \\ \vdots & \vdots & \vdots & \vdots \\ t\varepsilon & \varepsilon & 0 & 0 \\ \vdots & \vdots & \vdots & \vdots \\ (n-2)\varepsilon & \varepsilon & 0 & 0 \\ (n-1)\varepsilon & \varepsilon & 0 & 0 \end{bmatrix}$$

$$\hat{Y} = Y + \Delta Y = \begin{bmatrix} x^{(1)}(2) \\ \vdots \\ x^{(1)}(t) \\ \vdots \\ x^{(1)}(n-1) \\ x^{(1)}(n) \end{bmatrix} + \begin{bmatrix} 0 \\ \vdots \\ \varepsilon \\ \vdots \\ \varepsilon \\ \varepsilon \end{bmatrix}$$

假定新模型 $\| \hat{Y} - \hat{C}x \|_2 = \min$ 的解为 $\hat{x}$，扰动为 h，当列变量 C 线性无关时，方程 $\| Y - Cx \|_2 = \min$ 有唯一解 $x = Y^{\dagger}C$ 。因为

$$\Delta Y=\begin{bmatrix}0\\ \vdots\\ \varepsilon\\ \vdots\\ \varepsilon\\ \varepsilon\end{bmatrix},\ \Delta C^T\Delta C=\begin{bmatrix}\sum_{i=t}^{n-1} i^2\varepsilon^2 & \sum_{i=t}^{n-1} i\varepsilon^2 & 0 & 0\\ \sum_{i=t}^{n-1} i\varepsilon^2 & (n-t+1)\varepsilon^2 & 0 & 0\\ 0 & 0 & 0 & 0\\ 0 & 0 & 0 & 0\end{bmatrix}$$

所以

$$\|\Delta C\|_2=\sqrt{\sum_{i=t}^{n-1} i^2\varepsilon^2}=|\varepsilon|\sqrt{\sum_{i=t}^{n-1} i^2}$$

根据定理 3.5，可以得到以下结果：

$$\|h\|_2\leqslant\frac{s_\dagger}{t_\dagger}\left(\frac{\|\Delta C\|_2}{\|B\|}\|x\|+\frac{\|\Delta Y\|}{\|B\|}+\frac{s_\dagger}{t_\dagger}\frac{\|\Delta C\|_2}{\|B\|}\frac{\|r_x\|}{\|B\|}\right)$$

$$=|\varepsilon|\frac{s_\dagger}{t_\dagger}\left(\frac{\|x\|\sqrt{\sum_{i=t}^{n-1} i^2}}{\|B\|}+\frac{\sqrt{n-t+1}}{\|B\|}+\frac{s_\dagger}{t_\dagger}\frac{\sqrt{\sum_{i=t}^{n-1} i^2}}{\|B\|}\frac{\|r_x\|}{\|B\|}\right)=Q[x^{(0)}(t)]$$

3.2.2 FTDGM（1，1）模型的扰动分析

定理 3.9 FTDGM（1，1）模型可以通过函数 $\|W-Dx\|_2=\min$ 求解。假设 FTDGM（1，1）模型的解是 x，$\hat{x}^{(0)}(1)=x^{(0)}(1)+\varepsilon$，其中 ε 是扰动信息，那么解的扰动界如下：

$$\|h\|_2\leqslant|\varepsilon|\frac{s_\dagger}{t_\dagger}\left[\frac{\sqrt{\sum_{i=1}^{n-1}(iC_{i+r-2}^{i-1})^2}}{\|B\|}\|x\|+\frac{\sqrt{\sum_{i=1}^{n}(C_{i+r-2}^{i-1})^2}}{\|B\|}+\frac{s_\dagger}{t_\dagger}\frac{\sqrt{\sum_{i=1}^{n-1}(iC_{i+r-2}^{i-1})^2}}{\|B\|}\frac{\|r_x\|}{\|B\|}\right]$$

证明：

$$\hat{D}=D+\Delta D=\begin{bmatrix}x^{(r)}(1) & x^{(r)}(1) & 1 & 1\\ 2x^{(r)}(2) & x^{(r)}(2) & 2 & 1\\ \vdots & \vdots & \vdots & \vdots\\ (n-2)x^{(r)}(n-2) & x^{(r)}(n-2) & n-2 & 1\\ (n-1)x^{(r)}(n-1) & x^{(r)}(n-1) & n-1 & 1\end{bmatrix}+$$

$$\begin{bmatrix} \varepsilon & \varepsilon & 0 & 0 \\ 2r\varepsilon & r\varepsilon & 0 & 0 \\ \vdots & \vdots & \vdots & \vdots \\ (n-2)C_{n-4+r}^{n-3}\varepsilon & C_{n-4+r}^{n-3}\varepsilon & 0 & 0 \\ (n-1)C_{n-3+r}^{n-2}\varepsilon & C_{n-3+r}^{n-2}\varepsilon & 0 & 0 \end{bmatrix}$$

$$\hat{W} = W + \Delta W = \begin{bmatrix} x^{(r)}(2) \\ x^{(r)}(3) \\ \vdots \\ x^{(r)}(n-1) \\ x^{(r)}(n) \end{bmatrix} + \begin{bmatrix} r\varepsilon \\ C_{1+r}^{2}\varepsilon \\ \vdots \\ C_{n-3+r}^{n-2}\varepsilon \\ C_{n-2+r}^{n-1}\varepsilon \end{bmatrix}$$

假设新模型 $\| \hat{W} - \hat{D}x \|_2 = \min$ 的解是 $\hat{x}$，扰动是 h，当列变量 D 线性无关时，方程 $\| W - Dx \|_2 = \min$ 有唯一解 $x = W^{\dagger}D$ 。因为

$$\Delta W = \begin{bmatrix} r\varepsilon \\ C_{1+r}^{2}\varepsilon \\ \vdots \\ C_{n-3+r}^{n-2}\varepsilon \\ C_{n-2+r}^{n-1}\varepsilon \end{bmatrix}, \ \Delta D^T \Delta D = \begin{bmatrix} \sum_{i=1}^{n-1} (iC_{i+r-2}^{i-1}\varepsilon)^2 & \sum_{i=1}^{n-1} i(C_{i+r-2}^{i-1}\varepsilon)^2 & 0 & 0 \\ \sum_{i=1}^{n-1} i(C_{i+r-2}^{i-1}\varepsilon)^2 & \sum_{i=1}^{n-1} (C_{i+r-2}^{i-1}\varepsilon)^2 & 0 & 0 \\ 0 & 0 & 0 & 0 \\ 0 & 0 & 0 & 0 \end{bmatrix}$$

$$\| \Delta W \|_2 = |\varepsilon| \sqrt{\sum_{i=2}^{n} (C_{i+r-2}^{i-1})^2}, \quad \| \Delta D \|_2 = \sqrt{\lambda_{\max}(\Delta D^T \Delta D)}$$

所以

$$\| \Delta W \|_2 = |\varepsilon| \sqrt{\sum_{i=2}^{n} (C_{i+r-2}^{i-1})^2}$$

$$\| \Delta D \|_2 = \sqrt{\sum_{i=1}^{n-1} (iC_{i+r-2}^{i-1}\varepsilon)^2} = |\varepsilon| \sqrt{\sum_{i=1}^{n-1} i^2 (C_{i+r-2}^{i-1})^2}$$

根据定理 3.5，可以得到以下结果：

$$\| h \|_2 \leqslant \frac{s_{\dagger}}{t_{\dagger}} \left(\frac{\| \Delta D \|_2}{\| B \|} \| x \| + \frac{\| \Delta W \|}{\| B \|} + \frac{s_{\dagger}}{t_{\dagger}} \frac{\| \Delta D \|_2}{\| D \|} \frac{\| r_x \|}{\| B \|} \right)$$

$$= |\varepsilon| \frac{s_{\dagger}}{t_{\dagger}} \left[\frac{\sqrt{\sum_{i=1}^{n-1} (iC_{i+r-2}^{i-1})^2}}{\| B \|} \| x \| + \frac{\sqrt{\sum_{i=2}^{n} (iC_{i+r-2}^{i-1})^2}}{\| B \|} + \right.$$

$$\left.\frac{s_\dagger}{t_\dagger}\frac{\sqrt{\sum_{i=1}^{n-1}(iC_{i+r-2}^{i-1})^2}}{\|B\|}\frac{\|r_x\|}{\|B\|}\right] = L[x^{(0)}(1)]$$

因为

$$C_{i+r-2}^{i-1} = C_{i-1+r-1}^{i-1} < 1$$

所以

$$\sqrt{\sum_{i=1}^{n-1} i^2 (C_{i+r-2}^{i-1}\varepsilon)^2} < \sqrt{\sum_{i=1}^{n-1} i^2},\quad \sqrt{\sum_{i=2}^{n}(C_{i+r-2}^{i-1})^2} < \sqrt{n-1}$$

因此，不难得到：$L[x^{(0)}(1)] < Q[x^{(0)}(1)]$。

定理3.10 FTDGM（1，1）模型可以通过函数 $\|W - Dx\|_2 = \min$ 求解。假设FTDGM（1，1）模型的解是 x，$\hat{x}^{(0)}(2) = x^{(0)}(2) + \varepsilon$，其中 ε 是扰动信息，那么解的扰动界如下：

$$\|h\|_2 \leqslant |\varepsilon|\frac{s_\dagger}{t_\dagger}\left[\frac{\sqrt{\sum_{i=2}^{n-1}(iC_{i+r-2}^{i-1})^2}}{\|B\|}\|x\| + \frac{\sqrt{\sum_{i=2}^{n-1}(C_{i+r-2}^{i-1})^2}}{\|B\|} + \right.$$

$$\left.\frac{s_\dagger}{t_\dagger}\frac{\sqrt{\sum_{i=2}^{n-1}(iC_{i+r-2}^{i-1})^2}}{\|B\|}\frac{\|r_x\|}{\|B\|}\right]$$

证明：

$$\hat{D} = D + \Delta D = \begin{bmatrix} x^{(r)}(1) & x^{(r)}(1) & 1 & 1 \\ 2x^{(r)}(2) & x^{(r)}(2) & 2 & 1 \\ \vdots & \vdots & \vdots & \vdots \\ (n-2)x^{(r)}(n-2) & x^{(r)}(n-2) & n-2 & 1 \\ (n-1)x^{(r)}(n-1) & x^{(r)}(n-1) & n-1 & 1 \end{bmatrix} +$$

$$\begin{bmatrix} 0 & 0 & 0 & 0 \\ 2\varepsilon & \varepsilon & 0 & 0 \\ \vdots & \vdots & \vdots & \vdots \\ (n-2)C_{n-5+r}^{n-4}\varepsilon & C_{n-5+r}^{n-4}\varepsilon & 0 & 0 \\ (n-1)C_{n-4+r}^{n-3}\varepsilon & C_{n-4+r}^{n-3}\varepsilon & 0 & 0 \end{bmatrix}$$

$$\hat{W}=W+\Delta W=\begin{bmatrix} x^{(r)}(2) \\ x^{(r)}(3) \\ \vdots \\ x^{(r)}(n-1) \\ x^{(r)}(n) \end{bmatrix}+\begin{bmatrix} \varepsilon \\ r\varepsilon \\ \vdots \\ C_{n-4+r}^{n-3}\varepsilon \\ C_{n-3+r}^{n-2}\varepsilon \end{bmatrix}$$

假设新模型 $\| \hat{W}-\hat{D}x \|_2=\min$ 的解是 $\hat{x}$，扰动是 h，当列变量 D 线性无关时，方程 $\| W-Dx \|_2=\min$ 有唯一解 $x=W^{\dagger}D$。因为

$$\Delta W=\begin{bmatrix} \varepsilon \\ r\varepsilon \\ \vdots \\ C_{n-4+r}^{n-3}\varepsilon \\ C_{n-3+r}^{n-2}\varepsilon \end{bmatrix},\ \Delta D^T\Delta D=\begin{bmatrix} \sum\limits_{i=2}^{n-1}(iC_{i+r-3}^{i-2}\varepsilon)^2 & \sum\limits_{i=2}^{n-1}i(C_{i+r-3}^{i-2}\varepsilon)^2 & 0 & 0 \\ \sum\limits_{i=2}^{n-1}i(C_{i+r-3}^{i-2}\varepsilon)^2 & \sum\limits_{i=2}^{n-1}(C_{i+r-3}^{i-2}\varepsilon)^2 & 0 & 0 \\ 0 & 0 & 0 & 0 \\ 0 & 0 & 0 & 0 \end{bmatrix}$$

$$\| \Delta W \|_2=|\varepsilon|\sqrt{\sum_{i=2}^{n}(C_{i+r-3}^{i-2})^2},\quad \| \Delta D \|_2=\sqrt{\lambda_{\max}(\Delta D^T\Delta D)}$$

所以

$$\| \Delta W \|_2=|\varepsilon|\sqrt{\sum_{i=2}^{n}(C_{i+r-3}^{i-2})^2}$$

$$\| \Delta D \|_2=\sqrt{\sum_{i=2}^{n-1}(iC_{i+r-3}^{i-2}\varepsilon)^2}=|\varepsilon|\sqrt{\sum_{i=2}^{n-1}i^2(C_{i+r-3}^{i-2})^2}$$

根据定理3.5，可以得到以下结果：

$$\begin{aligned} \| h \|_2 &\leqslant \frac{s_{\dagger}}{t_{\dagger}}\left(\frac{\| \Delta D \|_2}{\| B \|}\| x \| + \frac{\| \Delta W \|}{\| B \|} + \frac{s_{\dagger}}{t_{\dagger}}\frac{\| \Delta D \|_2}{\| D \|}\frac{\| r_x \|}{\| B \|}\right) \\ &= |\varepsilon|\frac{s_{\dagger}}{t_{\dagger}}\left[\frac{\sqrt{\sum\limits_{i=2}^{n-1}(iC_{i+r-3}^{i-2})^2}}{\| B \|}\| x \| + \frac{\sqrt{\sum\limits_{i=2}^{n}(iC_{i+r-3}^{i-2})^2}}{\| B \|} + \right. \\ &\quad \left. \frac{s_{\dagger}}{t_{\dagger}}\frac{\sqrt{\sum\limits_{i=2}^{n-1}(iC_{i+r-3}^{i-2})^2}}{\| B \|}\frac{\| r_x \|}{\| B \|}\right]=L[x^{(0)}(2)] \end{aligned}$$

$$Q[x^{(0)}(2)]=|\varepsilon|\frac{s_{\dagger}}{t_{\dagger}}\left[\frac{\| x \|\sqrt{\sum\limits_{i=2}^{n-1}i^2}}{\| B \|}+\frac{\sqrt{n-1}}{\| B \|}+\frac{s_{\dagger}}{t_{\dagger}}\frac{\sqrt{\sum\limits_{i=2}^{n-1}i^2}}{\| B \|}\frac{\| r_x \|}{\| B \|}\right]$$

因为

$$C_{i+r-3}^{i-2} = C_{i-2+r-1}^{i-2} < 1$$

所以

$$\sqrt{\sum_{i=2}^{n-1} i^2 (C_{i+r-3}^{i-2}\varepsilon)^2} < \sqrt{\sum_{i=2}^{n-2} i^2}, \quad \sqrt{\sum_{i=2}^{n} (C_{i+r-3}^{i-2})^2} < \sqrt{n-1}$$

因此，不难得到：$L[x^{(0)}(2)] < Q[x^{(0)}(2)]$。

定理3.11 FTDGM（1，1）模型可以通过函数 $\| W - Dx \|_2 = \min$ 求解。假设FTDGM（1，1）模型的解是 x，$\hat{x}^{(0)}(t) = x^{(0)}(t) + \varepsilon$，其中 ε 是扰动信息，那么解的扰动界如下：

$$\| h \|_2 \leqslant |\varepsilon| \frac{s_{\dagger}}{t_{\dagger}} \left[\frac{\sqrt{\sum_{i=t}^{n-1} (iC_{i+r-t-1}^{i-t})^2}}{\| B \|} \| x \| + \frac{\sqrt{\sum_{i=t}^{n} (C_{i-t+r-1}^{i-t})^2}}{\| B \|} + \frac{s_{\dagger}}{t_{\dagger}} \frac{\sqrt{\sum_{i=t}^{n-1} (iC_{i+r-t-1}^{i-t})^2}}{\| B \|} \frac{\| r_x \|}{\| B \|} \right] = L[x^{(0)}(t)]$$

证明：略。

因为

$$Q[x^{(0)}(t)] = |\varepsilon| \frac{s_{\dagger}}{t_{\dagger}} \left(\frac{\| x \| \sqrt{\sum_{i=t}^{n-1} i^2}}{\| B \|} + \frac{\sqrt{n-t+1}}{\| B \|} + \frac{s_{\dagger}}{t_{\dagger}} \frac{\sqrt{\sum_{i=t}^{n-1} i^2}}{\| B \|} \frac{\| r_x \|}{\| B \|} \right)$$

$$\sum_{i=1}^{n-t} (iC_{k+r-2}^{i-1})^2 < \sum_{i=1}^{n-t} i^2 < \sum_{i=t}^{n-1} i^2, \quad \sum_{i=1}^{n-t+1} (C_{k+r-2}^{i-1})^2 < n-t+1$$

所以，$L[x^{(0)}(t)] < Q[x^{(0)}(t)]$。

从定理3.6至定理3.11可以看出，当 $r < 1$ 时，FTDGM（1，1）模型的扰动界小于TDGM（1，1）模型。一般而言，与TDGM（1，1）相比，FTDGM（1，1）模型具有更好的稳定性。本章提出的FTDGM（1，1）模型能有效降低系统扰动引起的预测误差，提高灰色预测模型的预测精度，同时可以运用遗传算法求解最优参数 r。

3.3 实例分析

例 3.1 2001—2014 年广东省的 GDP 数据如表 3.1 所示。我们利用 2001—2009 年的 GDP 数据建立不同的灰色预测模型，然后对 2010—2014 年的 GDP 数据进行预测。

表 3.1　2001—2014 年广东省的 GDP

单位：亿元

年份	2001	2002	2003	2004	2005	2006	2007
GDP	12 039.25	13 502.42	15 844.64	18 864.62	22 557.37	26 587.76	31 777.01
年份	2008	2009	2010	2011	2012	2013	2014
GDP	39 482.56	36 796.71	46 013	53 210	57 068	62 475	67 792

曾亮（2017）建立了 TVGM（1，1）模型，并对比了不同模型的预测效果，研究结果表明，预测效果最好的模型是 TVGM（1，1）模型。因此，为了对比不同预测模型的预测效果，本章分别建立了 DGM（1，1）模型、TVGM（1，1）模型和 FTDGM（1，1）模型，并对模型的预测精度进行比较，建模结果如表 3.2 所示。

从表 3.2 可以看出，TVGM（1，1）模型可以部分地提高预测精度，但预测误差仍然大于 5%，预测精度为三级。本章提出的 FTDGM（1，1）模型具有较好的稳定性，特别是预测误差不随时间的推移而显著增加。因此，FTDGM（1，1）模型具有更好的稳定性，预测精度更好，而且可用于中期目标的预测。

表 3.2　不同灰色预测模型的计算结果

年份	原始值/亿元	DGM（1，1）			TVGM（1，1）			FTDGM（1，1）		
		预测值/亿元	APE/%	MAPE/%	预测值/亿元	APE/%	MAPE/%	预测值/亿元	APE/%	MAPE/%
2010	46 013	48 326.89	5.03	15.86	44 920.35	2.37	5.55	44 989.65	2.22	2.49
2011	53 210	56 295.98	5.80		49 471.34	7.03		50 379.2	5.32	
2012	57 068	65 579.18	14.91		54 030.11	5.32		56 267.53	1.40	
2013	62 475	76 393.18	22.28		58 593.05	6.21		62 739.4	0.42	
2014	67 792	88 990.4	31.27		63 158.22	6.84		69 893.15	3.10	

例 3.2 与铁路、航空、水运相比，公路运输是客货运输中采用较多的运输方式。作为我国交通现代化的重要标志之一，公路建设反映了一个国家现代化的发展程度和发展水平。因此，对公路运输线路长度进行准确预测，以为政府部门制定相关的建设规划提供参考显得非常重要。本章利用 2010—2015 年我国公路运输线路长度数据建立不同的灰色预测模型，并对 2016—2017 年我国公路运输线路的长度进行预测，不同模型的预测结果如表 3.3 所示。

表 3.3 不同灰色预测模型的计算结果

年份	原始值	DGM（1，1）			TDGM（1，1）			FTDGM（1，1）$r=0.85$		
		模拟值	APE /%	MAPE /%	模拟值	APE /%	MAPE /%	模拟值	APE /%	MAPE /%
2010	7.41	7.41	0	0.91	7.41	0	0.36	7.41	0	1.11
2011	8.49	8.65	1.88		8.49	0		8.49	0	
2012	9.62	9.46	1.66		9.65	0.31		9.64	0.21	
2013	10.44	10.34	0.96		10.37	0.67		10.33	1.05	
2014	11.19	11.30	0.98		11.28	0.80		11.45	2.32	
2015	12.35	12.35	0		12.3	0.40		11.97	3.08	
年份	原始值	预测值	APE	MAPE	预测值	APE	MAPE	预测值	APE	MAPE
2016	13.1	13.50	3.05	5.63	13.46	2.75	5.56	13.22	0.92	0.65
2017	13.64	14.76	8.21		14.78	8.36		13.69	0.37	

由表 3.3 可知，TDGM（1，1）模型在描述内部演化方面优于 DGM（1，1）模型。然而，无论是 DGM（1，1）模型还是 TDGM（1，1）模型，都不能准确地描述系统的发展趋势，都会出现随着时间的推移，预测误差明显增大的现象。而 FTDGM（1，1）模型的预测误差仅为 0.64%，预测精度为一级，而且预测误差不会随着时间的推移而增大，说明本章提出的 FTDGM（1，1）模型具有较强的趋势外推能力和较好的记忆能力。

综上所述，FTDGM（1，1）模型适用于演化趋势相对复杂的系统序列，在序列出现个别数据的扰动和非单调的情况下，模型的稳定性较好，整体建模误差不会因为个别数据的扰动而出现较大的增加。

3.4 本章小结

在传统离散灰色预测模型的基础上，本章提出了 FTDGM（1，1）模型，并提出了模型的参数求解和优化方法。本章利用矩阵扰动理论对模型的解的扰动界进行了分析，从理论上证明了 FTDGM（1，1）模型比 TDGM（1，1）模型具有更好的稳定性。同时，本章以广东省的 GDP 预测和我国公路运输线路的预测问题为例，验证了 FTDGM（1，1）模型的有效性和实用性，从而进一步拓宽了灰色预测模型的应用范围，丰富和完善了灰色预测模型的理论体系。

4 分数阶累加多项式时变参数离散灰色预测模型

GM（1，1）模型和 DGM（1，1）模型的建模结果为指数模型。然而，实际系统往往是其他趋势和指数趋势的耦合，因此用指数曲线来描述实际系统的发展趋势是不合理的。基于此，学者们分析了离散灰色预测模型模拟值增长率恒定的原因，通过引入线性时间项，构建了线性时变参数离散灰色预测模型［TDGM（1，1）模型］①；通过引入二次时间项，构建了二次时变参数离散灰色预测模型［QDGM（1，1）模型］②；通过引入三次时间项，构建了三次时变参数离散灰色预测模型［CDGM（1，1）模型］，并分别对模型的性质进行了研究③。

针对现有研究存在的局限，本章提出具有一般意义的多项式时变参数离散灰色预测模型［PDGM（1，1，m）模型］，PDGM（1，1，m）模型可以处理同时包含指数趋势和多项式趋势的系统的预测问题，从而为研究一般系统的变化趋势提供了更为满意的理论模型，并讨论了现有模型和本章新提出模型之间的关系。针对 PDGM（1，1，m）模型存在阶数过高时出现的过拟合问题，我们把 PDGM（1，1，m）模型拓展至分数阶累加多项式时变参数离散灰色预测模型［FPDGM（1，1，m，r）模型］，并对模型的稳定性进行了讨论和对比。此外，本章通过数值计算和实例验证，发现新模型的建模精度明显高于已有灰色预测模型，从而进一步验证了 FPDGM（1，1，m，r）模型的实用性和有效性，拓宽了灰色预测模型的应用范围。

---

① 张可，刘思峰．线性时变参数离散灰色预测模型［J］．系统工程理论与实践，2010，30（9）：1650-1657.

② 邬丽云，吴正朋，李梅．二次时变参数离散灰色模型［J］．系统工程理论与实践，2013，33（11）：2887-2893.

③ 蒋诗泉，刘思峰，刘中侠，等．三次时变参数离散灰色预测模型及其性质［J］．控制与决策，2016（2）：279-286.

4.1 两种不同类型的时变参数离散灰色预测模型的构建

4.1.1 多项式时变参数离散灰色预测模型的构建

定义 4.1 设非负序列 $X^{(0)} = \{x^{(0)}(1), x^{(0)}(2), \cdots, x^{(0)}(n)\}$。$X^{(1)} = \{x^{(1)}(1), x^{(1)}(2), \cdots, x^{(1)}(n)\}$ 是 $X^{(0)}$ 的一次累加生成序列，其中

$$x^{(1)}(k) = \sum_{i=1}^{k} x^{(0)}(i) \text{ , } k = 1, 2, \cdots, n$$

方程

$$\begin{gathered} x^{(1)}(k+1) = (\beta_0 + \beta_1 k + \beta_2 k^2 + \cdots + \beta_m k^m) x^{(1)}(k) + \\ \beta_{10} + \beta_{11} k + \beta_{12} k^2 + \cdots + \beta_{1m} k^m \text{ ,} \\ k = 1, 2, \cdots, n-1 \end{gathered}$$

称为多项式时变参数离散灰色预测模型［polynomial time-varying parameters discrete grey model，以下简称 PDGM（1，1，m）］。

定理 4.1 PDGM（1，1，m）模型的参数可以通过如下最小二乘估计进行求解：

$$[\beta_1, \beta_2, \cdots, \beta_{1(m-1)}, \beta_{1m}]^T = (B^T B)^{-1} B^T Y \text{ ,}$$

其中

$$B = \begin{bmatrix} x^{(1)}(1) & x^{(1)}(1) & \cdots & x^{(1)}(1) & 1 & 1 & \cdots & 1 \\ x^{(1)}(2) & 2x^{(1)}(2) & \cdots & 2^m x^{(1)}(2) & 1 & 2^2 & \cdots & 2^m \\ \vdots & \vdots & \cdots & \vdots & \vdots & \vdots & \cdots & \vdots \\ x^{(1)}(n-2) & (n-2)x^{(1)}(n-2) & \cdots & (n-2)^m x^{(1)}(n-2) & \vdots & (n-2)^2 & \cdots & (n-2)^m \\ x^{(1)}(n-1) & (n-1)x^{(1)}(n-1) & \cdots & (n-1)^m x^{(1)}(n-1) & \vdots & (n-1)^2 & \cdots & (n-1)^m \end{bmatrix}$$

$$Y = \begin{bmatrix} x^{(1)}(2) \\ x^{(1)}(3) \\ \vdots \\ x^{(1)}(n-1) \\ x^{(1)}(n) \end{bmatrix}$$

PDGM（1，1，m）模型预测值如下：

$$\begin{gathered} \hat{x}^{(1)}(k+1) = (\beta_0 + \beta_1 k + \beta_2 k^2 + \cdots + \beta_m k^m) \hat{x}^{(1)}(k) + \beta_{10} + \\ \beta_{11} k + \beta_{12} k^2 + \cdots + \beta_{1m} k^m, \quad k = 1, 2, \cdots \end{gathered}$$

4.1.2 分数阶累加时变参数离散灰色预测模型的构建

定义 4.2 设非负序列 $X^{(0)} = \{x^{(0)}(1), x^{(0)}(2), \cdots, x^{(0)}(n)\}$，$X^{(r)} = \{x^{(r)}(1), x^{(r)}(2), \cdots, x^{(r)}(n)\}$ 是 $X^{(0)}$ 的分数阶累加生成序列，其中

$$x^{(r)}(k) = \sum_{i=1}^{k} C_{k-i+r-1}^{k-i} x^{(0)}(i), \quad C_{r-1}^{0} = 1, \ k = 1, 2, \cdots, n$$

定义 4.3 设非负序列 $X^{(0)}$，$X^{(r)}$ 如定义 4.2 所定义的，则方程

$$x^{(r)}(k+1) = (\beta_0 + \beta_1 k + \beta_2 k^2 + \cdots + \beta_m k^m) x^{(r)}(k) + \\ \beta_{10} + \beta_{11} k + \beta_{12} k^2 + \cdots + \beta_{1m} k^m, \\ k = 1, 2, \cdots, n-1$$

称为分数阶累加多项式时变参数离散灰色预测模型［fractional order accumulation polynomial time varying parameters discrete grey model，以下简称 FPDGM（1，1，m，r）］。

定理 4.2 FPDGM（1，1，m，r）模型的参数可以通过如下最小二乘估计进行求解：

$$[\beta_1, \beta_2, \cdots, \beta_{1(m-1)}, \beta_{1m}]^T = (D^T D)^{-1} D^T Y,$$

其中

$$D = \begin{bmatrix} x^{(r)}(1) & x^{(r)}(1) & \cdots & x^{(r)}(1) & 1 & 1 & \cdots & 1 \\ x^{(r)}(2) & 2x^{(r)}(2) & \cdots & 2^m x^{(r)}(2) & 1 & 2^2 & \cdots & 2^m \\ \vdots & \vdots & \cdots & \vdots & \vdots & \vdots & \cdots & \vdots \\ x^{(r)}(n-2) & (n-2)x^{(r)}(n-2) & \cdots & (n-2)^m x^{(r)}(n-2) & \vdots & (n-2)^2 & \cdots & (n-2)^m \\ x^{(r)}(n-1) & (n-1)x^{(r)}(n-1) & \cdots & (n-1)^m x^{(r)}(n-1) & \vdots & (n-1)^2 & \cdots & (n-1)^m \end{bmatrix}$$

$$Y = \begin{bmatrix} x^{(r)}(2) \\ x^{(r)}(3) \\ \vdots \\ x^{(r)}(n-1) \\ x^{(r)}(n) \end{bmatrix}$$

FPDGM（1，1，m，r）模型的预测值如下：

$$\hat{x}^{(r)}(k+1) = (\beta_0 + \beta_1 k + \beta_2 k^2 + \cdots + \beta_m k^m) \hat{x}^{(r)}(k) + \\ \beta_{10} + \beta_{11} k + \beta_{12} k^2 + \cdots + \beta_{1m} k^m, \\ k = 1, 2, \cdots$$

根据分数阶累加计算公式，预测序列的原始值：

$$\hat{x}^{(0)}(k)=\hat{x}^{(r)}(k)-\sum_{i=1}^{k}C_{k-i+r-1}^{k-i}\hat{x}^{(r)}(i),\ k=1,2,\cdots$$

4.1.3 两种离散灰色预测模型之间的关系

多项式时变参数的引入扩展了分数阶灰色预测模型的形式，具有很强的通用性。同时，建立了现有的分数阶灰色预测模型之间的关系。

推论 4.1 当 $m=0$ 时，PDGM（1，1，m）模型退化为经典的离散灰色预测模型 DGM（1，1），如下所示：

$$x^{(1)}(k+1)=\beta_0 x^{(1)}(k)+\beta_1$$

当 $m=1$ 时，PDGM（1，1，m）模型退化为线性时变参数离散灰色预测模型 TDGM（1，1），如下所示：

$$x^{(1)}(k+1)=(\beta_0+\beta_1 k)x^{(1)}(k)+\beta_{10}+\beta_{11}k$$

当 $m=2$ 时，PDGM（1，1，m）模型退化为二次时变参数离散灰色预测模型 QDGM（1，1），如下所示：

$$x^{(1)}(k+1)=(\beta_0+\beta_1 k+\beta_2 k^2)x^{(1)}(k)+\beta_{10}+\beta_{11}k+\beta_{12}k^2$$

当 $m=3$ 时，PDGM（1，1，m）模型退化为三次时变参数离散灰色预测模型 CDGM（1，1），如下所示：

$$x^{(1)}(k+1)=(\beta_0+\beta_1 k+\beta_2 k^2+\beta_3 k^3)x^{(1)}(k)+\beta_{10}+\beta_{11}k+\beta_{12}k^2+\beta_{13}k^3$$

因此，上述四种模型可以看作本章提出的 PDGM（1，1，m）模型的特殊形式。

对于分数阶的情况，可以得到如下推论：

推论 4.2 当 $m=0$，FPDGM（1，1，m，r）模型退化为分数阶累加离散灰色预测模型 FDGM（1，1），如下所示：

$$x^{(r)}(k+1)=\beta_0 x^{(r)}(k)+\beta_1$$

当 $m=1$，FPDGM（1，1，m，r）模型退化为分数阶累加线性时变参数离散灰色预测模型 FTDGM（1，1），如下所示：

$$x^{(r)}(k+1)=(\beta_0+\beta_1 k)x^{(r)}(k)+\beta_{10}+\beta_{11}k$$

当 $m=2$，FPDGM（1，1，m，r）模型退化为分数阶累加二次时变参数离散灰色预测模型 FQDGM（1，1），如下所示：

$$x^{(r)}(k+1)=(\beta_0+\beta_1 k+\beta_2 k^2)x^{(r)}(k)+\beta_{10}+\beta_{11}k+\beta_{12}k^2$$

当 $m=3$，FPDGM（1，1，m，r）模型退化为分数阶累加三次时变参数离散灰色预测模型 FCDGM（1，1），如下所示：

$$x^{(r)}(k+1)=(\beta_0+\beta_1 k+\beta_2 k^2+\beta_3 k^3)x^{(r)}(k)+\beta_{10}+\beta_{11}k+\beta_{12}k^2+\beta_{13}k^3$$

因此，分数阶累加灰色模型是本章提出的 FPDGM（1，1，m，r）模型的特殊形式。

4.2 PDGM（1，1，m）模型和 FPDGM（1，1，m，r）模型的扰动分析

为了分析模型的稳定性，下面引入矩阵扰动理论对模型扰动边界进行定量分析。

4.2.1 PDGM（1，1，m）模型的扰动分析

为了定量分析模型的稳定性，下面将分析 PDGM（1，1，m）模型的扰动界。

定理4.3 PDGM（1，1，m）模型可通过函数 $\| Y-Bx \|_2=\min$ 求解。设 PDGM（1，1，m）模型的解是 x，$\hat{x}^{(0)}(1)=x^{(0)}(1)+\varepsilon$，$\varepsilon$ 是扰动信息，那么解的扰动界如下：

$$\| h \|_2 \leqslant |\varepsilon| \frac{s_{\dagger}}{t_{\dagger}}\left(\frac{\| x \| \sqrt{\sum_{i=1}^{n-1} i^{2m}}}{\| B \|}+\frac{\sqrt{n-1}}{\| B \|}+\frac{s_{\dagger}}{t_{\dagger}}\frac{\sqrt{\sum_{i=1}^{n-1} i^{2m}}}{\| B \|}\frac{\| r_x \|}{\| B \|}\right)$$

证明：

$$\hat{B}=B+\Delta B$$

$$=\begin{bmatrix} x^{(1)}(1) & x^{(1)}(1) & \cdots & x^{(1)}(1) & 1 & 1 & \cdots & 1 \\ x^{(1)}(2) & 2x^{(1)}(2) & \cdots & 2^m x^{(1)}(2) & 1 & 2^2 & \cdots & 2^m \\ \vdots & \vdots & \cdots & \vdots & \vdots & \vdots & \cdots & \vdots \\ x^{(1)}(n-2) & (n-2)x^{(1)}(n-2) & \cdots & (n-2)^m x^{(1)}(n-2) & \vdots & (n-2)^2 & \cdots & (n-2)^m \\ x^{(1)}(n-1) & (n-1)x^{(1)}(n-1) & \cdots & (n-1)^m x^{(1)}(n-1) & \vdots & (n-1)^2 & \cdots & (n-1)^m \end{bmatrix}$$

$$+\begin{bmatrix} \varepsilon & \varepsilon & \cdots & \varepsilon & 0 & 0 & \cdots & 0 \\ \varepsilon & 2\varepsilon & \cdots & 2^m\varepsilon & 0 & 0 & \cdots & 0 \\ \vdots & \vdots & \cdots & \vdots & \vdots & \vdots & \cdots & \vdots \\ \varepsilon & (n-2)\varepsilon & \cdots & (n-2)^m\varepsilon & 0 & 0 & \cdots & 0 \\ \varepsilon & (n-1)\varepsilon & \cdots & (n-1)^m\varepsilon & 0 & 0 & \cdots & 0 \end{bmatrix}$$

$$\hat{Y} = Y + \Delta Y = \begin{bmatrix} x^{(1)}(2) \\ x^{(1)}(3) \\ \vdots \\ x^{(1)}(n-1) \\ x^{(1)}(n) \end{bmatrix} + \begin{bmatrix} \varepsilon \\ \varepsilon \\ \vdots \\ \varepsilon \\ \varepsilon \end{bmatrix}$$

假设新模型 $\| \hat{Y} - \hat{B}x \|_2 = \min$ 的解是 $\hat{x}$，扰动是 h，当列变量 B 线性无关时，方程 $\| Y - Bx \|_2 = \min$ 有唯一解 $x = Y^{\dagger}B$。因为

$$\Delta Y = \begin{bmatrix} \varepsilon \\ \varepsilon \\ \vdots \\ \varepsilon \\ \varepsilon \end{bmatrix}$$

$$\Delta B^T \Delta B = \begin{bmatrix} (n-1)\varepsilon^2 & \sum_{i=1}^{n-1} i\varepsilon^2 & \cdots & \sum_{i=1}^{n-1} i^{m+1}\varepsilon^2 & 0 & 0 & \cdots & 0 \\ \sum_{i=1}^{n-1} i\varepsilon^2 & \sum_{i=1}^{n-1} i^2\varepsilon^2 & \cdots & \sum_{i=1}^{n-1} i^{m+1}\varepsilon^2 & 0 & 0 & \cdots & 0 \\ \vdots & \vdots & \cdots & \vdots & \vdots & \vdots & \cdots & \vdots \\ \sum_{i=1}^{n-1} i^m\varepsilon^2 & \sum_{i=1}^{n-1} i^{m+1}\varepsilon^2 & \cdots & \sum_{i=1}^{n-1} i^{2m-1}\varepsilon^2 & 0 & 0 & \cdots & 0 \\ \sum_{i=1}^{n-1} i^{m+1}\varepsilon^2 & \sum_{i=1}^{n-1} i^{m+2}\varepsilon^2 & \cdots & \sum_{i=1}^{n-1} i^{2m}\varepsilon^2 & 0 & 0 & \cdots & 0 \end{bmatrix}$$

$$\| \Delta Y \|_2 = \sqrt{n-1}\,\varepsilon, \quad \| \Delta B \|_2 = \sqrt{\lambda_{\max}(\Delta B^T \Delta B)}$$

所以

$$\| \Delta B \|_2 = \sqrt{\sum_{i=1}^{n-1} i^{2m}\varepsilon^2} = |\varepsilon| \sqrt{\sum_{i=1}^{n-1} i^{2m}}$$

根据定理 3.5 可以得到以下结果：

$$\begin{aligned} \| h \|_2 &\leqslant \frac{s_{\dagger}}{t_{\dagger}} \left(\frac{\| \Delta B \|_2}{\| B \|} \| x \| + \frac{\| \Delta Y \|}{\| B \|} + \frac{s_{\dagger}}{t_{\dagger}} \frac{\| \Delta B \|_2}{\| B \|} \frac{\| r_x \|}{\| B \|} \right) \\ &= |\varepsilon| \frac{s_{\dagger}}{t_{\dagger}} \left(\frac{\| x \| \sqrt{\sum_{i=1}^{n-1} i^{2m}}}{\| B \|} + \frac{\sqrt{n-1}}{\| B \|} + \frac{s_{\dagger}}{t_{\dagger}} \frac{\sqrt{\sum_{i=1}^{n-1} i^{2m}}}{\| B \|} \frac{\| r_x \|}{\| B \|} \right) \end{aligned}$$

$$= H[x^{(0)}(1)]$$

当 $\hat{x}^{(0)}(1) = x^{(0)}(1) + \varepsilon$ 时，$H[x^{(0)}(1)]$ 被称为扰动界。

定理4.4 假设定理4.3的其他条件不变，$\hat{x}^{(0)}(2) = x^{(0)}(2) + \varepsilon$，那么解的扰动界如下：

$$\|h\|_2 \leqslant |\varepsilon| \frac{s_\dagger}{t_\dagger}\left(\frac{\|x\| \sqrt{\sum_{i=2}^{n-1} i^{2m}}}{\|B\|} + \frac{\sqrt{n-1}}{\|B\|} + \frac{s_\dagger}{t_\dagger} \frac{\sqrt{\sum_{i=2}^{n-1} i^{2m}}}{\|B\|} \frac{\|r_x\|}{\|B\|}\right)$$

证明：

$$\hat{B} = B + \Delta B$$

$$= \begin{bmatrix} x^{(1)}(1) & x^{(1)}(1) & \cdots & x^{(1)}(1) & 1 & 1 & \cdots & 1 \\ x^{(1)}(2) & 2x^{(1)}(2) & \cdots & 2^m x^{(1)}(2) & 1 & 2^2 & \cdots & 2^m \\ \vdots & \vdots & \cdots & \vdots & \vdots & \vdots & \cdots & \vdots \\ x^{(1)}(n-2) & (n-2)x^{(1)}(n-2) & \cdots & (n-2)^m x^{(1)}(n-2) & \vdots & (n-2)^2 & \cdots & (n-2)^m \\ x^{(1)}(n-1) & (n-1)x^{(1)}(n-1) & \cdots & (n-1)^m x^{(1)}(n-1) & \vdots & (n-1)^2 & \cdots & (n-1)^m \end{bmatrix}$$

$$+ \begin{bmatrix} 0 & 0 & \cdots & 0 & 0 & 0 & \cdots & 0 \\ \varepsilon & 2\varepsilon & \cdots & 2^m \varepsilon & 0 & 0 & \cdots & 0 \\ \vdots & \vdots & \cdots & \vdots & \vdots & \vdots & \cdots & \vdots \\ \varepsilon & (n-2)\varepsilon & \cdots & (n-2)^m \varepsilon & 0 & 0 & \cdots & 0 \\ \varepsilon & (n-1)\varepsilon & \cdots & (n-1)^m \varepsilon & 0 & 0 & \cdots & 0 \end{bmatrix}$$

$$\hat{Y} = Y + \Delta Y = \begin{bmatrix} x^{(1)}(2) \\ x^{(1)}(3) \\ \vdots \\ x^{(1)}(n-1) \\ x^{(1)}(n) \end{bmatrix} + \begin{bmatrix} \varepsilon \\ \varepsilon \\ \vdots \\ \varepsilon \\ \varepsilon \end{bmatrix}$$

假设新模型 $\|\hat{Y} - \hat{B}x\|_2 = \min$ 的解是 $\hat{x}$，扰动是 h，当列变量 B 线性无关时，方程 $\|Y - Bx\|_2 = \min$ 有唯一解 $x = Y^\dagger B$。因为

$$\Delta Y=\begin{bmatrix}\varepsilon\\ \varepsilon\\ \vdots\\ \varepsilon\\ \varepsilon\end{bmatrix},\ \Delta B^T\Delta B=\begin{bmatrix}(n-2)\varepsilon^2 & \sum_{i=2}^{n-1} i\varepsilon^2 & \cdots & \sum_{i=2}^{n-1} i^{m+1}\varepsilon^2 & 0 & 0 & \cdots & 0\\ \sum_{i=2}^{n-1} i\varepsilon^2 & \sum_{i=2}^{n-1} i^2\varepsilon^2 & \cdots & \sum_{i=2}^{n-1} i^{m+1}\varepsilon^2 & 0 & 0 & \cdots & 0\\ \vdots & \vdots & \cdots & \vdots & \vdots & \vdots & \cdots & \vdots\\ \sum_{i=2}^{n-1} i^m\varepsilon^2 & \sum_{i=2}^{n-1} i^{m+1}\varepsilon^2 & \cdots & \sum_{i=2}^{n-1} i^{2m-1}\varepsilon^2 & 0 & 0 & \cdots & 0\\ \sum_{i=2}^{n-1} i^{m+1}\varepsilon^2 & \sum_{i=2}^{n-1} i^{m+2}\varepsilon^2 & \cdots & \sum_{i=2}^{n-1} i^{2m}\varepsilon^2 & 0 & 0 & \cdots & 0\end{bmatrix}$$

$$\|\Delta Y\|_2=|\varepsilon|\sqrt{n-1},\quad \|\Delta B\|_2=\sqrt{\lambda_{\max}(\Delta B^T\Delta B)},$$

所以

$$\|\Delta B\|_2=\sqrt{\sum_{i=2}^{n-1} i^{2m}\varepsilon^2}=|\varepsilon|\sqrt{\sum_{i=2}^{n-1} i^{2m}}$$

根据定理 3.5 可以得到以下结果：

$$\|h\|_2\leqslant\frac{s_\dagger}{t_\dagger}\left(\frac{\|\Delta B\|_2}{\|B\|}\|x\|+\frac{\|\Delta Y\|}{\|B\|}+\frac{s_\dagger}{t_\dagger}\frac{\|\Delta B\|_2}{\|B\|}\frac{\|r_x\|}{\|B\|}\right)$$

$$=|\varepsilon|\frac{s_\dagger}{t_\dagger}\left(\frac{\|x\|\sqrt{\sum_{i=2}^{n-1} i^{2m}}}{\|B\|}+\frac{\sqrt{n-1}}{\|B\|}+\frac{s_\dagger}{t_\dagger}\frac{\sqrt{\sum_{i=2}^{n-1} i^{2m}}}{\|B\|}\frac{\|r_x\|}{\|B\|}\right)$$

$$=H[x^{(0)}(2)]$$

定理 4.5 假设定理 4.3 的其他条件不变，$\hat{x}^{(0)}(t)=x^{(0)}(t)+\varepsilon$，那么解的扰动界如下：

$$\|h\|_2\leqslant=|\varepsilon|\frac{s_\dagger}{t_\dagger}\left(\frac{\|x\|\sqrt{\sum_{i=t}^{n-1} i^2}}{\|B\|}+\frac{\sqrt{n-t+1}}{\|B\|}+\frac{s_\dagger}{t_\dagger}\frac{\sqrt{\sum_{i=t}^{n-1} i^2}}{\|B\|}\frac{\|r_x\|}{\|B\|}\right)$$

证明：

$\hat{B}=B+\Delta B$

$$=\begin{bmatrix}x^{(1)}(1) & x^{(1)}(1) & \cdots & x^{(1)}(1) & 1 & 1 & \cdots & 1\\ x^{(1)}(2) & 2x^{(1)}(2) & \cdots & 2^m x^{(1)}(2) & 1 & 2^2 & \cdots & 2^m\\ \vdots & \vdots & \cdots & \vdots & \vdots & \vdots & \cdots & \vdots\\ x^{(1)}(n-2) & (n-2)x^{(1)}(n-2) & \cdots & (n-2)^m x^{(1)}(n-2) & \vdots & (n-2)^2 & \cdots & (n-2)^m\\ x^{(1)}(n-1) & (n-1)x^{(1)}(n-1) & \cdots & (n-1)^m x^{(1)}(n-1) & \vdots & (n-1)^2 & \cdots & (n-1)^m\end{bmatrix}$$

$$
+\begin{bmatrix} 0 & 0 & 0 & 0 & 0 & \cdots & \cdots & 0 \\ 0 & 0 & 0 & 0 & 0 & \cdots & \cdots & 0 \\ \vdots & \vdots & \cdots & \vdots & \vdots & \cdots & \cdots & \vdots \\ \varepsilon & t\varepsilon & \cdots & t^m\varepsilon & 0 & \cdots & \cdots & 0 \\ \vdots & \vdots & \cdots & \vdots & \vdots & \cdots & \cdots & \vdots \\ \varepsilon & (n-2)\varepsilon & \cdots & (n-2)^m\varepsilon & 0 & \cdots & \cdots & 0 \\ \varepsilon & (n-1)\varepsilon & \cdots & (n-1)^m\varepsilon & 0 & \cdots & \cdots & 0 \end{bmatrix}
$$

$$
\hat{Y} = Y + \Delta Y = \begin{bmatrix} x^{(1)}(2) \\ x^{(1)}(3) \\ \vdots \\ x^{(1)}(n-1) \\ x^{(1)}(n) \end{bmatrix} + \begin{bmatrix} \varepsilon \\ \varepsilon \\ \vdots \\ \varepsilon \\ \varepsilon \end{bmatrix}
$$

假设新模型 $\| \hat{Y} - \hat{B}x \|_2 = \min$ 的解是 $\hat{x}$ ，扰动是 h ，当列变量 B 线性无关时，方程 $\| Y - Bx \|_2 = \min$ 有唯一解 $x = Y^{\dagger}B$ 。因为

$$
\Delta Y = \begin{bmatrix} \varepsilon \\ \varepsilon \\ \vdots \\ \varepsilon \\ \varepsilon \end{bmatrix}
$$

$$
\Delta B^T \Delta B = \begin{bmatrix} (n-t)\varepsilon^2 & \sum_{i=t}^{n-1} i\varepsilon^2 & \cdots & \sum_{i=t}^{n-1} i^{m+1}\varepsilon^2 & 0 & 0 & \cdots & 0 \\ \sum_{i=t}^{n-1} i\varepsilon^2 & \sum_{i=t}^{n-1} i^2\varepsilon^2 & \cdots & \sum_{i=t}^{n-1} i^{m+1}\varepsilon^2 & 0 & 0 & \cdots & 0 \\ \vdots & \vdots & \cdots & \vdots & \vdots & \vdots & \cdots & \vdots \\ \sum_{i=t}^{n-1} i^m\varepsilon^2 & \sum_{i=t}^{n-1} i^{m+1}\varepsilon^2 & \cdots & \sum_{i=t}^{n-1} i^{2m-1}\varepsilon^2 & 0 & 0 & \cdots & 0 \\ \sum_{i=t}^{n-1} i^{m+1}\varepsilon^2 & \sum_{i=t}^{n-1} i^{m+2}\varepsilon^2 & \cdots & \sum_{i=t}^{n-1} i^{2m}\varepsilon^2 & 0 & 0 & \cdots & 0 \end{bmatrix}
$$

$$
\| \Delta Y \|_2 = \sqrt{n - t + 1}\,|\varepsilon|, \quad \| \Delta B \|_2 = \sqrt{\lambda_{\max}(\Delta B^T \Delta B)}
$$

所以

$$\| \Delta B \|_2 = \sqrt{\sum_{i=t}^{n-1} i^{2m} \varepsilon^2} = |\varepsilon| \sqrt{\sum_{i=t}^{n-1} i^{2m}}$$

根据定理3.5，可以得到如下结果：

$$\| h \|_2 \leqslant \frac{s_\dagger}{t_\dagger} \left(\frac{\| \Delta B \|_2}{\| B \|} \| x \| + \frac{\| \Delta Y \|}{\| B \|} + \frac{s_\dagger}{t_\dagger} \frac{\| \Delta B \|_2}{\| B \|} \frac{\| r_x \|}{\| B \|} \right)$$

$$= |\varepsilon| \frac{s_\dagger}{t_\dagger} \left[\frac{\| x \| \sqrt{\sum_{i=t}^{n-1} i^{2m}}}{\| B \|} + \frac{\sqrt{n-1}}{\| B \|} + \frac{s_\dagger}{t_\dagger} \frac{\sqrt{\sum_{i=t}^{n-1} i^{2m}}}{\| B \|} \frac{\| r_x \|}{\| B \|} \right] = H[x^{(0)}(t)]$$

4.2.2 FPDGM（1，1，*m*，*r*）模型的扰动分析

为了分析两种模型稳定性的差异，下面将进一步分析 FPDGM（1，1，m，r）模型的解的扰动界。

定理4.6 FPDGM（1，1，m，r）模型可通过函数 $\| Y - Dx \|_2 = \min$ 求解 。设 FPDGM（1，1，m，r）模型的解是 x ，$\hat{x}^{(0)}(1) = x^{(0)}(1) + \varepsilon$ ，ε 是扰动信息，那么解的扰动界如下：

$$\| h \|_2 \leqslant |\varepsilon| \frac{s_\dagger}{t_\dagger} \left[\frac{\sqrt{\sum_{i=1}^{n-1} i^{2m} (C_{n+r-2}^{i-1})^2}}{\| B \|} \| x \| + \frac{\sqrt{\sum_{i=2}^{n} (C_{k+r-2}^{i-1})^2}}{\| B \|} + \frac{s_\dagger}{t_\dagger} \frac{\sqrt{\sum_{i=1}^{n-1} i^{2m} (C_{n+r-2}^{i-1})^2}}{\| B \|} \frac{\| r_x \|}{\| B \|} \right]$$

证明：

$$\hat{D} = D + \Delta D$$

$$= \begin{bmatrix} x^{(r)}(1) & x^{(r)}(1) & \cdots & x^{(r)}(1) & 1 & 1 & \cdots & 1 \\ x^{(r)}(2) & 2x^{(r)}(2) & \cdots & 2^m x^{(r)}(2) & 1 & 2^2 & \cdots & 2^m \\ \vdots & \vdots & \cdots & \vdots & \vdots & \vdots & \cdots & \vdots \\ x^{(r)}(n-2) & (n-2)x^{(r)}(n-2) & \cdots & (n-2)^m x^{(r)}(n-2) & 1 & (n-2)^2 & \cdots & (n-2)^m \\ x^{(r)}(n-1) & (n-1)x^{(r)}(n-1) & \cdots & (n-1)^m x^{(r)}(n-1) & 1 & (n-1)^2 & \cdots & (n-1)^m \end{bmatrix}$$

$$+ \begin{bmatrix} \varepsilon & \varepsilon & \cdots & \varepsilon & 0 & 0 & \cdots & 0 \\ r\varepsilon & 2r\varepsilon & \cdots & 2^m r\varepsilon & 0 & 0 & \cdots & 0 \\ \vdots & \vdots & \cdots & \vdots & \vdots & \vdots & \cdots & \vdots \\ C_{n-4+r}^{n-3}\varepsilon & (n-2)C_{n-4+r}^{n-3}\varepsilon & \cdots & (n-2)^m C_{n-4+r}^{n-3}\varepsilon & 0 & 0 & \cdots & 0 \\ C_{n-3+r}^{n-2}\varepsilon & (n-1)C_{n-3+r}^{n-2}\varepsilon & \cdots & (n-1)^m C_{n-3+r}^{n-2}\varepsilon & 0 & 0 & \cdots & 0 \end{bmatrix}$$

$$\hat{Y}=Y+\Delta Y=\begin{bmatrix} x^{(1)}(2) \\ x^{(1)}(3) \\ \vdots \\ x^{(1)}(n-1) \\ x^{(1)}(n) \end{bmatrix}+\begin{bmatrix} \varepsilon \\ \varepsilon \\ \vdots \\ \varepsilon \\ \varepsilon \end{bmatrix}$$

假设新模型 $\| \hat{Y}-\hat{D}x \|_2=\min$ 的解是 $\hat{x}$，扰动是 h，当列变量 D 线性无关时，方程 $\| Y-Dx \|_2=\min$ 有唯一解 $x=Y^{\dagger}D$。因为

$$\Delta Y=\begin{bmatrix} r\varepsilon \\ C_{1+r}^{2}\varepsilon \\ \vdots \\ C_{n-3+r}^{n-2}\varepsilon \\ C_{n-2+r}^{n-1}\varepsilon \end{bmatrix}$$

$$\Delta D^T\Delta D=\begin{bmatrix} \sum_{i=1}^{n-1}(C_{n+r-2}^{i-1}\varepsilon)^2 & \sum_{i=1}^{n-1}i(C_{n+r-2}^{i-1}\varepsilon)^2 & \cdots & \sum_{i=1}^{n-1}i^{m+1}(C_{n+r-2}^{i-1}\varepsilon)^2 & 0 & \cdots & 0 \\ \sum_{i=1}^{n-1}i(C_{n+r-2}^{i-1}\varepsilon)^2 & \sum_{i=1}^{n-1}i^2(C_{n+r-2}^{i-1}\varepsilon)^2 & \cdots & \sum_{i=1}^{n-1}i^{m+1}(C_{n+r-2}^{i-1}\varepsilon)^2 & 0 & \cdots & 0 \\ \vdots & \vdots & \cdots & \vdots & 0 & \cdots & 0 \\ \sum_{i=1}^{n-1}i^{m+1}(C_{n+r-2}^{i-1}\varepsilon)^2 & \sum_{i=1}^{n-1}i^{m+2}(C_{n+r-2}^{i-1}\varepsilon)^2 & \cdots & \sum_{i=1}^{n-1}i^{m+m}(C_{n+r-2}^{i-1}\varepsilon)^2 & 0 & \cdots & 0 \\ 0 & 0 & \cdots & 0 & 0 & \cdots & 0 \\ \vdots & 0 & \cdots & 0 & 0 & \cdots & 0 \\ 0 & 0 & \cdots & 0 & 0 & \cdots & 0 \end{bmatrix}$$

$$\| \Delta Y \|_2=|\varepsilon|\sqrt{\sum_{i=2}^{n}(C_{i+r-2}^{i-1})^2}, \quad \| \Delta D \|_2=\sqrt{\lambda_{\max}(\Delta D^T\Delta D)}$$

所以

$$\| \Delta D \|_2=\sqrt{\sum_{i=1}^{n-1}i^{2m}(C_{n+r-2}^{i-1}\varepsilon)^2}=|\varepsilon|\sqrt{\sum_{i=1}^{n-1}i^{2m}(C_{n+r-2}^{i-1})^2}$$

根据定理3.5，可以得到如下结果：

$$\| h \|_2 \leqslant \frac{s_{\dagger}}{t_{\dagger}}\left(\frac{\| \Delta D \|_2}{\| B \|}\| x \|+\frac{\| \Delta Y \|}{\| B \|}+\frac{s_{\dagger}}{t_{\dagger}}\frac{\| \Delta D \|_2}{\| B \|}\frac{\| r_x \|}{\| B \|}\right)$$

$$=|\varepsilon|\frac{s_{\dagger}}{t_{\dagger}}\left[\frac{\sqrt{\sum_{i=1}^{n-1}i^{2m}(C_{n+r-2}^{i-1})^2}}{\| B \|}\| x \|+\frac{\sqrt{\sum_{i=2}^{n}(C_{i+r-2}^{i-1})^2}}{\| B \|}+\right.$$

$$\left.\frac{s_{\dagger}}{t_{\dagger}}\frac{\sqrt{\sum_{i=1}^{n-1} i^{2m}\left(C_{n+r-2}^{i-1}\right)^2}}{\| B \|}\frac{\| r_x \|}{\| B \|}\right] = L[x^{(0)}(1)]$$

当 $\hat{x}^{(0)}(1) = x^{(0)}(1) + \varepsilon$ 时，$L[x^{(0)}(1)]$ 被称为扰动界。

因为 $C_{i+r-2}^{i-1} = C_{i-1+r-1}^{i-1} < 1$，所以

$$\sqrt{\sum_{i=1}^{n-1} i^2 \left(C_{n+r-2}^{i-1}\varepsilon\right)^2} < \sqrt{\sum_{i=1}^{n-1} i^2},\quad \sqrt{\sum_{i=2}^{n}\left(C_{n+r-2}^{i-1}\right)^2} < \sqrt{n-1}$$

可以得到：$L[x^{(0)}(1)] < H[x^{(0)}(1)]$。

定理 4.7 FPDGM（1，1，m，r）模型可通过函数 $\| Y - Dx \|_2 = \min$ 求解。设 FPDGM（1，1，m，r）模型的解是 x，$\hat{x}^{(0)}(2) = x^{(0)}(2) + \varepsilon$，$\varepsilon$ 是扰动信息，那么解的扰动界如下：

$$\| h \|_2 \leqslant |\varepsilon| \frac{s_{\dagger}}{t_{\dagger}}\left[\frac{\sqrt{\sum_{i=1}^{n-2} i^{2m}\left(C_{n+r-2}^{i-1}\right)^2}}{\| B \|}\| x \| + \frac{\sqrt{\sum_{i=2}^{n-1}\left(C_{i-3-r}^{i-2}\right)^2}}{\| B \|} + \right.$$
$$\left.\frac{s_{\dagger}}{t_{\dagger}}\frac{\sqrt{\sum_{i=1}^{n-2} i^{2m}\left(C_{n+r-2}^{i-1}\right)^2}}{\| B \|}\frac{\| r_x \|}{\| B \|}\right]$$

证明：

$\hat{D} = D + \Delta D$

$$= \begin{bmatrix} x^{(r)}(1) & x^{(r)}(1) & \cdots & x^{(r)}(1) & 1 & 1 & \cdots & 1 \\ x^{(r)}(2) & 2x^{(r)}(2) & \cdots & 2^m x^{(r)}(2) & 1 & 2^2 & \cdots & 2^m \\ \vdots & \vdots & \cdots & \vdots & \vdots & \vdots & \cdots & \vdots \\ x^{(r)}(n-2) & (n-2)x^{(r)}(n-2) & \cdots & (n-2)^m x^{(r)}(n-2) & 1 & (n-2)^2 & \cdots & (n-2)^m \\ x^{(r)}(n-1) & (n-1)x^{(r)}(n-1) & \cdots & (n-1)^m x^{(r)}(n-1) & 1 & (n-1)^2 & \cdots & (n-1)^m \end{bmatrix}$$

$$+ \begin{bmatrix} 0 & 0 & \cdots & \varepsilon & 0 & 0 & \cdots & 0 \\ \varepsilon & 2\varepsilon & \cdots & 2^m\varepsilon & 0 & 0 & \cdots & 0 \\ \vdots & \vdots & \cdots & \vdots & \vdots & \vdots & \cdots & \vdots \\ C_{n-5+r}^{n-4}\varepsilon & (n-2)C_{n-5+r}^{n-4}\varepsilon & \cdots & (n-2)^m C_{n-5+r}^{n-4}\varepsilon & 0 & 0 & \cdots & 0 \\ C_{n-4+r}^{n-3}\varepsilon & (n-1)C_{n-4+r}^{n-3}\varepsilon & \cdots & (n-1)^m C_{n-4+r}^{n-3}\varepsilon & 0 & 0 & \cdots & 0 \end{bmatrix}$$

$$\hat{Y} = Y + \Delta Y = \begin{bmatrix} x^{(r)}(2) \\ x^{(r)}(3) \\ \vdots \\ x^{(r)}(n-1) \\ x^{(r)}(n) \end{bmatrix} + \begin{bmatrix} \varepsilon \\ r\varepsilon \\ \vdots \\ C_{n-4+r}^{n-3}\varepsilon \\ C_{n-3+r}^{n-2}\varepsilon \end{bmatrix}$$

假设新模型 $\| \hat{Y} - \hat{D}x \|_2 = \min$ 的解是 $\hat{x}$，扰动是 h，当列变量 B 线性无关时，方程 $\| Y - Dx \|_2 = \min$ 有唯一解 $x = Y^{\dagger}D$。因为

$$\Delta Y = \begin{bmatrix} \varepsilon \\ r\varepsilon \\ \vdots \\ C_{n-4+r}^{n-3}\varepsilon \\ C_{n-3+r}^{n-2}\varepsilon \end{bmatrix}$$

$$\Delta D^T \Delta D = \begin{bmatrix} \sum_{i=1}^{n-2}(C_{n+r-2}^{i-1}\varepsilon)^2 & \sum_{i=1}^{n-2} i(C_{n+r-2}^{i-1}\varepsilon)^2 & \cdots & \sum_{i=1}^{n-2} i^{m+1}(C_{n+r-2}^{i-1}\varepsilon)^2 & 0 & \cdots & 0 \\ \sum_{i=1}^{n-2} i(C_{n+r-2}^{i-1}\varepsilon)^2 & \sum_{i=1}^{n-2} i^2(C_{n+r-2}^{i-1}\varepsilon)^2 & \cdots & \sum_{i=1}^{n-2} i^{m+1}(C_{n+r-2}^{i-1}\varepsilon)^2 & 0 & \cdots & 0 \\ \vdots & \vdots & \cdots & \vdots & 0 & \cdots & 0 \\ \sum_{i=1}^{n-2} i^{m+1}(C_{n+r-2}^{i-1}\varepsilon)^2 & \sum_{i=1}^{n-2} i^{m+2}(C_{n+r-2}^{i-1}\varepsilon)^2 & \cdots & \sum_{i=1}^{n-2} i^{m+m}(C_{n+r-2}^{i-1}\varepsilon)^2 & 0 & \cdots & 0 \\ 0 & 0 & \cdots & 0 & 0 & \cdots & 0 \\ \vdots & 0 & \cdots & 0 & 0 & \cdots & 0 \\ 0 & 0 & \cdots & 0 & 0 & \cdots & 0 \end{bmatrix}$$

$$\| \Delta Y \|_2 = |\varepsilon| \sqrt{\sum_{i=2}^{n-1} (C_{i-3-r}^{i-2})^2}, \quad \| \Delta D \|_2 = \sqrt{\lambda_{\max}(\Delta D^T \Delta D)}$$

所以

$$\| \Delta D \|_2 = \sqrt{\sum_{i=1}^{n-1} i^{2m} (C_{n+r-2}^{i-1}\varepsilon)^2} = |\varepsilon| \sqrt{\sum_{i=1}^{n-2} i^{2m} (C_{n+r-2}^{i-1})^2}$$

根据定理3.5，可以得到如下结果：

$$\| h \|_2 \leqslant \frac{s_{\dagger}}{t_{\dagger}} \left(\frac{\| \Delta D \|_2}{\| B \|} \| x \| + \frac{\| \Delta Y \|}{\| B \|} + \frac{s_{\dagger}}{t_{\dagger}} \frac{\| \Delta D \|_2}{\| B \|} \frac{\| r_x \|}{\| B \|} \right)$$

$$= |\varepsilon| \frac{s_{\dagger}}{t_{\dagger}} \left[\frac{\sqrt{\sum_{i=1}^{n-2} i^{2m} (C_{n+r-2}^{i-1})^2}}{\| B \|} \| x \| + \frac{\sqrt{\sum_{i=2}^{n-1} (C_{i-3-r}^{i-2})^2}}{\| B \|} + \right.$$

$$\frac{s_{\dagger}}{t_{\dagger}}\frac{\sqrt{\sum_{i=1}^{n-2}i^{2m}\left(C_{n+r-2}^{i-1}\right)^{2}}}{\| B \|}\frac{\| r_{x} \|}{\| B \|}\Bigg]=L[x^{(0)}(2)]$$

同定理4.6的分析，可得：

$$L[x^{(0)}(2)] < H[x^{(0)}(2)]$$

定理4.8 FPDGM（1，1，m，r）可通过函数 $\| Y - Dx \|_2 = \min$ 求解。设FPDGM（1，1，m，r）模型的解是 x，$\hat{x}^{(0)}(t)=x^{(0)}(t)+\varepsilon$，$\varepsilon$ 是扰动信息，那么解的扰动界如下：

$$\| h \|_2 \leqslant |\varepsilon|\frac{s_{\dagger}}{t_{\dagger}}\left[\frac{\sqrt{\sum_{i=1}^{n-t}i^{2m}\left(C_{n+r-2}^{i-1}\right)^{2}}}{\| B \|}\| x \| + \right.$$

$$\left.\frac{\sqrt{\sum_{i=t}^{n}\left(C_{i-t+r-1}^{i-t}\right)^{2}}}{\| B \|}+\frac{s_{\dagger}}{t_{\dagger}}\frac{\sqrt{\sum_{i=1}^{n-t}i^{2m}\left(C_{n+r-2}^{i-1}\right)^{2}}}{\| B \|}\frac{\| r_{x} \|}{\| B \|}\right]$$

证明：

$$\hat{D}=D+\Delta D$$

$$=\begin{bmatrix} x^{(1)}(1) & x^{(1)}(1) & \cdots & x^{(1)}(1) & 1 & 1 & \cdots & 1 \\ x^{(1)}(2) & 2x^{(1)}(2) & \cdots & 2^{m}x^{(1)}(2) & 1 & 2^{2} & \cdots & 2^{m} \\ \vdots & \vdots & \cdots & \vdots & \vdots & \vdots & \cdots & \vdots \\ x^{(1)}(n-2) & (n-2)x^{(1)}(n-2) & \cdots & (n-2)^{m}x^{(1)}(n-2) & \vdots & (n-2)^{2} & \cdots & (n-2)^{m} \\ x^{(1)}(n-1) & (n-1)x^{(1)}(n-1) & \cdots & (n-1)^{m}x^{(1)}(n-1) & \vdots & (n-1)^{2} & \cdots & (n-1)^{m} \end{bmatrix}$$

$$+\begin{bmatrix} 0 & 0 & 0 & 0 & 0 & \cdots & \cdots & 0 \\ 0 & 0 & 0 & 0 & 0 & \cdots & \cdots & 0 \\ \vdots & \vdots & \cdots & \vdots & \vdots & \cdots & \cdots & \vdots \\ \varepsilon & t\varepsilon & \cdots & t^{m}\varepsilon & 0 & \cdots & \cdots & 0 \\ \vdots & \vdots & \cdots & \vdots & \vdots & \cdots & \cdots & \vdots \\ C_{n-t-3+r}^{n-t-2}\varepsilon & (n-2)C_{n-t-3+r}^{n-t-2}\varepsilon & \cdots & (n-2)^{m}C_{n-t-2+r}^{n-t-1}\varepsilon & 0 & \cdots & \cdots & 0 \\ C_{n-t-2+r}^{n-t-1}\varepsilon & (n-1)C_{n-t-2+r}^{n-t-1}\varepsilon & \cdots & (n-1)^{m}C_{n-t-2+r}^{n-t-1}\varepsilon & 0 & \cdots & \cdots & 0 \end{bmatrix}$$

$$\hat{Y}=Y+\Delta Y=\begin{bmatrix}0\\0\\\vdots\\x^{(r)}(t)\\\vdots\\x^{(r)}(n-1)\\x^{(r)}(n)\end{bmatrix}+\begin{bmatrix}0\\0\\\vdots\\\varepsilon\\\vdots\\C_{n-t-1-r}^{n-t-1}\varepsilon\\C_{n-t-1+r}^{n-t}\varepsilon\end{bmatrix}$$

假设新模型 $\|\hat{Y}-\hat{D}x\|_2=\min$ 的解是 $\hat{x}$，扰动是 h，当列变量 B 线性无关时，方程 $\|Y-Dx\|_2=\min$ 有唯一解 $x=Y^{\dagger}D$。因为

$$\Delta Y=\begin{bmatrix}0\\0\\\vdots\\\varepsilon\\\vdots\\C_{n-t-1-r}^{n-t-1}\varepsilon\\C_{n-t-1+r}^{n-t}\varepsilon\end{bmatrix}$$

$$\Delta D^T\Delta D=\begin{bmatrix}\sum_{i=1}^{n-t}(C_{n+r-2}^{i-1}\varepsilon)^2 & \sum_{i=1}^{n-t}i(C_{n+r-2}^{i-1}\varepsilon)^2 & \cdots & \sum_{i=1}^{n-t}i^{m+1}(C_{n+r-2}^{i-1}\varepsilon)^2 & 0 & \cdots & 0\\ \sum_{i=1}^{n-t}i(C_{n+r-2}^{i-1}\varepsilon)^2 & \sum_{i=1}^{n-t}i^2(C_{n+r-2}^{i-1}\varepsilon)^2 & \cdots & \sum_{i=1}^{n-t}i^{m+1}(C_{n+r-2}^{i-1}\varepsilon)^2 & 0 & \cdots & 0\\ \vdots & \vdots & \cdots & \vdots & 0 & \cdots & 0\\ \sum_{i=1}^{n-t}i^{m+1}(C_{n+r-2}^{i-1}\varepsilon)^2 & \sum_{i=1}^{n-t}i^{m+2}(C_{n+r-2}^{i-1}\varepsilon)^2 & \cdots & \sum_{i=1}^{n-t}i^{m+m}(C_{n+r-2}^{i-1}\varepsilon)^2 & 0 & \cdots & 0\\ 0 & 0 & \cdots & 0 & 0 & \cdots & 0\\ \vdots & 0 & \cdots & 0 & 0 & \cdots & 0\\ 0 & 0 & \cdots & 0 & 0 & \cdots & 0\end{bmatrix}$$

$$\|\Delta Y\|_2=|\varepsilon|\sqrt{\sum_{i=t}^{n}(C_{i-t+r-1}^{i-t})^2},\quad \|\Delta D\|_2=\sqrt{\lambda_{\max}(\Delta D^T\Delta D)}$$

所以

$$\|\Delta D\|_2=\sqrt{\sum_{i=1}^{n-1}i^{2m}(C_{n+r-2}^{i-1}\varepsilon)^2}=|\varepsilon|\sqrt{\sum_{i=1}^{n-t}i^{2m}(C_{n+r-2}^{i-1})^2}$$

根据定理3.5，可以得到如下结果：

$$\| h \|_2 \leqslant \frac{s_\dagger}{t_\dagger}\left(\frac{\| \Delta D \|_2}{\| B \|}\| x \| + \frac{\| \Delta Y \|}{\| B \|} + \frac{s_\dagger}{t_\dagger}\frac{\| \Delta D \|_2}{\| B \|}\frac{\| r_x \|}{\| B \|}\right)$$

$$= |\varepsilon|\frac{s_\dagger}{t_\dagger}\left[\frac{\sqrt{\sum_{i=1}^{n-t} i^{2m}\left(C_{n+r-2}^{i-1}\right)^2}}{\| B \|}\| x \| + \frac{\sqrt{\sum_{i=t}^{n}\left(C_{i-t+r-1}^{i-t}\right)^2}}{\| B \|} + \right.$$

$$\left.\frac{s_\dagger}{t_\dagger}\frac{\sqrt{\sum_{i=1}^{n-t} i^{2m}\left(C_{n+r-2}^{i-1}\right)^2}}{\| B \|}\frac{\| r_x \|}{\| B \|}\right] = L[x^{(0)}(t)]$$

从两个表达式很容易看出：$L[x^{(0)}(t)] < H[x^{(0)}(t)]$。

从定理4.3到定理4.8的结论可以看出，FPDGM（1，1，m，r）模型的扰动边界小于PDGM（1，1，m）模型，这意味着FPDGM（1，1，m，r）模型比PDGM（1，1，m）模型具有更好的稳定性。

4.3 实例分析

为了从不同的角度检验FPDGM（1，1，m，r）模型的特点和优势，本章将给出1个算例和2个实例，以进一步验证模型的性质和适用范围。

例4.1 对于一个振荡时间序列 $X=$（1，6，3，7，4，8，8，5，10），DGM（1，1）模型的模拟值序列为单调递增的指数序列，DGM（1，1）模型不能有效描述系统的振荡趋势，MAPE为32.23%。PDGM（1，1，3）模型能够很好地描述系统的发展趋势，MAPE为4.48%，预测精度为二级。不同模型的对比如图4.1所示。

然而，在对不同系统进行建模的过程中发现，随着多项式函数次数的增加，PDGM（1，1，m）模型容易出现过拟合现象，下面以2004—2016年上海的GDP数据为例来说明这种过拟合现象。

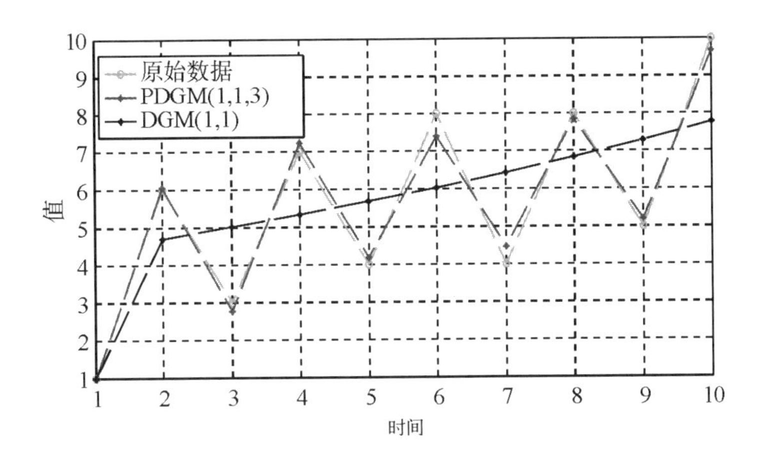

图 4.1　振荡序列的建模结果

例 4.2 2004—2016 年上海的 GDP 数据如表 4.1 所示，我们以 2004—2013 年的数据为模拟序列，2014—2016 年的数据为预测序列进行建模计算。

表 4.1　2004—2016 年上海的 GDP　　　　单位：亿元

年份	2004	2005	2006	2007	2008	2009	2010
数值	8 165.38	9 365.54	10 718.04	12 668.12	14 275.8	15 285.58	17 433.21
年份	2011	2012	2013	2014	2015	2016	—
数值	19 533.84	20 553.52	22 257.66	24 060.87	25 643.47	28 178.65	—

来源：上海市统计年鉴。

PDGM（1，1，3）的建模结果如图 4.2 所示。从图 4.2 可以看出，当多项式的次数较多时，模型容易出现过拟合现象，导致系统边界出现明显的振荡。

利用本章提出的 FPDGM（1，1，m，r）模型进行建模计算，通过累加阶数的优化，可以有效减少系统的过拟合现象，FPDGM（1，1，3，0.13）的建模结果如图 4.3 所示。从图 4.3 可以看出，FPDGM（1，1，3，0.13）明显可以有效地描述系统的演化趋势。

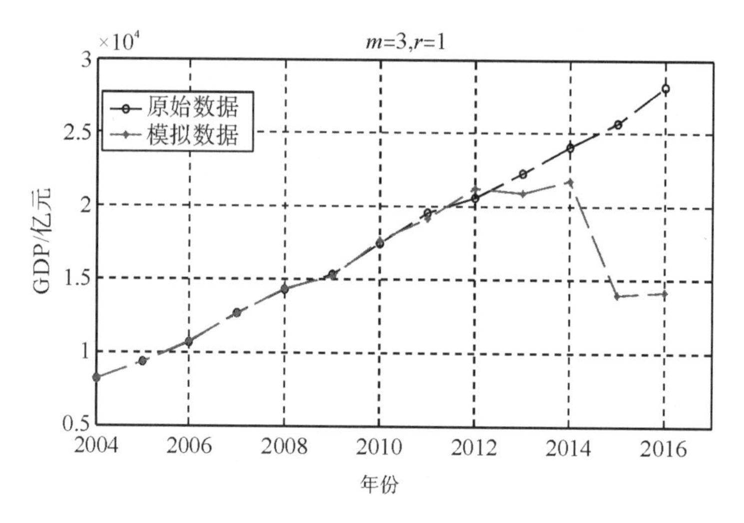

图 4.2　PDGM（1，1，3）模型的建模结果

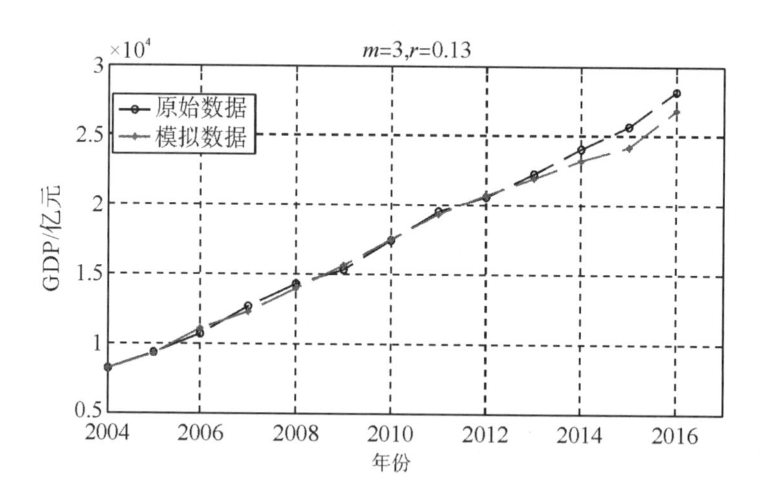

图 4.3　FPDGM（1，1，3，0.13）模型的建模结果

因此，由于过拟合现象的存在，在实际的应用过程中，m 的取值不能过大。

为了进一步对比不同模型的建模效果，从计算效果上直观展示分数阶累加模型的优势，我们以中国家庭每年人均石油气消费量为例，建立不同的灰色预测模型，并对建模精度进行比较。

例 4.3 中国家庭每年人均石油气消费量如表 4.2 所示，我们利用 2006—2013 年的数据构建不同的灰色模型，并对 2014—2015 年的数据进行预测，不同模型的模拟值、预测值以及建模误差如表 4.2 所示。

表 4.2 不同灰色预测模型的建模结果

<table>
<tr><th rowspan="2">年份</th><th rowspan="2">原始值/千克</th><th colspan="3">DGM（1，1）</th><th colspan="3">PDGM（1，1，2）</th><th colspan="3">FPDGM（1，1，2，0.18）</th></tr>
<tr><th>模拟值/千克</th><th>APE/%</th><th>MAPE/%</th><th>模拟值/千克</th><th>APE/%</th><th>MAPE/%</th><th>模拟值/千克</th><th>APE/%</th><th>MAPE/%</th></tr>
<tr><td>2006</td><td>11.5</td><td>11.50</td><td>0</td><td rowspan="8">4.92</td><td>11.50</td><td>0</td><td rowspan="8">1.69</td><td>11.50</td><td>0</td><td rowspan="8">1.60</td></tr>
<tr><td>2007</td><td>12.4</td><td>11.12</td><td>10.32</td><td>12.39</td><td>0.08</td><td>12.42</td><td>0.16</td></tr>
<tr><td>2008</td><td>11.0</td><td>11.35</td><td>3.18</td><td>11.07</td><td>0.64</td><td>11.01</td><td>0.09</td></tr>
<tr><td>2009</td><td>11.2</td><td>11.58</td><td>3.39</td><td>10.93</td><td>2.41</td><td>10.96</td><td>2.14</td></tr>
<tr><td>2010</td><td>10.5</td><td>11.82</td><td>12.57</td><td>10.97</td><td>4.48</td><td>11.01</td><td>4.86</td></tr>
<tr><td>2011</td><td>12.0</td><td>12.06</td><td>0.50</td><td>11.56</td><td>3.67</td><td>11.54</td><td>3.83</td></tr>
<tr><td>2012</td><td>12.1</td><td>12.31</td><td>1.74</td><td>12.32</td><td>1.82</td><td>12.28</td><td>1.49</td></tr>
<tr><td>2013</td><td>13.6</td><td>12.56</td><td>7.65</td><td>13.54</td><td>0.44</td><td>13.57</td><td>0.22</td></tr>
<tr><td>年份</td><td>原始值</td><td>预测值</td><td>APE</td><td>MAPE</td><td>预测值</td><td>APE</td><td>MAPE</td><td>预测值</td><td>APE</td><td>MAPE</td></tr>
<tr><td>2014</td><td>15.9</td><td>12.82</td><td>19.37</td><td rowspan="2">24.50</td><td>15.02</td><td>5.53</td><td rowspan="2">6.88</td><td>15.48</td><td>2.64</td><td rowspan="2">1.32</td></tr>
<tr><td>2015</td><td>18.6</td><td>13.09</td><td>29.62</td><td>17.07</td><td>8.23</td><td>18.60</td><td>0</td></tr>
</table>

由表 4.2 可以看出，传统的 DGM（1，1）模型的模拟误差和预测误差都比较大；PDGM（1，1，2）模型可以在一定程度上提高模型的模拟精度，但预测误差仍然比较大；而 FPDGM（1，1，2，0.18）模型的模拟精度略微高于 PDGM（1，1，2）模型，但是 FPDGM（1，1，2，0.18）模型的预测精度明显优于 PDGM（1，1，2）模型，由此可知，FPDGM（1，1，m，r）模型具有较好的稳定性和较强的趋势外推能力。

从上述建模过程可以看出，本章提出的 PDGM（1，1，m）模型可以应用于趋势更为复杂、振荡趋势更为明显的时间序列的预测中，该模型可以充分利用序列的全数据信息，且预测误差不会随着步长的增加而出现明显增加的情况，可以有效解决灰色预测模型在进行多步预测时遇到的难题。当 PDGM（1，1，m）模型由于幂次的增加而使得模型边界出现比较明显的振荡趋势时，可以应用 FPDGM（1，1，m，r）模型，该模型可以有效减少系统边界的振荡趋势，保证多步预测的稳定性。

4.4 本章小结

本章讨论了多项式时变参数离散灰色预测模型［PDGM（1，1，m）模型］和分数阶累加多项式时变参数离散灰色预测模型［FPDGM（1，1，m，r）模型］，提出了两类模型的建模过程和参数求解方法。本章利用矩阵扰动理论讨论了两类模型的解的扰动界，从理论上分析了 FPDGM（1，1，m，r）模型稳定性较好的原因。同时，本章用 3 个例子对模型的建模效果进行了验证，从实际应用的角度进一步验证了 FPDGM（1，1，m，r）模型的有效性和实用性，从而进一步拓宽了灰色预测模型的适用范围。

5 分数阶反向累加非齐次离散灰色预测模型

由反向累加的计算过程可以发现，反向累加过程更符合灰色系统理论的新信息优先原理。因此，为了充分利用系统的新信息，学者们构建了灰色反向模型［GOM（1，1）模型］及其拓展模型①②③④，并对建模过程和模型参数的求解方法进行了不同角度的探讨，从另外一个视角对灰色预测模型进行了拓展研究。在现有研究的基础上，本章提出了分数阶反向累加非齐次离散灰色预测模型，并研究了模型的建模过程、参数求解和优化方法，从理论上探讨了模型的稳定性。此外，本章将分数阶反向累加非齐次离散灰色预测模型应用于实际案例的计算中，得到了较高的预测精度，从而进一步验证了该模型的有效性和实用性，丰富和完善了反向累加灰色预测模型的理论体系。

---

① 宋中民，邓聚龙. 反向累加生成及灰色 GOM（1，1）模型［J］. 系统工程，2001，19（1）：531-533.

② 刘金英，杨天行，王淑玲. 反向 GOM（1，1）模型参数的直接求解方法［J］. 吉林大学学报（工学版），2003，33（2）：75-79.

③ 杨知，任鹏，党耀国. 反向累加生成与灰色 GOM（1，1）模型的优化［J］. 系统工程理论与实践 2009，29（8）：162-166.

④ 练郑伟，党耀国，王正新. 反向累加生成的特性及 GOM（1，1）模型的优化［J］. 系统工程理论与实践，2013，33（9）：2306-2312.

5.1　一阶反向累加非齐次离散灰色预测模型及其扰动分析

定义 5.1 设原始序列 $X^{(0)}=\{x^{(0)}(1), x^{(0)}(2), \cdots, x^{(0)}(n)\}$，一阶反向累加序列定义为 $X_{(1)}=\{x_{(1)}(1), x_{(1)}(2), \cdots, x_{(1)}(n)\}$，
其中

$$x_{(1)}(k)=\sum_{i=k}^{n} x^{(0)}(i), \ k=1, 2, \cdots, n$$

定义 5.2 设 $X^{(0)}$ 与 $X_{(1)}$ 与定义 5.1 相同，则有

$$\begin{cases}\hat{X}_{(1)}(k+1)=\beta_1\hat{X}_{(1)}(k)+\beta_2 * k+\beta_3 \\ \hat{X}_{(1)}(n)=X_{(1)}(n)\end{cases}$$

被称为一阶反向累加非齐次离散灰色预测模型［first order reverse accumulation non-homogeneous discrete grey prediction model，以下简称 FORA-NDGM（1，1）］，$\hat{X}_{(1)}(k)$ 是 $X^{(0)}$ 的模拟值。

定理 5.1 FORA-NDGM（1，1）模型的参数可以用如下最小二乘法进行计算：

$$\begin{bmatrix}\beta_1 \\ \beta_2 \\ \beta_3\end{bmatrix}=(B^T B^{-1})B^T Y$$

其中

$$B=\begin{bmatrix} x_{(1)}(1) & 1 & 1 \\ x_{(1)}(2) & 2 & 1 \\ \vdots & \vdots & \vdots \\ x_{(1)}(n-2) & k-2 & 1 \\ x_{(1)}(n-1) & k-1 & 1 \end{bmatrix}, Y=\begin{bmatrix} x_{(1)}(2) \\ x_{(1)}(3) \\ \vdots \\ x_{(1)}(n-1) \\ x_{(1)}(n) \end{bmatrix}$$

下面对 FORA-NDGM（1，1）模型的解的扰动界进行分析。

定理 5.2 FORA-NDGM（1，1）模型可以通过函数 $\| Y-Bx \|_2=\min$ 求解。设 FORA-NDGM（1，1）模型的解为 x，$\hat{x}^{(0)}(1)=x^{(0)}(1)+\varepsilon$，$\varepsilon$ 是扰动信息，那么解的扰动界如下：

$$\| h \|_2 \leqslant |\varepsilon| \frac{s_\dagger}{t_\dagger} \left(\frac{\| x \|}{\| B \|} + \frac{\| x \|}{\| B \|} \frac{\| r_x \|}{\| B \|} \right)$$

证明：

$$\hat{B} = B + \Delta B = \begin{bmatrix} x_{(1)}(1) + \varepsilon & 1 & 1 \\ x_{(1)}(2) & 2 & 1 \\ \vdots & \vdots & \vdots \\ x_{(1)}(n-2) & k-2 & 1 \\ x_{(1)}(n-1) & k-1 & 1 \end{bmatrix}$$

$$= \begin{bmatrix} x_{(1)}(1) & 1 & 1 \\ x_{(1)}(2) & 2 & 1 \\ \vdots & \vdots & \vdots \\ x_{(1)}(n-2) & k-2 & 1 \\ x_{(1)}(n-1) & k-1 & 1 \end{bmatrix} + \begin{bmatrix} \varepsilon & 0 & 0 \\ 0 & 0 & 0 \\ \vdots & \vdots & \vdots \\ 0 & 0 & 0 \\ 0 & 0 & 0 \end{bmatrix}$$

$$\hat{Y} = Y + \Delta Y = \begin{bmatrix} x_{(1)}(2) \\ x_{(1)}(3) \\ \vdots \\ x_{(1)}(n-1) \\ x_{(1)}(n) \end{bmatrix} + \begin{bmatrix} 0 \\ 0 \\ \vdots \\ 0 \\ 0 \end{bmatrix}$$

假设新模型 $\| \hat{Y} - \hat{B}x \|_2 = \min$ 的解是 $\hat{x}$ ，扰动是 h ，当列变量 B 线性无关时，方程 $\| Y - Bx \|_2 = \min$ 有唯一解 $x = Y^\dagger B$ 。因为

$$\| \Delta Y \|_2 = 0, \quad \Delta B^T \Delta B = \begin{bmatrix} \varepsilon^2 & 0 & 0 \\ 0 & 0 & 0 \\ 0 & 0 & 0 \end{bmatrix}$$

所以，根据定理 3.5，可以得到如下结果：

$$\| h \|_2 \leqslant \frac{s_\dagger}{t_\dagger} \left(\frac{\| \Delta B \|_2}{\| B \|} \| x \| + \frac{\| \Delta Y \|}{\| B \|} + \frac{s_\dagger}{t_\dagger} \frac{\| \Delta B \|_2}{\| B \|} \frac{\| r_x \|}{\| B \|} \right)$$

$$= |\varepsilon| \frac{s_\dagger}{t_\dagger} \left(\frac{\| x \|}{\| B \|} + \frac{s_\dagger}{t_\dagger} \frac{\| x \|}{\| B \|} \frac{\| r_x \|}{\| B \|} \right)$$

定理 5.3 假设定理 5.2 的其他条件不变，$\hat{x}^{(0)}(2) = x^{(0)}(2) + \varepsilon$ ，那么解的扰动界如下：

$$I[x^{(0)}(2)] = \frac{s_\dagger}{t_\dagger}\varepsilon(\frac{\sqrt{2}}{\| B \|}\| x \| + \frac{1}{\| B \|} + \frac{s_\dagger}{t_\dagger}\frac{\sqrt{2}}{\| B \|}\frac{\| r_x \|}{\| B \|})$$

证明：

因为

$$\hat{B} = B + \Delta B = \begin{bmatrix} x_{(1)}(1) & 1 & 1 \\ x_{(1)}(2) + \varepsilon & 2 & 1 \\ \vdots & \vdots & \vdots \\ x_{(1)}(n-2) & k-2 & 1 \\ x_{(1)}(n-1) & k-1 & 1 \end{bmatrix}$$

$$= \begin{bmatrix} x_{(1)}(1) & 1 & 1 \\ x_{(1)}(2) & 2 & 1 \\ \vdots & \vdots & \vdots \\ x_{(1)}(n-2) & k-2 & 1 \\ x_{(1)}(n-1) & k-1 & 1 \end{bmatrix} + \begin{bmatrix} \varepsilon & 0 & 0 \\ \varepsilon & 0 & 0 \\ \vdots & \vdots & \vdots \\ 0 & 0 & 0 \\ 0 & 0 & 0 \end{bmatrix}$$

$$\hat{Y} = Y + \Delta Y = \begin{bmatrix} x_{(1)}(2) \\ x_{(1)}(3) \\ \vdots \\ x_{(1)}(n-1) \\ x_{(1)}(n) \end{bmatrix} + \begin{bmatrix} \varepsilon \\ 0 \\ \vdots \\ 0 \\ 0 \end{bmatrix}$$

$$\| \Delta Y \|_2 = \varepsilon, \quad \Delta B^T \Delta B = \begin{bmatrix} 2\varepsilon^2 & 0 \\ 0 & 0 \end{bmatrix}$$

从而

$$\| h \|_2 \leqslant \frac{s_\dagger}{t_\dagger}(\frac{\| \Delta B \|_2}{\| B \|}\| x \| + \frac{\| \Delta Y \|}{\| B \|} + \frac{s_\dagger}{t_\dagger}\frac{\| \Delta B \|_2}{\| B \|}\frac{\| r_x \|}{\| B \|})$$

$$= \frac{s_\dagger}{t_\dagger}(\frac{\sqrt{2\varepsilon}}{\| B \|}\| x \| + \frac{\varepsilon}{\| B \|} + \frac{s_\dagger}{t_\dagger}\frac{\sqrt{2\varepsilon}}{\| B \|}\frac{\| r_x \|}{\| B \|})$$

$$= \frac{s_\dagger}{t_\dagger}\varepsilon(\frac{\sqrt{2}}{\| B \|}\| x \| + \frac{1}{\| B \|} + \frac{s_\dagger}{t_\dagger}\frac{\sqrt{2}}{\| B \|}\frac{\| r_x \|}{\| B \|})$$

所以

$$I[x^{(0)}(2)] = \frac{s_\dagger}{t_\dagger}\varepsilon(\frac{\sqrt{2}}{\| B \|}\| x \| + \frac{1}{\| B \|} + \frac{s_\dagger}{t_\dagger}\frac{\sqrt{2}}{\| B \|}\frac{\| r_x \|}{\| B \|})$$

由上述证明可知，当 $\hat{x}^{(0)}(t)=x^{(0)}(t)+\varepsilon$ 时，则不难求解出 FORA-NDGM（1，1）模型的解的扰动界为：

$$I[x^{(0)}(t)]=\frac{s_{\dagger}}{t_{\dagger}}\varepsilon(\frac{\sqrt{t}}{\|B\|}\|x\|+\frac{\sqrt{t-1}}{\|B\|}+\frac{s_{\dagger}}{t_{\dagger}}\frac{\sqrt{t}}{\|B\|}\frac{\|r_x\|}{\|B\|})$$

从 $I[x^{(0)}(t)]$ 的定义：$I[x^{(0)}(1)]\leqslant I[x^{(0)}(2)]\leqslant\cdots\leqslant I(x^{(0)}(n))$ 可以看出，新信息引起的扰动界大于旧信息引起的扰动界。因此，FORA-NDGM（1，1）模型对新信息更加敏感，符合灰色系统理论中的“新信息优先原理”。

5.2 分数阶反向累加非齐次离散灰色预测模型及其扰动分析

为了减少 FORA-NDGM（1，1）模型的扰动界，本节将建立分数阶反向累加非齐次离散灰色预测模型，并计算模型的扰动界。

定理 5.4 设原始序列为 $X^{(0)}$，$X_{(r)}$ 是 $X^{(0)}$ 的 r 阶反向累加生成序列，有

$$x_{(r)}(k)=\sum_{i=k}^{n}\binom{i-k+r-1}{i-k}x^{(0)}(i),\ k=1,2,\cdots,n$$

其中

$$\binom{i-k+r-1}{i-k}=\frac{(i-k+r-1)(i-k+r-2)\cdots(r+1)r}{(i-k)!}$$

定义

$$\binom{r-1}{0}=1,\ \binom{n-1}{n}=0$$

证明： 略[①]。

定义 5.3 设原始非负序列为 $X^{(0)}$，$X_{(r)}$ 是 $X^{(0)}$ 的 r 阶反向累加生成序列，则有

$$\begin{cases}\hat{X}_{(r)}(k+1)=\beta_1X_{(r)}(k)+\beta_2*k+\beta_3\\ \hat{X}_{(r)}(n)=X_{(r)}(n)\end{cases}$$

① WU L F, LIU S F, YAO L G, et al. Grey system model with the fractional order accumulation [J]. Communications in Nonlinear Science and Numerical Simulation, 2013, 18 (7): 1775-1785.

被称为分数阶反向累加非齐次离散灰色预测模型［fractional order reverse accumulation non-homogeneous discrete grey prediction model，以下简称 FR-NDGM（1，1）］。

定理 5.5 FR-NDGM（1，1）模型的参数满足如下计算公式：

$$\begin{bmatrix}\beta_1\\\beta_2\\\beta_3\end{bmatrix}=(B^TB^{-1})B^TY$$

其中

$$B=\begin{bmatrix}x_{(r)}(1) & 1 & 1\\ x_{(r)}(2) & 2 & 1\\ \vdots & \vdots & \vdots\\ x_{(r)}(n-2) & n-2 & 1\\ x_{(r)}(n-1) & n-1 & 1\end{bmatrix},\ Y=\begin{bmatrix}x_{(r)}(2)\\ x_{(r)}(3)\\ \vdots\\ x_{(r)}(n-1)\\ x_{(r)}(n)\end{bmatrix}$$

定理 5.6 FR-NDGM（1，1）模型的递归函数表达式如下：

$$\hat{x}^{(r)}(k)=\frac{1}{\beta_1^{n-k}}[\hat{x}^{(r)}(n)]-\beta_2\sum_{j=0}^{k-1}\beta_1^j(n-j-1)-\frac{1-\beta_1^{n-k}}{1-\beta_1}\beta_3,$$

$$k=1,\ 2,\ \cdots,\ n-1$$

证明：

$$\hat{x}^{(r)}(k)=\frac{\hat{x}^{(r)}(k+1)-\beta_2 k-\beta_3}{\beta_1}$$

$$=\frac{\dfrac{\hat{x}^{(r)}(k+2)-\beta_2(k+1)-\beta_3}{\beta_1}-\beta_2 k-\beta_3}{\beta_1}$$

$$=\frac{\hat{x}^{(r)}(k+2)-\beta_2[(k+1)+\beta_1 k]-\beta_3(1+\beta_1)}{\beta_1{}^2}$$

$$=\frac{\hat{x}^{(r)}(k+3)-\beta_2[(k+2)+\beta_1(k+1)+\beta_1{}^2k]-\beta_3(1+\beta_1+\beta_1{}^2)}{\beta_1{}^3}$$

$$=\frac{\hat{x}^{(r)}(n)-\beta_2[(n-1)+\beta_1(n-2)+\beta_1{}^2(n-3)+\cdots+\beta_1{}^{(n-k-1)}k]}{\beta_1{}^{n-k}}$$

$$\frac{-\beta_3[1+\beta_1+\beta_1{}^2+\cdots+\beta_1{}^{(n-k-1)}]}{\beta_1{}^{n-k}}$$

$$= \frac{1}{\beta_1^{n-k}}[\hat{x}^{(r)}(n) - \beta_2 \sum_{j=0}^{n-k-1} \beta_1^j (n-j-1) - \frac{1-\beta_1^{n-k}}{1-\beta_1}\beta_3]$$

定理 5.7 设 FR-NDGM（1，1）模型的解是 x，$\hat{x}^{(0)}(n) = x^{(0)}(n) + \varepsilon$，$\varepsilon$ 是扰动信息，那么解的扰动界如下：

$$\| h \|_2 \leqslant \frac{s_\dagger}{t_\dagger}\left(\frac{\sqrt{\sum_{k=2}^{n} |\varepsilon| \binom{k+r-2}{k-1}^2}}{\| B \|} \| x \| + \frac{\sqrt{\sum_{k=1}^{n-1} |\varepsilon| \binom{k+r-2}{k-1}^2}}{\| B \|} + \frac{s_\dagger}{t_\dagger} \frac{\sqrt{\sum_{k=2}^{n} |\varepsilon| \binom{k+r-2}{k-1}^2}}{\| B \|} \frac{\| r_x \|}{\| B \|}\right)$$

证明：

因为

$$\hat{B} = B + \Delta B = \begin{bmatrix} x_{(r)}(1) & 1 & 1 \\ x_{(r)}(2) & 2 & 1 \\ \vdots & \vdots & \vdots \\ x_{(r)}(n-2) & k-2 & 1 \\ x_{(r)}(n-1) & k-1 & 1 \end{bmatrix} + \begin{bmatrix} \binom{n+r-2}{n-1}\varepsilon & 0 & 0 \\ \binom{n+r-3}{n-2}\varepsilon & 0 & 0 \\ \binom{n+r-4}{n-3}\varepsilon & \vdots & \vdots \\ \vdots & 0 & 0 \\ r\varepsilon & 0 & 0 \end{bmatrix}$$

$$\hat{Y} = Y + \Delta Y = \begin{bmatrix} x_{(r)}(2) \\ x_{(r)}(3) \\ x_{(r)}(3) \\ \vdots \\ x_{(r)}(n) \end{bmatrix} + \begin{bmatrix} \binom{n+r-3}{n-2}\varepsilon & 0 \\ \binom{n+r-4}{n-3}\varepsilon & 0 \\ \binom{n+r-5}{n-4}\varepsilon & 0 \\ \vdots & \vdots \\ \varepsilon & 0 \end{bmatrix}$$

$$\Delta B^T \Delta B = \begin{bmatrix} \binom{n+r-2}{n-1}\varepsilon & 0 & 0 \\ \binom{n+r-3}{n-2}\varepsilon & 0 & 0 \\ \binom{n+r-4}{n-3}\varepsilon & \vdots & \vdots \\ \vdots & 0 & 0 \\ r\varepsilon & 0 & 0 \end{bmatrix}^T \begin{bmatrix} \binom{n+r-2}{n-1}\varepsilon & 0 & 0 \\ \binom{n+r-3}{n-2}\varepsilon & 0 & 0 \\ \binom{n+r-4}{n-3}\varepsilon & \vdots & \vdots \\ \vdots & 0 & 0 \\ r\varepsilon & 0 & 0 \end{bmatrix}$$

$$= \begin{bmatrix} \sqrt{\binom{n+r-2}{n-1}^2 \varepsilon^2 + \binom{n+r-3}{n-2}^2 \varepsilon^2 + \cdots + r^2\varepsilon^2} & 0 & 0 \\ 0 & 0 & 0 \\ 0 & 0 & 0 \end{bmatrix}$$

$$= \begin{bmatrix} |\varepsilon| \sqrt{\sum_{k=2}^{n} \binom{k+r-2}{k-1}^2} & 0 \\ 0 & 0 \end{bmatrix}$$

$$\| \Delta B \|_2 = \sqrt{\lambda_{\max}(\Delta B^T \Delta B)}$$

所以

$$\| \Delta B \|_2 = |\varepsilon| \sqrt{\sum_{k=2}^{n} \binom{k+r-2}{k-1}^2}$$

$$\| \Delta Y \|_2 = \sqrt{\binom{n+r-3}{n-2}^2 \varepsilon^2 + \cdots + r^2\varepsilon^2} = |\varepsilon| \sqrt{\sum_{k=2}^{n-1} \binom{k+r-2}{k-1}^2}$$

根据定理 3.5，可以得到如下结果：

$$\| h \|_2 \leqslant \frac{s_\dagger}{t_\dagger}\left(\frac{\| \Delta B \|_2}{\| B \|} \| x \| + \frac{\| \Delta Y \|}{\| B \|} + \frac{s_\dagger}{t_\dagger} \frac{\| \Delta B \|_2}{\| B \|} \frac{\| r_x \|}{\| B \|}\right)$$

$$= \frac{s_\dagger}{t_\dagger} |\varepsilon| \left(\frac{\sqrt{\sum_{k=2}^{n} \binom{k+r-2}{k-1}^2}}{\| B \|} \| x \| + \frac{\sqrt{\sum_{k=2}^{n-1} \binom{k+r-2}{k-1}^2}}{\| B \|} + \frac{s_\dagger}{t_\dagger} \frac{\sqrt{\sum_{k=2}^{n} \binom{k+r-2}{k-1}^2}}{\| B \|} \frac{\| r_x \|}{\| B \|} \right)$$

那么，当 $\hat{x}^{(0)}(n) = x^{(0)}(n) + \varepsilon$ 时，扰动界定义如下：

$$F[x^{(0)}(n)]=\frac{s_{\dagger}}{t_{\dagger}}|\varepsilon|\left(\frac{\sqrt{\sum_{k=2}^{n}\binom{k+r-2}{k-1}^{2}}}{\|B\|}\|x\|+\frac{\sqrt{\sum_{k=2}^{n-1}\binom{k+r-2}{k-1}^{2}}}{\|B\|}+\frac{s_{\dagger}}{t_{\dagger}}\frac{\sqrt{\sum_{k=2}^{n}\binom{k+r-2}{k-1}^{2}}}{\|B\|}\frac{\|r_{x}\|}{\|B\|}\right)$$

定理 5.8 设 FR-DGM(1, 1) 模型的解是 x ，$\hat{x}^{(0)}(n-1)=x^{(0)}(n-1)+\varepsilon$ ，ε 是扰动信息，则有如下结果：

$$F[x^{(0)}(n-1)]=\frac{s_{\dagger}}{t_{\dagger}}|\varepsilon|\left(\frac{\sqrt{\sum_{k=1}^{n-1}\binom{k+r-2}{k-1}^{2}}}{\|B\|}\|x\|+\frac{\sqrt{\sum_{k=2}^{n-2}\binom{k+r-2}{k-1}^{2}}}{\|B\|}+\frac{s_{\dagger}}{t_{\dagger}}\frac{\sqrt{\sum_{k=1}^{n-1}\binom{k+r-2}{k-1}^{2}}}{\|B\|}\frac{\|r_{x}\|}{\|B\|}\right)$$

证明：

因为

$$\hat{B}=B+\Delta B=\begin{bmatrix}1&1&\cdots&1\\0&1&\cdots&1\\0&0&\vdots&1\\\vdots&\vdots&\cdots&1\\0&0&\cdots&1\end{bmatrix}\begin{bmatrix}x^{(r-1)}(1)&0\\x^{(r-1)}(2)&0\\x^{(r-1)}(3)&0\\\vdots&\vdots\\x^{(r-1)}(n-1)&1\end{bmatrix}+\begin{bmatrix}\binom{n+r-3}{n-2}\varepsilon&0\\\binom{n+r-4}{n-3}\varepsilon&0\\\binom{n+r-5}{n-4}\varepsilon&0\\\vdots&\vdots\\\varepsilon&0\end{bmatrix}$$

$$\hat{Y} = Y + \Delta Y = \begin{bmatrix} x_{(r)}(2) \\ x_{(r)}(3) \\ x_{(r)}(4) \\ \vdots \\ x_{(r)}(n) \end{bmatrix} + \begin{bmatrix} \binom{n+r-4}{n-3}\varepsilon & 0 \\ \binom{n+r-5}{n-4}\varepsilon & 0 \\ \binom{n+r-6}{n-5}\varepsilon & 0 \\ \vdots & \vdots \\ 0 & 0 \end{bmatrix}$$

$$\Delta B^T \Delta B = \begin{bmatrix} \binom{n+r-3}{n-2}\varepsilon & 0 \\ \binom{n+r-4}{n-3}\varepsilon & 0 \\ \binom{n+r-5}{n-4}\varepsilon & 0 \\ \vdots & \vdots \\ \varepsilon & 0 \end{bmatrix}^T \begin{bmatrix} \binom{n+r-3}{n-2}\varepsilon & 0 \\ \binom{n+r-4}{n-3}\varepsilon & 0 \\ \binom{n+r-5}{n-4}\varepsilon & 0 \\ \vdots & \vdots \\ \varepsilon & 0 \end{bmatrix}$$

$$= \begin{bmatrix} \sqrt{\binom{n+r-3}{n-2}^2 \varepsilon^2 + \binom{n+r-2}{n-1}^2 \varepsilon^2 + \cdots + \varepsilon^2} & 0 & 0 \\ 0 & 0 & 0 \\ 0 & 0 & 0 \end{bmatrix}$$

$$= \begin{bmatrix} |\varepsilon| \sqrt{\sum_{k=1}^{n-1} \binom{k+r-2}{k-1}^2} & 0 \\ 0 & 0 \end{bmatrix}$$

$$\| \Delta B \|_2 = \sqrt{\lambda_{\max}(\Delta B^T \Delta B)}$$

所以

$$\| \Delta B \|_2 = |\varepsilon| \sqrt{\sum_{k=1}^{n-1} \binom{k+r-2}{k-1}^2}$$

$$\| \Delta Y \|_2 = \sqrt{\binom{n+r-4}{n-3}^2 \varepsilon^2 + \cdots + \varepsilon^2} = |\varepsilon| \sqrt{\sum_{k=1}^{n-2} \binom{k+r-2}{k-1}^2}$$

根据定理 3.5，可以得到如下结果：

$$\| h \|_2 \leqslant \frac{s_\dagger}{t_\dagger}\left(\frac{\| \Delta B \|_2}{\| B \|}\| x \| + \frac{\| \Delta Y \|}{\| B \|} + \frac{s_\dagger}{t_\dagger}\frac{\| \Delta B \|_2}{\| B \|}\frac{\| r_x \|}{\| B \|}\right)$$

$$= \frac{s_\dagger}{t_\dagger}|\varepsilon|\left(\frac{\sqrt{\sum_{k=1}^{n-1}\binom{k+r-2}{k-1}^2}}{\| B \|}\| x \| + \frac{\sqrt{\sum_{k=1}^{n-2}\binom{k+r-2}{k-1}^2}}{\| B \|} + \frac{s_\dagger}{t_\dagger}\frac{\sqrt{\sum_{k=1}^{n-1}\binom{k+r-2}{k-1}^2}}{\| B \|}\frac{\| r_x \|}{\| B \|}\right)$$

那么，当 $\hat{x}^{(0)}(n-1) = x^{(0)}(n-1) + \varepsilon$ 时，扰动界定义如下：

$$F[x^{(0)}(n-1)] = \frac{s_\dagger}{t_\dagger}|\varepsilon|\left(\frac{\sqrt{\sum_{k=1}^{n-1}\binom{k+r-2}{k-1}^2}}{\| B \|}\| x \| + \frac{\sqrt{\sum_{k=1}^{n-2}\binom{k+r-2}{k-1}^2}}{\| B \|} + \frac{s_\dagger}{t_\dagger}\frac{\sqrt{\sum_{k=1}^{n-1}\binom{k+r-2}{k-1}^2}}{\| B \|}\frac{\| r_x \|}{\| B \|}\right)$$

同理，不难得出以下结论：

$$F[x^{(0)}(t)] = \frac{s_\dagger}{t_\dagger}|\varepsilon|\left(\frac{\sqrt{\sum_{k=1}^{t}\binom{k+r-2}{k-1}^2}}{\| B \|}\| x \| + \frac{\sqrt{\sum_{k=1}^{t-1}\binom{k+r-2}{k-1}^2}}{\| B \|} + \frac{s_\dagger}{t_\dagger}\frac{\sqrt{\sum_{k=1}^{t}\binom{k+r-2}{k-1}^2}}{\| B \|}\frac{\| r_x \|}{\| B \|}\right)$$

因为 FORA-NDGM（1，1）模型的解的扰动界为：

$$I[x^{(0)}(t)] = \frac{s_\dagger}{t_\dagger}\varepsilon\left(\frac{\sqrt{t}}{\| B \|}\| x \| + \frac{\sqrt{t-1}}{\| B \|} + \frac{s_\dagger}{t_\dagger}\frac{\sqrt{t}}{\| B \|}\frac{\| r_x \|}{\| B \|}\right)$$

假设 $0 < r < 1$，那么

$$\binom{k+r-2}{k-1} = \frac{(k+r-2)(k+r-3)\cdots r}{(k-1)!}$$

$$= \frac{(k-1+r-1)(k-2+r-2)\cdots r}{(k-1)(k-2)\cdots 1} < 1$$

所以

$$\sqrt{\sum_{k=1}^{t}\binom{k+r-2}{k-1}^{2}} < \sqrt{t}, \sqrt{\sum_{k=1}^{t-1}\binom{k+r-2}{k-1}^{2}} < \sqrt{t-1},$$

$$F[x^{(0)}(t)] < I[x^{(0)}(t)]$$

因此，当 $0 < r < 1$ 时，FR-NDGM（1，1）模型的解的扰动界小于FORA-NDGM（1，1）模型的解的扰动界，此时FR-NDGM（1，1）模型具有更好的稳定性。

由于反向累加的特殊性质，已有反向累加灰色预测模型只能用于模拟，而无法用于预测，这一缺陷限制了该模型的应用。为了解决这个问题，本章提出一种二次建模的方法，该方法的基本思想是，首先寻找模拟效果最好的参数，然后利用模拟值重新建立分数阶反向累加非齐次离散灰色预测模型，从而利用已有模拟值实现预测。

5.3 实例分析

近年来，我国的环境污染问题引起了公众的极大关注。工业废气是大气污染物的重要组成部分，它会产生严重的污染问题。为控制工业废气的排放，政府应制定合理的减排措施，及时调整产业结构。

上海作为中国的经济、金融、贸易和航运中心，有2 000多万人居住在此。“十一五”计划以来，上海市的工业废气排放量总体呈上升趋势，具体如表5.1所示。

表5.1　2006—2013年上海市工业废气排放情况

单位：亿立方米

年份	2006	2007	2008	2009	2010	2011	2012	2013
排放量	9 428	9 591	10 436	10 059	12 969	13 692	13 361	13 344

数据来源：上海市统计年鉴。

为了对工业废气排放量进行预测并给出合理的建议，本节建立了不同的灰色预测模型，不同模型的预测值和相对误差如表5.2所示。其中，参数 r 通过遗传算法进行优化求解，经过计算得到 $r = 0.11$。

表 5.2　不同模型的预测值和相对误差

年份	实际值/亿立方米	GM（1，1）		DGM（1，1）		FR-NDGM（1，1）	
		预测值/亿立方米	MAPE/%	预测值/亿立方米	MAPE/%	预测值/亿立方米	MAPE/%
2012	13 361	15 010.97	18.14	14 998.33	17.99	13 228.16	0.59
2013	13 344	16 536.86		16 511.00		13 368.11	

由表 5.2 可以看出，FR-NDGM（1，1）模型的预测精度明显高于传统的灰色预测模型，说明本章提出的 FR-NDGM（1，1）模型具有优越性和实用性。

从 FR-NDGM（1，1）模型的建模过程可以看出，FR-NDGM（1，1）模型由于运用了反向累加的技术，因此对于系统中新信息的运用更为高效，当系统的旧信息蕴含较多的不确定性，而新信息的确定性较高时，采用 FR-NDGM（1，1）模型，可以有效避免正向累加导致的误差传导和叠加效应，从而得到较高的预测精度。

5.4　本章小结

本章提出了 FR-NDGM（1，1）模型，讨论了该模型的建模过程和参数求解方法，并研究了模型的稳定性。本章通过二次建模的方法，解决了以往反向累加灰色预测模型只能用于模拟计算，无法用于预测计算的问题。同时，本章通过一个实际案例说明了该模型的实用性和有效性，从而进一步丰富和完善了反向累加灰色预测模型的理论体系。

6 基于扰动信息的连续区间灰数灰色预测模型

由于人类思维的不确定性，许多信息以区间灰数的形式呈现，但是，传统灰色预测模型的建模对象是实数序列，这一不足限制了其进一步应用。近年来，针对区间灰数的预测问题，学者们从不同的角度进行了研究，并取得了一定的研究成果①②③。然而，现有研究均假设研究对象是稳定系统，对于存在振荡特征的序列，上述模型的预测误差较大。因此，在现有研究的基础上，本章从模型的通用性和整体性角度，提出了区间灰数的 FQDGM（1，1）模型，该模型可以有效描述复杂耦合系统的演化规律。本章利用矩阵扰动理论分析了 FQDGM（1，1）模型的扰动界，并从理论上探讨了该模型的稳定性。此外，本章还通过算例和实例的建模分析，对比了不同模型的建模效果，验证了 FQDGM（1，1）模型的实用性和有效性。

6.1 连续区间灰数的基本概念和基本模型

6.1.1 基本概念

定义 6.1 将只知道取值范围而不知其确切值的数称为灰数，其中，既

① 曾波. 基于核和灰度的区间灰数预测模型［J］. 系统工程与电子技术，2011，33（4）：821-824.

② 袁潮清，刘思峰，张可. 基于发展趋势和认知程度的区间灰数预测［J］. 控制与决策，2011，26（2）：313-315.

③ 吴利丰，刘思峰，闫书丽. 区间灰数序列的灰色预测模型构建方法［J］. 控制与决策，2013（12）：1912-1914.

有下界 η 又有上界 λ 的灰数称为区间灰数，记为 $\otimes\in[\eta,\lambda]$，$\eta<\lambda$。

定义 6.2 设灰数 $\otimes\in[\eta,\lambda]$，$\eta<\lambda$，在缺乏取值分布信息的情况下，若 $\otimes$ 为连续区间灰数，则称 $\tilde{\otimes}=\frac{\eta+\lambda}{2}$ 为区间灰数的核，灰数的核序列记为 $G(\tilde{\otimes})=(\tilde{\otimes}_1,\ \tilde{\otimes}_2,\ \cdots,\ \tilde{\otimes}_n)$。

定义 6.3 设灰数 $\otimes\in[\eta,\lambda]$，$\eta<\lambda$，若 $\otimes$ 为连续区间灰数，则称 $r(\otimes)=\frac{\lambda-\eta}{2}$ 为区间灰数的灰半径，灰数的灰半径序列记为 $R(\otimes)=\{r(\otimes_1),\ r(\otimes_2),\ \cdots,\ r(\otimes_n)\}$。

6.1.2　基本模型

定义 6.4 非负序列 $X^{(0)}=\{x^{(0)}(1),\ x^{(0)}(2),\ \cdots,\ x^{(0)}(n)\}$ 的一次累加生成序列为 $X^{(1)}=\{x^{(1)}(1),\ x^{(1)}(2),\ \cdots,\ x^{(1)}(n)\}$。其中，$x^{(1)}(k)=\sum_{i=1}^{k}x^{(0)}(i)$，$k=1,\ 2,\ \cdots,\ n$，则称 $x^{(1)}(k+1)=\beta_1 x^{(1)}(k)+\beta_2$ 为离散灰色预测模型。

定理 6.1 离散灰色预测模型的参数 β_1，β_2 可以通过如下最小二乘估计进行求解：

$$\begin{bmatrix}\beta_1\\ \beta_2\end{bmatrix}=(U^TV)^{-1}U^TV,$$

其中

$$U=\begin{bmatrix}x^{(1)}(1) & 1\\ x^{(1)}(2) & 1\\ \vdots & \vdots\\ x^{(1)}(n-2) & 1\\ x^{(1)}(n-1) & 1\end{bmatrix},\ V=\begin{bmatrix}x^{(1)}(2)\\ x^{(1)}(3)\\ \vdots\\ x^{(1)}(n-1)\\ x^{(1)}(n)\end{bmatrix}$$

6.2　连续区间灰数预测模型的构建

针对区间灰数的预测问题，一个常用的解决思路就是对上界和下界序列分别建立预测模型，可是这样的建模方法时常会破坏区间灰数的整体性，如果下界序列的增长速度快于上界序列的增长速度，那么就会出现下界序列的预测值高于上界序列的预测值的现象，从而导致区间灰数失去本身的意义。由于区间灰数序列完全由核序列与灰半径序列确定，因此在区间灰数转化为核序列与灰半径序列的过程中，有可能实现信息无损。如果系统在发展过程中受到扰动信息的干扰，导致系统信息失真，模型的稳定性会下降，建模精度也会降低。因此，为了建立更为稳定的灰色预测模型，本章引入了分数阶累加二次时变参数离散灰色预测模型。下面将探讨分数阶累加二次时变参数离散灰色预测模型的建模步骤。

定义 6.5 设非负序列 $X^{(0)}$，$X^{(1)}$ 为 $X^{(0)}$ 的一阶累加序列，其中

$$x^{(1)}(k)=\sum_{i=1}^{k}x^{(0)}(i)\ ,k=1,\ 2,\ \cdots,\ n$$

则称

$$x^{(1)}(k+1)=(\beta_1+\beta_2k+\beta_3k^2)\ x^{(1)}(k)+\beta_4k^2+\beta_5k+\beta_6,\ k=1,\ 2,\ \cdots,\ n-1$$

为一阶累加二次时变参数离散灰色预测模型［first order cumulative quadratic time varying parameters discrete grey prediction model，以下简称 QDGM（1，1）］。

定理 6.2 QDGM（1，1）模型的参数可以通过如下最小二乘估计进行求解：

$$\begin{bmatrix}\beta_1\\ \beta_2\\ \beta_3\\ \beta_4\\ \beta_5\\ \beta_6\end{bmatrix}=(B^TB)^{-1}B^TY$$

其中

$$B=\begin{bmatrix}x^{(1)}(1) & \cdots & x^{(1)}(1) & 1 & 1 & 1\\ x^{(1)}(2) & \cdots & 2^2x^{(1)}(2) & 2^2 & 2 & 1\\ \vdots & \vdots & \vdots & \vdots & \vdots & \vdots\\ x^{(1)}(n-2) & \cdots & (n-2)^2x^{(1)}(n-2) & (n-2)^2 & n-2 & 1\\ x^{(1)}(n-1) & \cdots & (n-1)^2x^{(1)}(n-1) & (n-1)^2 & n-1 & 1\end{bmatrix}$$

$$Y = \begin{bmatrix} x^{(1)}(2) \\ x^{(1)}(3) \\ \vdots \\ x^{(1)}(n-1) \\ x^{(1)}(n) \end{bmatrix}$$

定义 6.6 设非负序列 $X^{(0)} = \{x^{(0)}(1), x^{(0)}(2), \cdots, x^{(0)}(n)\}$，则称 $X^{(r)} = \{x^{(r)}(1), x^{(r)}(2), \cdots, x^{(r)}(n)\}$ 为 $X^{(0)}$ 的分数阶累加序列，其中

$$x^{(r)}(k) = \sum_{i=1}^{k} C_{k-i+r-1}^{k-i} x^{(0)}(i), C_{r-1}^{0} = 1, k = 1, 2, \cdots, n$$

定义 6.7 设非负序列 $X^{(r)} = \{x^{(r)}(1), x^{(r)}(2), \cdots, x^{(r)}(n)\}$ 是 $X^{(0)}$ 的分数阶累加序列，则称

$$x^{(r)}(k+1) = (\beta_1 + \beta_2 k + \beta_3 k^2) x^{(r)}(k) + \beta_4 k^2 + \beta_5 k + \beta_6\ k = 1, 2, \cdots, n-1$$

为分数阶累加二次时变参数离散灰色预测模型［fractional order cumulative quadratic time-varying parameters discrete grey prediction model，以下简称 FQDGM（1，1）］。

定理 6.3 FQDGM（1，1）模型的参数可以通过如下最小二乘估计进行求解：

$$\begin{bmatrix} \beta_1 \\ \beta_2 \\ \beta_3 \\ \beta_4 \\ \beta_5 \\ \beta_6 \end{bmatrix} = (D^T D)^{-1} D^T W$$

其中

$$D = \begin{bmatrix} x^{(r)}(1) & \cdots & x^{(r)}(1) & 1 & 1 & 1 \\ x^{(r)}(2) & \cdots & 2^2 x^{(r)}(2) & 2^2 & 2 & 1 \\ \vdots & \vdots & \vdots & \vdots & \vdots & \vdots \\ x^{(r)}(n-2) & \cdots & (n-2)^2 x^{(r)}(n-2) & (n-2)^2 & n-2 & 1 \\ x^{(r)}(n-1) & \cdots & (n-1)^2 x^{(r)}(n-1) & (n-1)^2 & n-1 & 1 \end{bmatrix}$$

$$W = \begin{bmatrix} x^{(r)}(2) \\ x^{(r)}(3) \\ \vdots \\ x^{(r)}(n-1) \\ x^{(r)}(n) \end{bmatrix}$$

FQDGM（1，1）模型的预测值计算如下：

$$\hat{x}^{(r)}(k+1) = (\beta_1 + \beta_2 k + \beta_3 k^2)\hat{x}^{(r)}(k) + \beta_4 k^2 + \beta_5 k + \beta_6,\ k = 1,\ 2,\ \cdots,\ n-1$$

根据分数阶累加的计算公式，可以得出原始序列预测值的计算公式如下：

$$\hat{x}^{(0)}(k) = \hat{x}^{(r)}(k) - \sum_{i=1}^{k} C_{k-i+r-1}^{k-i}\hat{x}^{(r)}(i),\ k = 1,\ 2,\ \cdots$$

6.3 连续区间灰数灰色预测模型的扰动分析

本节运用矩阵扰动理论对 QDGM（1，1）模型和 FQDGM（1，1）模型的扰动界进行分析，以进一步探讨模型的稳定性。

6.3.1 QDGM（1，1）模型的扰动分析

定理 6.4 QDGM（1，1）模型可通过函数 $\| Y - Bx \|_2 = \min$ 求解。假定 QDGM（1，1）模型的解为 x，$\hat{x}^{(0)}(1) = x^{(0)}(1) + \varepsilon$，其中 ε 是扰动信息。那么解的扰动界如下：

$$\| h \|_2 \leqslant |\varepsilon| \frac{s_\dagger}{t_\dagger}\left(\frac{\| x \| \sqrt{\sum_{i=1}^{n-1} i^4}}{\| B \|} + \frac{\sqrt{n-1}}{\| B \|} + \frac{s_\dagger}{t_\dagger} \frac{\sqrt{\sum_{i=1}^{n-1} i^4}}{\| B \|} \frac{\| r_x \|}{\| B \|}\right)$$

证明：

$\hat{B} = B + DB$

$$
= \begin{bmatrix} x^{(1)}(1) & \cdots & x^{(1)}(1) & 1 & 1 & 1 \\ x^{(1)}(2) & \cdots & 2^2 x^{(1)}(2) & 2^2 & 2 & 1 \\ \vdots & \vdots & \vdots & \vdots & \vdots & \vdots \\ x^{(1)}(n-2) & \cdots & (n-2)^2 x^{(1)}(n-2) & (n-2)^2 & n-2 & 1 \\ x^{(1)}(n-1) & \cdots & (n-1)^2 x^{(1)}(n-1) & (n-1)^2 & n-1 & 1 \end{bmatrix}
$$

$$
+ \begin{bmatrix} \varepsilon & \cdots & \varepsilon & 0 & 0 & 0 \\ \varepsilon & \cdots & 2^2 \varepsilon & 0 & 0 & 0 \\ \vdots & \vdots & \vdots & \vdots & \vdots & \vdots \\ \varepsilon & \cdots & (n-2)^2 \varepsilon & 0 & 0 & 0 \\ \varepsilon & \cdots & (n-1)^2 \varepsilon & 0 & 0 & 0 \end{bmatrix}
$$

$$
\hat{Y} = Y + DY = \begin{bmatrix} x^{(1)}(2) \\ x^{(1)}(3) \\ \vdots \\ x^{(1)}(n-1) \\ x^{(1)}(n) \end{bmatrix} + \begin{bmatrix} \varepsilon \\ \varepsilon \\ \vdots \\ \varepsilon \\ \varepsilon \end{bmatrix}
$$

假设新模型 $\| \hat{Y} - \hat{B}x \|_2 = \min$ 的解为 $\hat{x}$ ，扰动为 h ，当列变量 B 线性无关时，方程 $\| Y - Bx \|_2 = \min$ 有唯一解 $x = Y^{\dagger} B$ 。因为

$$
\Delta Y = \begin{bmatrix} \varepsilon \\ \varepsilon \\ \vdots \\ \varepsilon \\ \varepsilon \end{bmatrix} ,
$$

$$
\Delta B^T \Delta B = \begin{bmatrix}
(n-1)\varepsilon^2 & \sum_{i=1}^{n-1} i\varepsilon^2 & \sum_{i=1}^{n-1} i^2\varepsilon^2 & 0 & 0 & 0 \\
\sum_{i=1}^{n-1} i\varepsilon^2 & \sum_{i=1}^{n-1} i^2\varepsilon^2 & \sum_{i=1}^{n-1} i^3\varepsilon^2 & 0 & 0 & 0 \\
\sum_{i=1}^{n-1} i^2\varepsilon^2 & \sum_{i=1}^{n-1} i^3\varepsilon^2 & \sum_{i=1}^{n-1} i^4\varepsilon^2 & 0 & 0 & 0 \\
0 & 0 & 0 & 0 & 0 & 0 \\
0 & 0 & 0 & 0 & 0 & 0 \\
0 & 0 & 0 & 0 & 0 & 0
\end{bmatrix}
$$

$$
\| \Delta Y \|_2 = |\varepsilon|\sqrt{n-1}, \quad \| \Delta B \|_2 = \sqrt{\lambda_{\max}(\Delta B^T \Delta B)}
$$

所以

$$
\| \Delta B \|_2 = \sqrt{\sum_{i=1}^{n-1} i^4 \varepsilon^2} = |\varepsilon| \sqrt{\sum_{i=1}^{n-1} i^4}
$$

根据定理 3.5，可以得到如下结果：

$$
\| h \|_2 \leqslant |\varepsilon| \frac{s_\dagger}{t_\dagger} \left(\frac{\| x \| \sqrt{\sum_{i=1}^{n-1} i^4}}{\| B \|} + \frac{\sqrt{n-1}}{\| B \|} + \frac{s_\dagger}{t_\dagger} \frac{\sqrt{\sum_{i=1}^{n-1} i^4}}{\| B \|} \frac{\| r_x \|}{\| B \|} \right)
$$

$$
= Q[x^{(0)}(1)]。
$$

定理 6.5 假设定理 6.4 的其他条件不变，$\hat{x}^{(0)}(t) = x^{(0)}(t) + \varepsilon$，那么解的扰动界如下：

$$
\| h \|_2 \leqslant |\varepsilon| \frac{s_\dagger}{t_\dagger} \left(\frac{\| x \| \sqrt{\sum_{i=t}^{n-1} i^4}}{\| B \|} + \frac{\sqrt{n-t+1}}{\| B \|} + \frac{s_\dagger}{t_\dagger} \frac{\sqrt{\sum_{i=t}^{n-1} i^4}}{\| B \|} \frac{\| r_x \|}{\| B \|} \right)
$$

证明：

$\hat{B} = B + DB$

$$
= \begin{bmatrix}
x^{(1)}(1) & \cdots & x^{(1)}(1) & 1 & 1 & 1 \\
x^{(1)}(2) & \cdots & 2^2 x^{(1)}(2) & 2^2 & 2 & 1 \\
\vdots & \vdots & \vdots & \vdots & \vdots & \vdots \\
x^{(1)}(n-2) & \cdots & (n-2)^2 x^{(1)}(n-2) & (n-2)^2 & n-2 & 1 \\
x^{(1)}(n-1) & \cdots & (n-1)^2 x^{(1)}(n-1) & (n-1)^2 & n-1 & 1
\end{bmatrix}
$$

$$+\begin{bmatrix} 0 & 0 & 0 & 0 & 0 & 0 \\ 0 & 0 & 0 & 0 & 0 & 0 \\ \vdots & \vdots & \vdots & \vdots & \vdots & \vdots \\ \varepsilon & t\varepsilon & t^2\varepsilon & 0 & 0 & 0 \\ \vdots & \vdots & \vdots & \vdots & \vdots & \vdots \\ \varepsilon & (n-2)\varepsilon & (n-2)^2\varepsilon & 0 & 0 & 0 \\ \varepsilon & (n-1)\varepsilon & (n-1)^2\varepsilon & 0 & 0 & 0 \end{bmatrix}$$

$$\hat{Y} = Y + DY = \begin{bmatrix} x^{(1)}(2) \\ \vdots \\ x^{(1)}(t) \\ \vdots \\ x^{(1)}(n-1) \\ x^{(1)}(n) \end{bmatrix} + \begin{bmatrix} 0 \\ \vdots \\ \varepsilon \\ \vdots \\ \varepsilon \\ \varepsilon \end{bmatrix}$$

假设新模型 $\| \hat{Y} - \hat{B}x \|_2 = \min$ 的解为 $\hat{x}$，扰动为 h，当列变量 B 线性无关时，方程 $\| Y - Bx \|_2 = \min$ 有唯一解 $x = Y^{\dagger}B$。因为

$$\Delta Y = \begin{bmatrix} 0 \\ \vdots \\ \varepsilon \\ \vdots \\ \varepsilon \\ \varepsilon \end{bmatrix}, \Delta B^T \Delta B = \begin{bmatrix} (n-t)\varepsilon^2 & \sum_{i=t}^{n-1} i\varepsilon^2 & \sum_{i=2}^{n-1} i^2\varepsilon^2 & 0 & 0 & 0 \\ \sum_{i=t}^{n-1} i\varepsilon^2 & \sum_{i=t}^{n-1} i^2\varepsilon^2 & \sum_{i=t}^{n-1} i^3\varepsilon^2 & 0 & 0 & 0 \\ \sum_{i=t}^{n-1} i^2\varepsilon^2 & \sum_{i=t}^{n-1} i^3\varepsilon^2 & \sum_{i=t}^{n-1} i^4\varepsilon^2 & 0 & 0 & 0 \\ 0 & 0 & 0 & 0 & 0 & 0 \\ 0 & 0 & 0 & 0 & 0 & 0 \\ 0 & 0 & 0 & 0 & 0 & 0 \end{bmatrix}$$

$$\| \Delta Y \|_2 = |\varepsilon| \sqrt{n - t + 1}$$

所以

$$\| \Delta B \|_2 = \sqrt{\lambda_{\max}(\Delta B^T \Delta B)} = |\varepsilon| \sqrt{\sum_{i=t}^{n-1} i^4}$$

根据定理 3.5，可以得到如下结果：

$$\| h \|_2 \leqslant |\varepsilon| \frac{s_{\dagger}}{t_{\dagger}} \left(\frac{\| x \| \sqrt{\sum_{i=t}^{n-1} i^4}}{\| B \|} + \frac{\sqrt{n - t + 1}}{\| B \|} + \right.$$

$$\frac{s_{\dagger}}{t_{\dagger}}\frac{\sqrt{\sum_{i=t}^{n-1} i^4}}{\|B\|}\frac{\|r_x\|}{\|B\|}) = Q[x^{(0)}(t)]$$

6.3.2 FQDGM（1，1）模型的扰动分析

定理 6.6 FQDGM（1，1）模型可通过函数 $\|W - Dx\|_2 = \min$ 求解。假定 FQDGM（1，1）模型的解是 x，$\hat{x}^{(0)}(1) = x^{(0)}(1) + \varepsilon$，其中 ε 是扰动信息。那么解的扰动界如下：

$$\|h\|_2 \leqslant |\varepsilon|\frac{s_{\dagger}}{t_{\dagger}}\left[\frac{\sqrt{\sum_{i=1}^{n-1} i^4 (C_{i+r-2}^{i-1})^2}}{\|B\|}\|x\| + \frac{\sqrt{\sum_{i=1}^{n-1} (C_{i+r-1}^{i})^2}}{\|B\|} + \frac{s_{\dagger}}{t_{\dagger}}\frac{\sqrt{\sum_{i=1}^{n-1} i^4 (C_{i+r-2}^{i-1})^2}}{\|B\|}\frac{\|r_x\|}{\|B\|}\right]$$

证明：

$$\hat{D} = D + \Delta D$$

$$= \begin{bmatrix} x^{(r)}(1) & \cdots & x^{(r)}(1) & 1 & 1 & 1 \\ x^{(r)}(2) & \cdots & 2^2 x^{(r)}(2) & 2^2 & 2 & 1 \\ \vdots & \vdots & \vdots & \vdots & \vdots & \vdots \\ x^{(r)}(n-2) & \cdots & (n-2)^2 x^{(r)}(n-2) & (n-2)^2 & n-2 & 1 \\ x^{(r)}(n-1) & \cdots & (n-1)^2 x^{(r)}(n-1) & (n-1)^2 & n-1 & 1 \end{bmatrix}$$

$$+ \begin{bmatrix} \varepsilon & \cdots & \varepsilon & 0 & 0 & 0 \\ r\varepsilon & \cdots & 2^2 r\varepsilon & 0 & 0 & 0 \\ \vdots & \vdots & \vdots & \vdots & \vdots & \vdots \\ C_{n-4+r}^{n-3}\varepsilon & \cdots & (n-2)^2 C_{n-4+r}^{n-3}\varepsilon & 0 & 0 & 0 \\ C_{n-3+r}^{n-2}\varepsilon & \cdots & (n-1)^2 C_{n-3+r}^{n-2} & 0 & 0 & 0 \end{bmatrix}$$

$$\hat{W} = W + \Delta W = \begin{bmatrix} x^{(r)}(2) \\ x^{(r)}(3) \\ \vdots \\ x^{(r)}(n-1) \\ x^{(r)}(n) \end{bmatrix} + \begin{bmatrix} r\varepsilon \\ C_{1+r}^{2}\varepsilon \\ \vdots \\ C_{n-3+r}^{n-2}\varepsilon \\ C_{n-2+r}^{n-1}\varepsilon \end{bmatrix}$$

假设新模型 $\| \hat{W} - \hat{D}x \|_2 = \min$ 的解是 $\hat{x}$，扰动为 h，当列变量 D 线性无关时，方程 $\| W - Dx \|_2 = \min$ 有唯一解 $x = W^{\dagger} D$。因为

$$\Delta W = \begin{bmatrix} r\varepsilon \\ C_{1+r}^{2}\varepsilon \\ \vdots \\ C_{n-3+r}^{n-2}\varepsilon \\ C_{n-2+r}^{n-1}\varepsilon \end{bmatrix}$$

$$\Delta D^{T}\Delta D = \begin{bmatrix} \sum_{i=1}^{n-1}(C_{i-2+r}^{i-1}\varepsilon)^2 & \cdots & \sum_{i=1}^{n-1} i^2 (C_{i+r-2}^{i-1}\varepsilon)^2 & 0 & 0 & 0 \\ \sum_{i=1}^{n-1} i (C_{i+r-2}^{i-1}\varepsilon)^2 & \cdots & \sum_{i=1}^{n-1} i^3 (C_{i+r-2}^{i-1}\varepsilon)^2 & 0 & 0 & 0 \\ \sum_{i=1}^{n-1} i^2 (C_{i+r-2}^{i-1}\varepsilon)^2 & \cdots & \sum_{i=1}^{n-1} i^4 (C_{i+r-2}^{i-1}\varepsilon)^2 & 0 & 0 & 0 \\ 0 & \cdots & 0 & 0 & 0 & 0 \\ 0 & \cdots & 0 & 0 & 0 & 0 \\ 0 & \cdots & 0 & 0 & 0 & 0 \end{bmatrix}$$

$$\| \Delta W \|_2 = |\varepsilon| \sqrt{\sum_{i=1}^{n-1} (C_{i+r-1}^{i})^2}$$

所以

$$\| \Delta D \|_2 = \sqrt{\lambda_{\max}(\Delta D^{T}\Delta D)} = |\varepsilon| \sqrt{\sum_{i=1}^{n-1} i^4 (C_{i+r-2}^{i-1})^2}$$

根据定理 3. 5，可以得到如下结果：

$$\| h \|_2 \leqslant |\varepsilon| \frac{s_{\dagger}}{t_{\dagger}} \left[\frac{\sqrt{\sum_{i=1}^{n-1} i^4 (C_{i+r-2}^{i-1})^2}}{\| B \|} \| x \| + \frac{\sqrt{\sum_{i=1}^{n-1} (C_{i+r-1}^{i})^2}}{\| B \|} + \frac{s_{\dagger}}{t_{\dagger}} \frac{\sqrt{\sum_{i=1}^{n-1} i^4 (C_{i+r-2}^{i-1})^2}}{\| B \|} \frac{\| r_x \|}{\| B \|} \right] = L[x^{(0)}(1)]$$

因为

$$C_{i+r-2}^{i-1} = C_{i-1+r-1}^{i-1} < 1$$

所以

$$\sqrt{\sum_{i=1}^{n-1} i^4 \left(C_{i+r-2}^{i-1}\right)^2} < \sqrt{\sum_{i=1}^{n-1} i^4}$$

$$\sqrt{\sum_{i=2}^{n} \left(C_{i+r-2}^{i-1}\right)^2} < \sqrt{n-1}$$

即

$$L[x^{(0)}(1)] < Q[x^{(0)}(1)]$$

定理 6.7 假设 FQDGM（1，1）模型的解为 x，其他条件与定理 6.6 相同，$\hat{x}^{(0)}(t) = x^{(0)}(t) + \varepsilon$，其中 ε 是扰动信息，那么解的扰动界如下：

$$\|h\|_2 \leqslant |\varepsilon| \frac{s_\dagger}{t_\dagger} \left[\frac{\sqrt{\sum_{i=1}^{n-t} i^4 \left(C_{i+r-2}^{i-1}\right)^2}}{\|B\|} \|x\| + \frac{\sqrt{\sum_{i=1}^{n-t} \left(C_{i+r-1}^{i}\right)^2}}{\|B\|} + \frac{s_\dagger}{t_\dagger} \frac{\sqrt{\sum_{i=1}^{n-t} i^4 \left(C_{i+r-2}^{i-1}\right)^2}}{\|B\|} \frac{\|r_x\|}{\|B\|} \right] = L[x^{(0)}(t)]$$

证明：

$\hat{D} = D + \Delta D$

$$= \begin{bmatrix} x^{(r)}(1) & \cdots & x^{(r)}(1) & 1 & 1 & 1 \\ x^{(r)}(2) & \cdots & 2^2 x^{(r)}(2) & 2^2 & 2 & 1 \\ \vdots & \vdots & \vdots & \vdots & \vdots & \vdots \\ x^{(r)}(n-2) & \cdots & (n-2)^2 x^{(r)}(n-2) & (n-2)^2 & n-2 & 1 \\ x^{(r)}(n-1) & \cdots & (n-1)^2 x^{(r)}(n-1) & (n-1)^2 & n-1 & 1 \end{bmatrix}$$

$$+ \begin{bmatrix} 0 & \cdots & 0 & 0 & 0 & 0 \\ 0 & \cdots & 0 & 0 & 0 & 0 \\ \vdots & \cdots & \vdots & \vdots & \vdots & \vdots \\ \varepsilon & \cdots & t^2 \varepsilon & 0 & 0 & 0 \\ \vdots & \vdots & \vdots & \vdots & \vdots & \vdots \\ C_{n-t-3+r}^{n-t-2} \varepsilon & \cdots & (n-2)^2 C_{n-t-2+r}^{n-t-1} \varepsilon & 0 & 0 & 0 \\ C_{n-t-3+r}^{n-t-2} \varepsilon & \cdots & (n-1)^2 C_{n-t-2+r}^{n-t-1} \varepsilon & 0 & 0 & 0 \end{bmatrix}$$

$$
\hat{W}=W+\Delta W=\begin{bmatrix}0\\0\\\vdots\\x^{(r)}(t)\\\vdots\\x^{(r)}(n-1)\\x^{(r)}(n)\end{bmatrix}+\begin{bmatrix}0\\0\\\vdots\\\varepsilon\\\vdots\\C_{n-t-1-r}^{n-t-1}\varepsilon\\C_{n-t-1+r}^{n-t}\varepsilon\end{bmatrix}
$$

假设新模型 $\| \hat{W}-\hat{D}_X \|_2=\min$ 的解是 $\hat{x}$，扰动为 h，当列变量 D 线性无关时，方程 $\| W-D_X \|_2=\min$ 有唯一解 $x=W^{\dagger}D$。因为

$$
\Delta W=\begin{bmatrix}0\\0\\\vdots\\\varepsilon\\\vdots\\C_{n-t-1-r}^{n-t-1}\varepsilon\\C_{n-t-1+r}^{n-t}\varepsilon\end{bmatrix}
$$

$$
\Delta D^T\Delta D=\begin{bmatrix}\sum\limits_{i=1}^{n-t}(C_{i+r-2}^{i-1}\varepsilon)^2 & \cdots & \sum\limits_{i=1}^{n-t}i^2(C_{i+r-2}^{i-1}\varepsilon)^2 & 0 & 0 & 0\\\sum\limits_{i=1}^{n-t}i(C_{i+r-2}^{i-1}\varepsilon)^2 & \cdots & \sum\limits_{i=1}^{n-t}i^3(C_{i+r-2}^{i-1}\varepsilon)^2 & 0 & 0 & 0\\\sum\limits_{i=1}^{n-t}i^2(C_{i+r-2}^{i-1}\varepsilon)^2 & \cdots & \sum\limits_{i=1}^{n-t}i^4(C_{i+r-2}^{i-1}\varepsilon)^2 & 0 & 0 & 0\\0 & \cdots & 0 & 0 & 0 & 0\\0 & \cdots & 0 & 0 & 0 & 0\\0 & \cdots & 0 & 0 & 0 & 0\end{bmatrix}
$$

$$
\| \Delta W \|_2=|\varepsilon|\sqrt{\sum_{i=1}^{n-t}(C_{i+r-1}^{i})^2}
$$

$$
\| \Delta D \|_2=\sqrt{\lambda_{\max}(\Delta D^T\Delta D)}=|\varepsilon|\sqrt{\sum_{i=1}^{n-t}i^4(C_{i+r-2}^{i-1})^2}
$$

所以

$$\|h\|_2 \leqslant |\varepsilon| \frac{s_\dagger}{t_\dagger}\left[\frac{\sqrt{\sum_{i=1}^{n-t} i^4 (C_{i+r-2}^{i-1})^2}}{\|B\|}\|x\|\right.$$

$$\left. + \frac{\sqrt{\sum_{i=1}^{n-t} (C_{i+r-1}^{i})^2}}{\|B\|} + \frac{s_\dagger}{t_\dagger} \frac{\sqrt{\sum_{i=1}^{n-t} i^4 (C_{i+r-2}^{i-1})^2}}{\|B\|} \frac{\| r_x \|}{\|B\|}\right] = L[x^{(0)}(t)]$$

因为

$$\sum_{i=1}^{n-t} i^4 (C_{k+r-2}^{i-1})^2 < \sum_{i=1}^{n-t} i^4, \sum_{i=1}^{n-t} (C_{i+r-1}^{i})^2 < n - t + 1$$

所以

$$L[x^{(0)}(t)] < Q[x^{(0)}(t)]$$

从上述结果可以看出，当系统出现扰动信息时，本章建立的 FQDGM（1，1）模型的扰动界小于对应的整数阶模型，说明 FQDGM（1，1）模型具有更好的稳定性。

6.3.3 基于核序列的 FQDGM（1，1）模型

假设区间灰数的核序列为 $G(\tilde{\otimes}) = (\tilde{\otimes}_1, \tilde{\otimes}_2, \cdots, \tilde{\otimes}_n)$，那么，核序列 $X(\tilde{\otimes})$ 的 FQDGM（1，1）模型为

$$\tilde{\otimes}^{(r)}(k+1) = (\beta_1 + \beta_2 k + \beta_3 k^2)\tilde{\otimes}^{(r)}(k) + \beta_4 k^2 + \beta_5 k + \beta_6 \quad k = 1, 2, \cdots, n-1$$

$$\begin{bmatrix} \beta_1 \\ \beta_2 \\ \beta_3 \\ \beta_4 \\ \beta_5 \\ \beta_6 \end{bmatrix} = (D^T D)^{-1} D^T W$$

其中，

$$D=\begin{bmatrix} \tilde{\otimes}^{(r)}(1) & \cdots & \tilde{\otimes}^{(r)}(1) & 1 & 1 & 1 \\ \tilde{\otimes}^{(r)}(2) & \cdots & 2^2\tilde{\otimes}^{(r)}(2) & 2^2 & 2 & 1 \\ \vdots & \vdots & \vdots & \vdots & \vdots & \vdots \\ \tilde{\otimes}^{(r)}(n-2) & \cdots & (n-2)^2\tilde{\otimes}^{(r)}(n-2) & (n-2)^2 & n-2 & 1 \\ \tilde{\otimes}^{(r)}(n-1) & \cdots & (n-1)^2\tilde{\otimes}^{(r)}(n-1) & (n-1)^2 & n-1 & 1 \end{bmatrix}$$

$$W=\begin{bmatrix} x^{(r)}(2) \\ x^{(r)}(3) \\ \vdots \\ x^{(r)}(n-1) \\ x^{(r)}(n) \end{bmatrix}$$

6.3.4 基于灰半径序列的 FQDGM（1，1）模型

假设区间灰数的灰半径序列为 $R(\otimes)=\{r(\otimes_1), r(\otimes_2), \cdots, r(\otimes_n)\}$，建立灰半径序列的 FQDGM（1，1）模型为

$$r(\otimes)^{(r)}(k+1)=(\beta_1+\beta_2 k+\beta_3 k^2)r(\otimes)^{(r)}(k)$$
$$+\beta_4 k^2+\beta_5 k+\beta_6,\quad k=1, 2, \cdots, n-1$$

$$\begin{bmatrix} \beta_1 \\ \beta_2 \\ \beta_3 \\ \beta_4 \\ \beta_5 \\ \beta_6 \end{bmatrix}=(D^T D)^{-1}D^T Y$$

其中，

$$D=\begin{bmatrix} r(\otimes)^{(r)}(1) & \cdots & r(\otimes)^{(r)}(1) & 1 & 1 & 1 \\ r(\otimes)^{(r)}(2) & \cdots & 2^2 r(\otimes)^{(r)}(2) & 2^2 & 2 & 1 \\ \vdots & \vdots & \vdots & \vdots & \vdots & \vdots \\ r(\otimes)^{(r)}(n-2) & \cdots & (n-2)^2 r(\otimes)^{(r)}(n-2) & (n-2)^2 & n-2 & 1 \\ r(\otimes)^{(r)}(n-1) & \cdots & (n-2)^2 r(\otimes)^{(r)}(n-1) & (n-1)^2 & n-1 & 1 \end{bmatrix}$$

$$
W = \begin{bmatrix} x^{(r)}(2) \\ x^{(r)}(3) \\ \vdots \\ x^{(r)}(n-1) \\ x^{(r)}(n) \end{bmatrix}
$$

6.3.5 计算步骤

步骤 1 把区间灰数序列分解为核序列 $G(\tilde{\otimes})$ 和灰半径序列 $R(\otimes)$。

步骤 2 对核序列 $G(\tilde{\otimes})$ 建立 FQDGM（1，1）模型，计算核序列的模拟值和预测值 $\hat{\tilde{\otimes}}^{(r)}(k)$，并计算还原值 $\hat{\tilde{\otimes}}(k)$。

步骤 3 对灰半径序列 $R(\otimes)$ 建立 FQDGM（1，1）模型，计算灰半径序列的模拟值和预测值 $\hat{r}^{(r)}(\otimes)$，并计算还原值 $\hat{r}(\otimes)$。

步骤 4 计算上界序列的模拟值和预测值 $\hat{b}_k = \hat{\tilde{\otimes}}(k) + \hat{r}(\otimes)$，下界序列的模拟值和预测值 $\hat{a}_k = \hat{\tilde{\otimes}}(k) - \hat{r}(\otimes)$。

6.4 实例分析

例 6.1 为了验证模型的有效性，下面随机给出一个区间灰数序列 Z，Z 的值如下：Z = [（1，3），（2，6），（4.5，9.5），（6，13），（4，12），（5.5，16.5），（6.5，19.5），（9，20），（9.5，24.5），（10，26），（11.5，28.5），（14.5，33.5），（15，35）]。利用数据 1~10 进行建模，然后对数据 11~13 进行预测。表 6.1 是数据 11~13 的预测结果和预测误差，其中，方法 1 是运用传统的方法对上界序列和下界序列分别进行 DGM（1，1）建模，方法 2 是运用 QDGM（1，1）模型进行的建模，方法 3 是运用 FQDGM（1，1）模型进行的建模。

表 6.1 数据 11~13 的预测结果和预测误差

方法	原始数据	预测值		APE/%		MAPE/%
		下界	上界	下界	上界	
方法 1	数据 11	12.294 9	32.029 7	6.91	12.38	10.61
	数据 12	14.198 2	37.039 5	2.08	10.57	
	数据 13	16.396 2	42.832 8	9.31	22.38	
方法 2	数据 11	12.409 4	31.440 6	7.91	10.32	5.76
	数据 12	14.646 0	36.448 0	1.01	8.80	
	数据 13	14.646 0	36.448 0	2.36	4.14	
方法 3	数据 11	12.509 6	29.866 4	8.78	4.79	3.53
	数据 12	14.548 5	33.543 5	0.33	0.13	
	数据 13	14.548 5	33.543 5	3.01	4.16	

注：方法 3 中的参数取值为 $r_1=0.78$，$r_2=0.43$。

由表 6.1 可知，FQDGM（1，1）模型的模拟精度高于传统方法，平均预测误差大幅度降低，说明 FQDGM（1，1）模型能够更加有效地描述系统的发展趋势，具有较好的稳定性和记忆性，能够进一步提高模型的预测精度，从而验证了模型的有效性和实用性。

例 6.2 本章选取 2005—2014 年长江三角洲地区（此处包括上海市、江苏省和浙江省）人均工业废水排放量（吨/人）的区间数据（见表 6.2），来检验 FQDGM（1，1）模型的实用性。

表 6.2 2005—2014 年长江三角洲地区的人均工业废水排放量

单位：吨/人

年份	人均工业废水排放量	年份	人均工业废水排放量
2005	[27.03，39.05]	2010	[18.82，35.98]
2006	[24.61，39.35]	2011	[19.00，33.39]
2007	[23.05，39.03]	2012	[20.04，32.03]
2008	[20.60，38.46]	2013	[18.80，29.77]
2009	[18.64，38.56]	2014	[18.10，27.12]

经过编程计算，5 种不同建模方法的平均模拟误差如表 6.3 所示。其中，方法 1 是直接建模法，方法 2 是基于区间灰数核与测度的建模方法，方法 3 是运用邬丽云等（2019）建立的新的灰色区间数 GM（1，1）模型的建模方法，方法 4 是运用党耀国等（2018）基于残差思想建立的区间灰数预测优化模型的建模方法，方法 5 是运用 FQDGM（1，1）模型的建模方法。

表 6.3　5 种不同建模方法的平均模拟误差　　单位：%

方法	方法 1	方法 2	方法 3	方法 4	方法 5
APE	3.41	5.85	2.67	1.94	0.83

5 种不同灰色预测方法的预测误差如表 6.4 所示。

表 6.4　5 种不同灰色预测方法的预测误差　　单位：%

方法	2013 年		2014 年	
	APE	MAPE	APE	MAPE
1	7.72	7.51	8.18	11.00
	7.29		13.82	
2	7.46	7.33	7.89	10.81
	7.20		13.72	
3	4.64	4.51	2.27	4.63
	4.38		6.99	
4	5.43	5.58	5.02	8.29
	5.72		11.56	
5	5.29	2.76	1.06	0.58
	0.23		0.10	

注：运用遗传算法，方法 5 中的参数取值为 $r_1=0.34$，$r_2=1.23$。

从表 6.3 和表 6.4 的计算结果可看出，在原始数据出现非单调的情况下，运用传统方法和现有文献中的方法得到的平均模拟误差最大值达到 5.85%；预测误差最大值达到 13.82%，两步平均预测误差最大值达到 11.0%，最小的两步平均预测误差值也达到 4.51%，建模效果不够理想。而利用 FQDGM（1，1）模型建模的方法，其平均模拟误差和两步平均预测误差与前 4 种方法相比都有大幅度的下降，说明该模型不仅能够有效地描述系统的内部演化规律，而且能够有效预测系统未来的发展趋势，能够满足高精度建模的需求。

从本章提出的针对连续区间灰数的 FQDGM（1，1）模型的建模过程可以看出，对于包含振荡趋势的连续区间灰数序列，现有的建模方法会出现较大的误差，而 FQDGM（1，1）模型可以通过对累加阶数的优化，使模型的建模误差不会由于序列的振荡而出现明显的增加，保持了模型的稳定性，从而为带有振荡趋势的连续区间灰数序列的建模提供了一种新的思路。

6.5 本章小结

对于具有耦合趋势的连续区间灰数序列，如果按照现有的方法对其进行建模，会导致模型的稳定性变差。本章提出的 FQDGM（1，1）模型可以充分利用系统的已有信息，有效描述系统的发展趋势，并且可以通过模型阶数的优化，使得新建立的预测模型具有较好的稳定性和较高的建模精度。FQDGM（1，1）模型保持了区间灰数的整体性，计算步骤清晰，适用范围较广，为连续区间灰数序列的预测提供了一种可靠的理论支持。

7 基于扰动信息的离散灰色预测模型

为了减小离散灰色预测模型的建模误差，提高解的稳定性，本章提出了分数阶反向累加离散灰色预测模型［FORA-DGM（1，1）模型］。本章利用矩阵扰动理论分析了模型的扰动界，并证明了 FORA-DGM（1，1）模型的解比传统的离散灰色预测模型具有更小的扰动界，因此，它具有良好的稳定性。此外，本章还应用 FORA-DGM（1，1）模型对上海市工业部门的 SO_2 排放量进行了预测，结果表明，FORA-DGM（1，1）模型的模拟误差和预测误差都小于传统的离散灰色预测模型，特别是在预测方面的优势更为明显，进一步验证了 FORA-DGM（1，1）模型的有效性和实用性。

7.1 基本理论

灰色预测理论由于只需要小样本却能获得较高的预测精度，因此得到了广泛的应用。但是，对于非负递减序列而言，其累加生成序列是单调递增序列，故它的拟合序列也是单调递增的，因此，累减生成序列会出现不合理的计算误差。基于上述原因，宋中民等人提出了 GOM（1，1）模型（灰色反向累加模型）[①]，由于反向累加生成序列是单调递减序列，因此利用该模型对单调递减序列进行建模，可以获得比传统 GM（1，1）模型更高的建模精度。刘金英等人提出了一种简单的方法来估计参数，并且与传统的 GOM（1，1）模型相比，该方法可以达到更好的建模效果[②]。在此基

① 宋中民，邓聚龙. 反向累加生成及灰色 GOM（1，1）模型［J］. 系统工程，2001（1）：66-69.

② 刘金英，杨天行，王淑玲. 反向 GOM（1，1）模型参数的直接求解方法［J］. 吉林大学学报（工学版），2003（2）：75-79.

础上，杨知等人对 GOM（1，1）模型的初值和背景值进行了改进，提高了模型的建模精度①，这些改进对灰色系统理论的发展具有积极的理论和现实意义。

传统的灰色预测模型对单调序列是有效的，但是，当系统信息存在扰动时，信息序列变得非单调，建模误差变大，该模型不再适用。孟伟和 Wu L F 等将分数阶的思想引入灰色预测模型中，取得了良好的建模效果②③。为了减小 DGM（1，1）模型的解的扰动界，增加解的稳定性，我们应充分利用新的信息。因此，本章提出了分数阶反向累加离散灰色预测模型，并计算了其解的扰动界。同时，本章运用分数阶反向累加离散灰色预测模型对上海市工业部门的 SO_2 排放量进行了预测，获得了良好的预测结果，进一步验证了新模型的有效性和实用性。

7.2　一阶反向累加离散灰色预测模型及其扰动分析

定义 7.1 假定原始序列为

$$X^{(0)}=\{x^{(0)}(1),\ x^{(0)}(2),\ \cdots,\ x^{(0)}(n)\}$$

一阶反向累加序列为

$$X_{(1)}=\{x_{(1)}(1),\ x_{(1)}(2),\ \cdots,\ x_{(1)}(n)\}$$

其中

$$x_{(1)}(k)=\sum_{i=k}^{n}x^{(0)}(i),\ k=1,\ 2,\ \cdots,\ n$$

则一阶反向累加离散灰色预测模型为

$$x_{(1)}(k+1)=\beta_1 x_{(1)}(k)+\beta_2,\ k=1,\ 2,\ \cdots,\ n-1$$

定理 7.1 一阶反向累加离散灰色预测模型的参数满足

$$x_{(1)}(k+1)=\beta_1 x_{(1)}(k)+\beta_2,\ k=1,\ 2,\ \cdots,\ n-1$$

---

① 杨知，任鹏，党耀国. 反向累加生成与灰色 GOM（1，1）模型的优化［J］. 系统工程理论与实践，2009，29（8）：160-164.

② 孟伟. 分数阶灰色累减生成算子及其性质研究［J］. 数学的实践与认识，2020，50（8）：192-198.

③ WU L F，LIU S F，YAO L G，et al. Grey system model with the fractional order accumulation［J］. Communications in Nonlinear Science and Numerical Simulation，2013，18（7）：1775-1785.

$$\begin{bmatrix}\beta_1\\ \beta_2\end{bmatrix} = (B^T B^{-1}) B^T Y$$

其中

$$B = \begin{bmatrix} x_{(1)}(1) & 1 \\ x_{(1)}(2) & 1 \\ \vdots & \vdots \\ x_{(1)}(n-2) & 1 \\ x_{(1)}(n-1) & 1 \end{bmatrix}, Y = \begin{bmatrix} x_{(1)}(2) \\ x_{(1)}(3) \\ \vdots \\ x_{(1)}(n-1) \\ x_{(1)}(n) \end{bmatrix}$$

定理 7.2 B，Y 的定义如定理 7.1 所述，假设

$$\hat{x}_{(1)}(n) = x_{(1)}(n)$$

则

①DGM（1，1）模型的时间响应函数为

$$\hat{x}_{(1)}(k) = \beta_1^{(k-n)}\left[x_{(1)}(n) - \frac{\beta_2}{1-\beta_1}\right] + \frac{\beta_2}{1-\beta_1},\ k = 1,\ 2,\ \cdots,\ n-1$$

②还原值为

$$\hat{x}^{(0)}(k) = \hat{x}^{(1)}(k) - \hat{x}^{(1)}(k+1),\ k = 1,\ 2,\ \cdots,\ n-1$$

定理 7.3 [①②] 假设 $A \in C^{m\times n}$，$b \in C^m$，$A^\dagger$ 是 A 的广义逆矩阵。当 A 的列变量线性独立时，函数 $\| Ax - b \|_2 = \min$ 有唯一解。

定理 7.4 假设 $A \in C^{m\times n}$，$b \in C^m$，$A^\dagger$ 是 A 的广义逆矩阵。$B = A + E$，$c = b + k \in C^n$ 。假设函数 $\| Bx - c \|_2 = \min$ 和 $\| Ax - b \|_2 = \min$ 的解分别是 $x + h$ 和 x 。当 $\mathrm{rank}(A) = \mathrm{rank}(B) = n$ ，且 $\| A^\dagger \|_2 \| E \|_2 < 1$ 时，有

$$\| h \| \leqslant \frac{s_\dagger}{t_\dagger}\left(\frac{\| E \|_2}{\| A \|}\| x \| + \frac{\| k \|}{\| A \|} + \frac{s_\dagger}{t_\dagger}\frac{\| E \|_2}{\| A \|}\frac{\| r_x \|}{\| A \|}\right)$$

其中

$$s_\dagger = \| A^\dagger \|_2 \| A \|,\ t_\dagger = 1 - \| A^\dagger \|_2 \| E \|_2,\ r_x = b - Ax$$

定理 7.5 假设 $\hat{x}^{(0)}(2) = x^{(0)}(2) + \varepsilon$ ，则一阶反向累加离散灰色模型的解的扰动界为

---

① 党耀国，刘思峰，刘斌. 以 $x^{(1)}$（n）为初始条件的 GM 模型［J］. 中国管理科学，2005，13（1）：132-135.

② 刘斌，刘思峰，翟振杰等. GM（1，1）模型时间响应函数的最优化［J］. 中国管理科学，2003，11（4）：54-57.

$$L[x^{(0)}(2)] = \frac{s_\dagger}{t_\dagger}\varepsilon\left(\frac{\sqrt{2}}{\|B\|}\|x\| + \frac{1}{\|B\|} + \frac{s_\dagger}{t_\dagger}\frac{\sqrt{2}}{\|B\|}\frac{\|r_x\|}{\|B\|}\right)$$

证明：

因为

$$\hat{B} = B + \Delta B = \begin{bmatrix} 1 & 1 & \cdots & 1 \\ 0 & 1 & \cdots & 1 \\ \vdots & \vdots & \vdots & \vdots \\ 0 & 0 & \cdots & 1 \\ 0 & 0 & \cdots & 1 \end{bmatrix}\begin{bmatrix} x^{(0)}(1) & 0 \\ x^{(0)}(2) + \varepsilon & 0 \\ \vdots & \vdots \\ x^{(0)}(n-2) & 0 \\ x^{(0)}(n-1) & 1 \end{bmatrix}$$

$$\hat{Y} = Y + \Delta Y = \begin{bmatrix} x_{(1)}(2) \\ x_{(1)}(3) \\ \vdots \\ x_{(1)}(n-1) \\ x_{(1)}(n) \end{bmatrix} + \begin{bmatrix} \varepsilon \\ 0 \\ \vdots \\ 0 \\ 0 \end{bmatrix}$$

$$\|\Delta Y\|_2 = \varepsilon, \quad \Delta B^T \Delta B = \begin{bmatrix} 2\varepsilon^2 & 0 \\ 0 & 0 \end{bmatrix}$$

$$\|\Delta B\|_2 = \sqrt{\lambda_{\max}(\Delta B^T \Delta B)}$$

所以

$$\|\Delta B\|_2 = \sqrt{2}\varepsilon$$

$$\begin{aligned} \|h\| &\leqslant \frac{s_\dagger}{t_\dagger}\left(\frac{\|\Delta B\|_2}{\|B\|}\|x\| + \frac{\|\Delta Y\|}{\|B\|} + \frac{s_\dagger}{t_\dagger}\frac{\|\Delta B\|_2}{\|B\|}\frac{\|r_x\|}{\|B\|}\right) \\ &= \frac{s_\dagger}{t_\dagger}\left(\frac{\sqrt{2}\varepsilon}{\|B\|}\|x\| + \frac{\varepsilon}{\|B\|} + \frac{s_\dagger}{t_\dagger}\frac{\sqrt{2}\varepsilon}{\|B\|}\frac{\|r_x\|}{\|B\|}\right) \\ &= \frac{s_\dagger}{t_\dagger}\varepsilon\left(\frac{\sqrt{2}}{\|B\|}\|x\| + \frac{1}{\|B\|} + \frac{s_\dagger}{t_\dagger}\frac{\sqrt{2}}{\|B\|}\frac{\|r_x\|}{\|B\|}\right) \end{aligned}$$

即

$$P[x^{(0)}(2)] = \frac{s_\dagger}{t_\dagger}\varepsilon\left(\frac{\sqrt{2}}{\|B\|}\|x\| + \frac{1}{\|B\|} + \frac{s_\dagger}{t_\dagger}\frac{\sqrt{2}}{\|B\|}\frac{\|r_x\|}{\|B\|}\right)$$

定理 7.6 假设 $\hat{x}^{(0)}(t) = x^{(0)}(t) + \varepsilon$，则一阶反向累加离散灰色模型的解的扰动界为

$$P[x^{(0)}(t)] = \frac{s_\dagger}{t_\dagger}\varepsilon\left(\frac{\sqrt{t}}{\|B\|}\|x\| + \frac{\sqrt{t-1}}{\|B\|} + \frac{s_\dagger}{t_\dagger}\frac{\sqrt{t}}{\|B\|}\frac{\|r_x\|}{\|B\|}\right)$$

证明：

由定理 7.4—定理 7.5 和数学归纳法，不难得到结论。由于文章篇幅的限制，具体过程略。

7.3 分数阶反向累加离散灰色预测模型的构建

定义 7.2 假定原始序列为

$$X^{(0)} = \{x^{(0)}(1), x^{(0)}(2), \cdots, x^{(0)}(n)\}$$

$X^{(0)}$ 的分数阶反向累加生成序列为

$$X_{(r)} = \{x_{(r)}(1), x_{(r)}(2), \cdots, x_{(r)}(n)\}$$

其中

$$x_{(r)}(k) = \sum_{i=k}^{n} x_{(r-1)}(i), \ k = 1, 2, \cdots, n$$

则称

$$x_{(1)}(k+1) = \beta_1 x_{(1)}(k) + \beta_2, \ k = 1, 2, \cdots, n-1$$

为分数阶反向累加离散灰色预测模型，即 FORA-DGM（1，1）模型。

定理 7.7 FORA-DGM（1，1）模型的参数满足

$$\begin{bmatrix}\beta_1 \\ \beta_2\end{bmatrix} = (B^T B^{-1}) B^T Y$$

其中

$$B = \begin{bmatrix} x_{(r)}(1) & 1 \\ x_{(r)}(2) & 1 \\ \vdots & \vdots \\ x_{(r)}(n-2) & 1 \\ x_{(r)}(n-1) & 1 \end{bmatrix}, \ Y = \begin{bmatrix} x_{(r)}(2) \\ x_{(r)}(3) \\ \vdots \\ x_{(r)}(n-1) \\ x_{(r)}(n) \end{bmatrix}$$

定理 7.8 假定原序列为 $X^{(0)}$，$X_{(r)}$ 为 $X^{(0)}$ 的 r 阶累加生成序列，则

$$x_{(r)}(k) = \sum_{i=k}^{n} \binom{i-k+r-1}{i-k} x^{(0)}(i), \ k = 1, 2, \cdots, n$$

其中

$$\binom{i-k+r-1}{i-k}=\frac{(i-k+r-1)(i-k+r-2)\cdots(r+1)r}{(i-k)!}$$

假定

$$\binom{r-1}{0}=1,\ \binom{n-1}{n}=0$$

证明：运用数学归纳法易证，

当 $r=1$ 时，得

$$x_{(1)}(k)=\sum_{i=k}^{n}x^{(0)}(i)=\sum_{i=k}^{n}\binom{i-k}{i-k}x^{(0)}(i),\ k=1,\ 2,\ \cdots,\ n;$$

当 $r=2$ 时

$$x_{(2)}(k)=\sum_{i=k}^{n}x^{(1)}(i)$$

$$=[x^{(0)}(1),\ x^{(0)}(2),\ \cdots,\ x^{(0)}(n)]\begin{bmatrix}1&0&\cdots&0&0\\1&1&\cdots&0&0\\\vdots&\vdots&\vdots&\vdots&\vdots\\1&1&\cdots&1&0\\1&1&\cdots&1&1\end{bmatrix}\begin{bmatrix}1&0&\cdots&0&0\\1&1&\cdots&0&0\\\vdots&\vdots&\vdots&\vdots&\vdots\\1&1&\cdots&1&0\\1&1&\cdots&1&1\end{bmatrix}$$

$$=[x^{(0)}(1),\ x^{(0)}(2),\ \cdots,\ x^{(0)}(n)]\begin{bmatrix}1&0&\cdots&0&0\\\binom{2}{1}&1&\cdots&0&0\\\vdots&\vdots&\vdots&\vdots&\vdots\\\binom{n-1}{n-2}&\binom{n-2}{n-3}&\cdots&1&0\\\binom{n}{n-1}&\binom{n-1}{n-2}&\cdots&\binom{2}{1}&1\end{bmatrix}$$

假定当 $r=p$ 时，下式成立

$$x_{(p)}(k)=\sum_{i=k}^{n}\binom{i-k+p-1}{i-k}x^{(0)}(i),\ k=1,\ 2,\ \cdots,\ n$$

则

$$x_{(p)}(k) = [x^{(0)}(1),\ x^{(0)}(2),\ \cdots,\ x^{(0)}(n)]\begin{bmatrix} 1 & 0 & \cdots & 0 & 0 \\ 1 & 1 & \cdots & 0 & 0 \\ \vdots & \vdots & \vdots & \vdots & \vdots \\ 1 & 1 & \cdots & 1 & 0 \\ 1 & 1 & \cdots & 1 & 1 \end{bmatrix}^{p}$$

$$= [x^{(0)}(1),\ x^{(0)}(2),\ \cdots,\ x^{(0)}(n)]\begin{bmatrix} 1 & 0 & \cdots & 0 & 0 \\ \binom{p}{1} & 1 & \cdots & 0 & 0 \\ \vdots & \vdots & \vdots & \vdots & \vdots \\ \binom{p+n-3}{n-2} & \binom{p+n-4}{n-3} & \cdots & 1 & 0 \\ \binom{p+n-2}{n-1} & \binom{p+n-3}{n-2} & \cdots & \binom{p}{1} & 1 \end{bmatrix}$$

$$= \sum_{i=k}^{n}\binom{i-k+r-1}{i-k}x^{(0)}(i),$$

故

$$x_{(p+1)}(k) = [x^{(0)}(1),\ x^{(0)}(2),\ \cdots,\ x^{(0)}(n)]\begin{bmatrix} 1 & 0 & \cdots & 0 & 0 \\ 1 & 1 & \cdots & 0 & 0 \\ \vdots & \vdots & \vdots & \vdots & \vdots \\ 1 & 1 & \cdots & 1 & 0 \\ 1 & 1 & \cdots & 1 & 1 \end{bmatrix}^{p+1}$$

$$= [x^{(0)}(1),\ x^{(0)}(2),\ \cdots,\ x^{(0)}(n)]\begin{bmatrix} 1 & 0 & \cdots & 0 & 0 \\ \binom{p}{1} & 1 & \cdots & 0 & 0 \\ \vdots & \vdots & \vdots & \vdots & \vdots \\ \binom{p+n-3}{n-2} & \binom{p+n-4}{n-3} & \cdots & 1 & 0 \\ \binom{p+n-2}{n-1} & \binom{p+n-3}{n-2} & \cdots & \binom{p}{1} & 1 \end{bmatrix}$$

$$\begin{bmatrix} 1 & 0 & \cdots & 0 & 0 \\ 1 & 1 & \cdots & 0 & 0 \\ \vdots & \vdots & \vdots & \vdots & \vdots \\ 1 & 1 & \cdots & 1 & 0 \\ 1 & 1 & \cdots & 1 & 1 \end{bmatrix}$$

$$= [x^{(0)}(1), x^{(0)}(2), \cdots, x^{(0)}(n)] \begin{bmatrix} 1 & 0 & \cdots & 0 & 0 \\ \binom{p+1}{1} & 1 & \cdots & 0 & 0 \\ \vdots & \vdots & \vdots & \vdots & \vdots \\ \sum_{i=0}^{n-3}\binom{p+i}{i+1} & \sum_{i=0}^{n-4}\binom{p+i}{i+1} & \cdots & 1 & 0 \\ \sum_{i=0}^{n-2}\binom{p+i}{i+1} & \sum_{i=0}^{n-3}\binom{p+i}{i+1} & \cdots & \binom{p+1}{1} & 1 \end{bmatrix}$$

$$= [x^{(0)}(1), x^{(0)}(2), \cdots, x^{(0)}(n)] \begin{bmatrix} 1 & 0 & \cdots & 0 & 0 \\ 1+\binom{p}{1} & 1 & \cdots & 0 & 0 \\ \vdots & \vdots & \vdots & \vdots & \vdots \\ \binom{p+n-2}{n-2} & \binom{p+n-3}{n-3} & \cdots & 1 & 0 \\ \binom{p+n-1}{n-1} & \binom{p+n-2}{n-2} & \cdots & \binom{p+1}{1} & 1 \end{bmatrix}$$

综上所述，由数学归纳法可知

$$x_{(r)}(k) = \sum_{i=k}^{n}\binom{i-k+p+1-1}{i-k}x^{(0)}(i)$$

$$= \sum_{i=k}^{n}\binom{i-k+r-1}{i-k}x^{(0)}(i),\ k = 1, 2, \cdots, n$$

定理 7.9 假设 $\hat{x}^{(0)}(n) = x^{(0)}(n) + \varepsilon$，则 FORA-DGM（1，1）模型的解的扰动界为

$$\| h \|_2 \leqslant \frac{s_\dagger}{t_\dagger}\left(\begin{array}{l} \dfrac{\sqrt{\sum_{k=2}^{n}|\varepsilon|\binom{k+r-2}{k-1}^2}}{\| B \|}\| x \| + \\ \dfrac{\sqrt{\sum_{k=1}^{n-1}|\varepsilon|\binom{k+r-2}{k-1}^2}}{\| B \|} + \dfrac{s_\dagger}{t_\dagger}\dfrac{\sqrt{\sum_{k=2}^{n}|\varepsilon|\binom{k+r-2}{k-1}^2}}{\| B \|}\dfrac{\| r_x \|}{\| B \|} \end{array}\right)$$

证明：

因为

$$\hat{B}=B+\Delta B=\begin{bmatrix}1&1&\cdots&1\\0&1&\cdots&1\\0&0&\vdots&1\\\vdots&\vdots&\cdots&1\\0&0&\cdots&1\end{bmatrix}\begin{bmatrix}x^{(r-1)}(1)&0\\x^{(r-1)}(2)&0\\x^{(r-1)}(3)&0\\\vdots&\vdots\\x^{(r-1)}(n-1)&1\end{bmatrix}+$$

$$\begin{bmatrix}\binom{n+r-2}{n-1}\varepsilon&0\\\binom{n+r-3}{n-2}\varepsilon&0\\\binom{n+r-4}{n-3}\varepsilon&0\\\vdots&\vdots\\r\varepsilon&0\end{bmatrix}$$

$$\hat{Y}=Y+\Delta Y=\begin{bmatrix}x_{(r)}(2)\\x_{(r)}(3)\\x_{(r)}(3)\\\vdots\\x_{(r)}(n)\end{bmatrix}+\begin{bmatrix}\binom{n+r-3}{n-2}\varepsilon&0\\\binom{n+r-4}{n-3}\varepsilon&0\\\binom{n+r-5}{n-4}\varepsilon&0\\\vdots&\vdots\\\varepsilon&0\end{bmatrix}$$

$$\|\Delta B\|_2=|\varepsilon|\sqrt{\sum_{k=2}^{n}\binom{k+r-2}{k-1}^2}$$

$$\|\Delta Y\|_2=\sqrt{\binom{n+r-3}{n-2}^2\varepsilon^2+\cdots+r^2\varepsilon^2}=|\varepsilon|\sqrt{\sum_{k=1}^{n-1}\binom{k+r-2}{k-1}^2}$$

所以

$$\|\Delta B\|_2=\sqrt{2}\varepsilon$$

$$\|h\|_2\leqslant\frac{s_\dagger}{t_\dagger}\left(\frac{\|\Delta B\|_2}{\|B\|}\|x\|+\frac{\|\Delta Y\|}{\|B\|}+\frac{s_\dagger}{t_\dagger}\frac{\|\Delta B\|_2}{\|B\|}\frac{\|r_x\|}{\|B\|}\right)$$

$$= \frac{s_\dagger}{t_\dagger}\left(\frac{\sqrt{2\varepsilon}}{\| B \|}\| x \| + \frac{\varepsilon}{\| B \|} + \frac{s_\dagger}{t_\dagger}\frac{\sqrt{2\varepsilon}}{\| B \|}\frac{\| r_x \|}{\| B \|}\right)$$

$$= \frac{s_\dagger}{t_\dagger}\varepsilon\left(\frac{\sqrt{2}}{\| B \|}\| x \| + \frac{1}{\| B \|} + \frac{s_\dagger}{t_\dagger}\frac{\sqrt{2}}{\| B \|}\frac{\| r_x \|}{\| B \|}\right)$$

则有

$$Q[x^{(0)}(2)] = \frac{s_\dagger}{t_\dagger}\varepsilon\left(\frac{\sqrt{2}}{\| B \|}\| x \| + \frac{1}{\| B \|} + \frac{s_\dagger}{t_\dagger}\frac{\sqrt{2}}{\| B \|}\frac{\| r_x \|}{\| B \|}\right)$$

定理 7.10 设 $\hat{x}^{(0)}(t) = x^{(0)}(t) + \varepsilon$，则 FORA-DGM（1，1）模型的解的扰动界为

$$Q[x^{(0)}(t)] = \frac{s_\dagger}{t_\dagger}|\varepsilon|\left(\frac{\sqrt{\sum_{k=2}^{t}\binom{k+r-2}{k-1}^2}}{\| B \|}\| x \| + \frac{\sqrt{\sum_{k=1}^{t-1}\binom{k+r-2}{k-1}^2}}{\| B \|} + \frac{s_\dagger}{t_\dagger}\frac{\sqrt{\sum_{k=2}^{t}\binom{k+r-2}{k-1}^2}}{\| B \|}\frac{\| r_x \|}{\| B \|}\right)$$

证明：

根据定理 7.4、定理 7.9 和数学归纳法，不难得到定理 7.10。

当 $\hat{x}^{(0)}(t) = x^{(0)}(t) + \varepsilon$ 时，可得

$$P[x^{(0)}(t)] = \frac{s_\dagger}{t_\dagger}\varepsilon\left(\frac{\sqrt{t}}{\| B \|}\| x \| + \frac{\sqrt{t-1}}{\| B \|} + \frac{s_\dagger}{t_\dagger}\frac{\sqrt{t}}{\| B \|}\frac{\| r_x \|}{\| B \|}\right)$$

不难得出：

$$Q[x^{(0)}(t)] < P[x^{(0)}(t)]$$

从系统的角度来看，这意味着 FORA-DGM（1，1）模型的解具有较小的扰动界，因此该模型具有较好的稳定性。

7.4 实例分析

当前，大气污染问题已经引起了公众的广泛关注，而 SO_2 是主要的大气污染物之一，因此，如何对 SO_2 的排放量进行预测与预警，是一个值得研究的问题。

作为国际化程度较高的大城市，上海市的空气污染问题尤其值得学者

们关注。因此，本章以2006—2013年上海市工业部门的SO_2排放数据为基础，建立预测模型。2006—2013年上海市不同行业的SO_2排放量如图7.1所示，从图7.1中我们可以看到，工业部门的SO_2排放是上海市SO_2排放的主要来源。

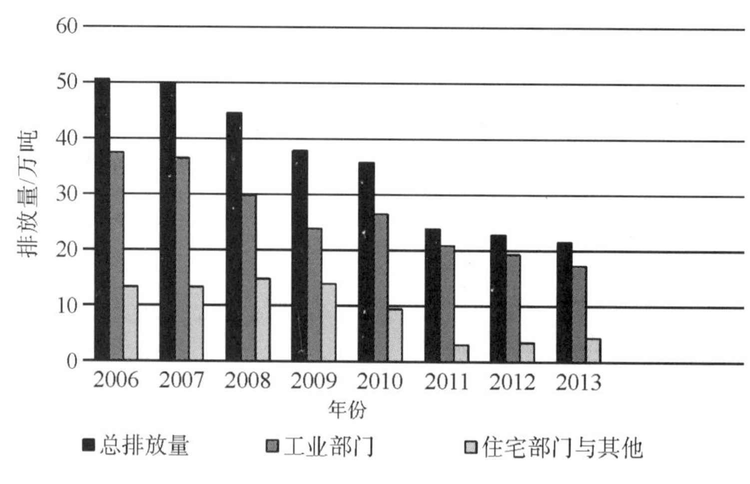

图7.1　2006—2013年上海市不同行业的SO_2排放量

2006—2013年上海市工业部门的SO_2排放量如表7.1所示。

表7.1　2006—2013年上海市工业部门的SO_2排放量　　单位：万吨

年份	2006	2007	2008	2009	2010	2011	2012	2013
实际值	37.43	36.44	29.8	23.93	26.32	21.01	19.34	17.29

来源：上海统计年鉴2014。

为了更直观地描述SO_2排放量的变化过程，本节绘制了2006—2013年SO_2排放量的走势，如图7.2所示。

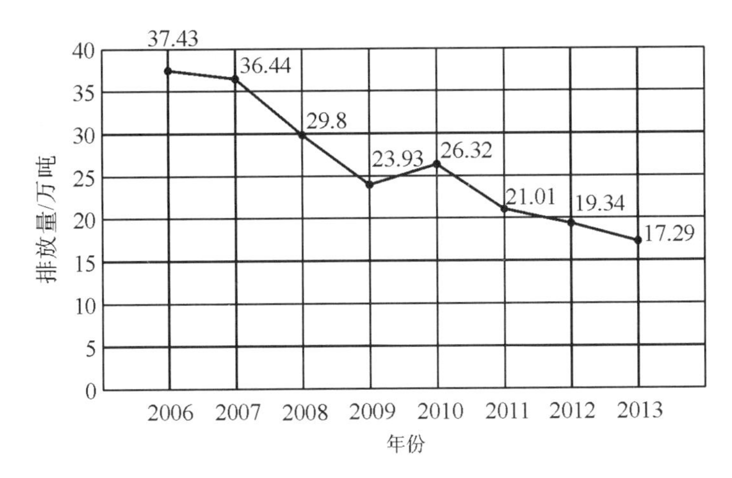

图 7.2　2006—2013 年上海市工业部门的 SO_2 排放量走势

从图 7.2 可以看出，在上海市政府的努力下，SO_2 排放量总体呈下降趋势。然而，由于一些未知因素，SO_2 排放量在 2009—2010 年有所增加，故将 2009—2010 年的排放数据视为具有干扰因素的数据。因此，为了减小建模误差并提高灰色预测模型的稳定性，本章使用 FORA-DGM（1，1）模型来预测 SO_2 的排放量。不同灰色模型的拟合值和误差如表 7.2 所示。

表 7.2　不同灰色模型的拟合值和误差

年份	实际值/万吨	GM（1，1）		DGM（1，1）		FORA-DGM（1，1）	
		模拟值/万吨	MAPE/%	模拟值/万吨	MAPE/%	模拟值/万吨	MAPE/%
2006	37.43	37.430 0	6.13	37.430 0	6.18	39.406 6	5.38
2007	36.44	34.973 1		35.086 6		33.762 9	
2008	29.80	30.728 3		30.784 1		29.327 5	
2009	23.93	26.998 7		27.009 2		26.208 0	
2010	26.32	23.721 8		23.697 1		25.492 9	
2011	21.01	20.842 6		20.791 3		21.010 0	
年份	实际值	预测值	MAPE	预测值	MAPE	预测值	MAPE
2012	19.34	18.312 9	6.13	18.241 7	6.56	19.359 0	0.26
2013	17.29	16.090 2		16.004 8		17.361 5	

由表 7.2 可知，FORA-DGM（1，1）模型可以有效降低数据扰动引起的预测误差，其预测误差明显小于传统的灰色预测模型。

7.5 本章小结

本章构建了分数阶反向累加离散灰色预测模型［FORA-DGM（1，1）模型］，并讨论了其解的扰动界。同时，利用扰动分析理论，分析了 FORA-DGM（1，1）模型适合小样本建模的原因，发现 FORA-DGM（1，1）模型的扰动界小于 DGM（1，1）模型。因此，FORA-DGM（1，1）模型比 DGM（1，1）模型具有更好的稳定性。此外，本章通过对上海市工业部门的 SO_2 排放量进行预测，进一步验证了 FORA-DGM（1，1）模型的有效性和实用性。

8 两类离散灰色预测模型的优势分析

灰色预测模型的基础是原始数据的累加，通过数据的累加，可以展现系统变化的规律。分数阶累加离散灰色预测模型提出了一种对原始数据进行累加的新方法，可以有效提高模型的稳定性；分数阶反向累加离散灰色预测模型能充分利用系统的新信息，更符合灰色系统理论的新信息优先原理。因此，本章从理论上探讨了上述两种模型的性质和优点，并通过实例进行了比较和验证。结果表明，分数阶反向累加离散灰色预测模型具有较好的稳定性。

近年来，许多学者对灰色预测模型的理论创新和实际应用进行了深入研究。曾波等提出了一个新颖的多变量灰色预测模型，证明了灰色预测模型的时间响应表示和决定性的复位表示[①]；肖新平等提出了基于周期数据的灰色预测模型[②]；叶璟等建立了一个灰色马尔可夫预测模型，并通过河南省的粮食生产样本证实了该模型的优越性[③]。

由于传统的GM（1，1）模型需要从差分方程转化为微分方程，因此谢乃明提出了离散灰色预测模型DGM（1，1），DGM（1，1）模型适用于近似齐次指数序列[④]。孟伟、罗佑新等应用分数阶思想建立了灰色模型，

---

① ZENG B, LUO C M, LI C, et al. A novel multi-variable grey forecasting model and its application in forecasting the amount of motor vehicles in Beijing [J]. Computers & Industrial Engineering, 2016, 101: 479-489.

② XIAO X P, YANG J W, MAO S H, et al. An improved seasonal rolling grey forecasting model using a cycle truncation accumulated generating operation for traffic flow [J]. Applied Mathematical Modelling, 2017, 51: 386-404.

③ YE J, DANG Y G, LI B J. Grey-Markov prediction model based on background value optimization and central-point triangular whitenization weight function [J]. Communications in Nonlinear Science and Numerical Simulation, 2018, 54: 320-330.

④ XIE N M, LIU S F. Discrete grey forecasting model and its optimization [J]. Applied Mathematical Modelling, 2009, 33 (2): 1173-1186.

并且取得了较好的研究结果①②③④。刘解放等提出了分数阶反向累加离散灰色预测模型，预测结果的准确性得到了显著提升⑤。

综上所述，正向累加序列和反向累加序列通过不同的方式对原始数据进行处理，那么，哪一种模型具有更好的稳定性？原因是什么？本章对这些问题进行了理论研究和建模计算。

8.1 一阶累加离散灰色预测模型

定义 8.1 假定原始非负序列为 $X^{(0)}=\{x^{(0)}(1), x^{(0)}(2), \cdots, x^{(0)}(n)\}$，$X^{(1)}=\{x^{(1)}(1), x^{(1)}(2), \cdots, x^{(1)}(n)\}$ 是 $X^{(0)}$ 的一阶累加生成序列，此时 $x^{(1)}(k)=\sum_{i=1}^{k}x^{(0)}(i)$，$k=1, 2, \cdots, n$。那么，方程

$$x^{(1)}(k+1)=\beta_1 x^{(1)}(k)+\beta_2, k=1, 2, \cdots, n-1$$

被称作 DGM（1，1）模型（一阶累加离散灰色预测模型）。

定理 8.1 β_1, β_2 是一阶累加离散灰色预测模型 $x^{(1)}(k+1)=\beta_1 x^{(1)}(k)+\beta_2 (k=1, 2, \cdots, n-1)$ 的参数，那么

$$\begin{bmatrix}\beta_1\\ \beta_2\end{bmatrix}=(B^T B)^{-1}B^T Y$$

其中

① 孟伟，曾波. 基于互逆分数阶算子的离散灰色模型及阶数优化［J］. 控制与决策，2016，31（10）：1903-1907.

② MENG W, YANG D, HUANG H. Prediction of china's sulfur dioxide emissions by discrete grey model with fractional order generation operators［J］. Complexity, 2018（1）：1-13.

③ LIANG Z. A grey model for increasing sequences with nonhomogeneous index trends based on fractional-order accumulation［J］. Mathematical Methods in the Applied Sciences, 2018, 41（10）：3750-3763.

④ LUO Y, LIU Q. Multivariable non-equidistance grey model with fractional order accumulation and its application［J］. Journal of Grey System, 2018, 30（1）：239-248.

⑤ LIU J F, LIU S F, WU L F, et al. Fractional-order inverse cumulative discrete grey model and its application［J］. Systems Engineering and electronic technology, 2016, 38（3）：719-724.

$$B=\begin{bmatrix} x^{(1)}(1) & 1 \\ x^{(1)}(2) & 1 \\ \vdots & \vdots \\ x^{(1)}(n-2) & 1 \\ x^{(1)}(n-1) & 1 \end{bmatrix}, \quad Y=\begin{bmatrix} x^{(1)}(2) \\ x^{(1)}(3) \\ \vdots \\ x^{(1)}(n-1) \\ x^{(1)}(n) \end{bmatrix}$$

定理 8.2 假设 $A \in C^{m\times n}$，$b \in C^{m}$，$A^{\dagger}$ 是矩阵 A 的广义逆矩阵，当 A 的列变量线性无关时，方程 $\| Ax-b \|_2=\min$ 有唯一解。

定理 8.3 假设 $A \in C^{m\times n}$，$b \in C^{m}$，$A^{\dagger}$ 是矩阵 A 的广义逆矩阵，$B=A+E$，$c=b+k \in C^{n}$，假设方程 $\| Bx-c \|_2=\min$ 与 $\| Ax-b \|_2=\min$ 的解分别为 $x+h$ 和 x，若 $\text{rank}(A)=\text{rank}(B)=n$，而且当 $\| A^{\dagger} \|_2 \| E \|_2<1$ 时，有

$$\| h \| \leqslant \frac{s_{\dagger}}{t_{\dagger}}\left(\frac{\| E \|_2}{\| A \|}\| x \| + \frac{\| k \|}{\| A \|} + \frac{s_{\dagger}}{t_{\dagger}}\frac{\| E \|_2}{\| A \|}\frac{\| r_x \|}{\| A \|}\right)$$

其中，$s_{\dagger}=\| A^{\dagger} \|_2 \| A \|$，$t_{\dagger}=1-\| A^{\dagger} \|_2 \| E \|_2$，$r_x=b-Ax$。

定理 8.4 假设离散灰色预测模型的解为 x，如果 t 项存在扰动变量，即 $\hat{x}^{(0)}(t)=x^{(0)}(t)+\varepsilon$，令 $\text{rank}(\hat{B})=\text{rank}(B)=n$，并且 $\| B_{\dagger} \|_2 \| \Delta B \|_2<1$，那么，模型的解的扰动界可以记为 $L[x^{(0)}(r)]$：

$$L[x^{(0)}(t)]=|\varepsilon|\frac{k_{\dagger}}{\gamma_{\dagger}}\left(\frac{\sqrt{n-t}\,\| x \|}{\| B \|}+\frac{\sqrt{n-t+1}}{\| B \|}+\frac{k_{\dagger}}{\gamma_{\dagger}}\frac{\sqrt{n-t}}{\| B \|}\frac{\| r_x \|}{\| B \|}\right),$$

$t=1, 2, \cdots, n$

8.2 分数阶累加离散灰色预测模型

定理 8.5 假定原始非负序列为 $X^{(0)}=\{x^{(0)}(1), x^{(0)}(2), \cdots, x^{(0)}(n)\}$，此时 $C_{r-1}^{0}=1$ 的分数阶累加序列为 $X^{(r)}=\{x^{(r)}(1), x^{(r)}(2), \cdots, x^{(r)}(n)\}$，因此存在

$$x^{(r)}(k)=\sum_{i=1}^{k} C_{k-i+r-1}^{k-i}x^{(0)}(i), \quad C_{r-1}^{0}=1, \quad k=1, 2, \cdots, n$$

定义 8.2 假定原始非负序列为

$$X^{(0)}=\{x^{(0)}(1), x^{(0)}(2), \cdots, x^{(0)}(n)\}$$

则称

$$x^{(r)}(k+1)=\beta_1 x^{(r)}(k)+\beta_2,\ k=1,\ 2,\ L,\ n-1$$

为 FDGM（1，1）模型（分数阶累加离散灰色预测模型）。

定理 8.6 FDGM（1，1）模型的参数 β_1 和 β_2 可通过下面的公式求解：

$$\begin{bmatrix}\beta_1\\ \beta_2\end{bmatrix}=(B^TB)^{-1}B^TY$$

其中

$$B=\begin{bmatrix}x^{(r)}(1) & 1\\ x^{(r)}(2) & 1\\ \vdots & \vdots\\ x^{(r)}(n-2) & 1\\ x^{(r)}(n-1) & 1\end{bmatrix},\ Y=\begin{bmatrix}x^{(r)}(2)\\ x^{(r)}(3)\\ \vdots\\ x^{(r)}(n-1)\\ x^{(r)}(n)\end{bmatrix}$$

定理 8.7 如果第 1 项存在扰动变量，即 $\hat{x}^{(0)}(1)=x^{(0)}(1)+\varepsilon$，则有

$$\hat{B}=B+\Delta B=\begin{bmatrix}1 & x^{(r)}(1)\\ 1 & x^{(r)}(2)\\ \vdots & \vdots\\ 1 & x^{(r)}(n-1)\end{bmatrix}+\begin{bmatrix}0 & \varepsilon\\ 0 & r\varepsilon\\ \vdots & \vdots\\ 0 & C_{n-3+r}^{n-2}\varepsilon\end{bmatrix}$$

$$\hat{Y}=Y+\Delta Y=\begin{bmatrix}x^{(1)}(2)\\ x^{(1)}(3)\\ \vdots\\ x^{(1)}(n)\end{bmatrix}+\begin{bmatrix}r\varepsilon\\ C_{1+r}^{2}\varepsilon\\ \vdots\\ C_{n-2+r}^{n-1}\varepsilon\end{bmatrix}$$

那么，模型的解的扰动界如下：

$$L[x_{(0)}(1)]=$$

$$|\varepsilon|\frac{k_\dagger}{\gamma_\dagger}\left(\frac{\sqrt{\sum_{k=1}^{n-1}(C_{k+r-2}^{k-1})^2}\ \|x\|}{\|B\|}+\frac{\sqrt{\sum_{k=2}^{n}(C_{k+r-2}^{k-1})^2}}{\|B\|}+\frac{k_\dagger}{\gamma_\dagger}\frac{\sqrt{\sum_{k=1}^{n-1}(C_{k+r-2}^{k-1})^2}}{\|B\|}\frac{\|r_x\|}{\|B\|}\right)$$

定理 8.8 如果第 t 项存在扰动变量，即 $\hat{x}^{(0)}(t)=x^{(0)}(t)+\varepsilon$，则有

$$L[x_{(0)}(t)]=$$

$$|\varepsilon|\frac{k_\dagger}{\gamma_\dagger}\left(\frac{\sqrt{\sum_{k=1}^{n-t}(C_{k+t-2}^{k-1})^2}\ \|x\|}{\|B\|}+\frac{\sqrt{\sum_{k=2}^{n-t+1}(C_{k+t-2}^{k-1})^2}}{\|B\|}+\frac{k_\dagger}{\gamma_\dagger}\frac{\sqrt{\sum_{k=1}^{n-t}(C_{k+t-2}^{k-1})^2}}{\|B\|}\frac{\|r_x\|}{\|B\|}\right)$$

8.3　一阶反向累加离散灰色预测模型

定义 8.3 设非负序列 $X^{(0)}=\{x^{(0)}(1), x^{(0)}(2), \cdots, x^{(0)}(n)\}$ 为原始序列，那么记 $X_{(1)}=\{x_{(1)}(1), x_{(1)}(2), \cdots, x_{(1)}(n)\}$ 为 $X_{(0)}$ 的一阶反向累加一代序列。

定义 8.4 假定原始非负序列为 $X^{(0)}=\{x^{(0)}(1), x^{(0)}(2), \cdots, x^{(0)}(n)\}$，一阶反向累加序列为 $X_{(1)}=\{x_{(1)}(1), x_{(1)}(2), \cdots, x_{(1)}(n)\}$，则方程

$$x_{(1)}(k+1)=\beta_1 x_{(1)}(k)+\beta_2, k=1, 2, \cdots, n-1$$

被称为 IDGM（1，1）模型（一阶反向累加离散灰色预测模型）。

定理 8.9 IDGM（1，1）模型的参数 β_1 和 β_2 的计算方法如下：

$$\begin{bmatrix}\beta_1\\ \beta_2\end{bmatrix}=(B^T B)^{-1}B^T Y,$$

其中

$$B=\begin{bmatrix} x_{(1)}(2) & 1\\ x_{(1)}(3) & 1\\ \vdots & \vdots\\ x_{(1)}(n-1) & 1\\ x_{(1)}(n) & 1\end{bmatrix}, Y=\begin{bmatrix} x_{(1)}(1)\\ x_{(1)}(2)\\ \vdots\\ x_{(1)}(n-2)\\ x_{(1)}(n-1)\end{bmatrix}$$

定义 8.5 离散灰色预测模型 $x_{(1)}(k)=\beta_1 x_{(1)}(k+1)+\beta_2$ $(k=1, 2, \cdots, n-1)$ 能够通过函数 $\|Y-Bx\|_2=\min$ 求解。如果系统的第 t 项受到干扰，即 $\hat{x}_{(0)}(t)=x_{(0)}(t)+\varepsilon$，此时解的扰动界为：

$$L[x^{(0)}(t)]=\frac{s_\dagger}{t_\dagger}\varepsilon\left(\frac{\sqrt{t}}{\|B\|}\|x\|+\frac{\sqrt{t-1}}{\|B\|}+\frac{s_\dagger}{t_\dagger}\frac{\sqrt{t}}{\|B\|}\frac{\|r_x\|}{\|B\|}\right)$$

8.4　分数阶反向累加离散灰色预测模型

定义 8.6 假定原始非负序列是 $X^{(0)}=\{x^{(0)}(1), x^{(0)}(2), \cdots, x^{(0)}(n)\}$，则分数阶反向累加序列为 $x_{(r)}(k)=\sum_{i=k}^{n} C_{i-k+r-1}^{i-k}x_{(0)}(i)$。

定义 8.7 方程 $x_{(r)}(k)=\beta_1 x_{(r)}(k+1)+\beta_2, k=1, 2, \cdots, n-1$ 被称作 FIDGM（1，1）模型（分数阶反向累加离散灰色预测模型）。

定理 8.10 FIDGM（1，1）的参数 β_1 和 β_2 计算方法如下：

$$\begin{bmatrix}\beta_1\\ \beta_2\end{bmatrix}=(B^T B)^{-1}B^T Y,$$

其中

$$B=\begin{bmatrix} x_{(r)}(2) & 1\\ x_{(r)}(3) & 1\\ \vdots & \vdots\\ x_{(r)}(n-1) & 1\\ x_{(r)}(n) & 1\end{bmatrix}, Y=\begin{bmatrix} x_{(r)}(2)\\ x_{(r)}(3)\\ \vdots\\ x_{(r)}(n-2)\\ x_{(r)}(n-1)\end{bmatrix}$$

定理 8.11 如果 $\hat{x}_{(0)}(n)=x_{(0)}(n)+\varepsilon$，那么

$\hat{B}=B+\Delta B$

$$=\begin{bmatrix} 1 & 1 & \cdots & 1\\ 0 & 1 & \cdots & 1\\ \vdots & \vdots & \vdots & \vdots\\ 0 & 0 & \cdots & 1\end{bmatrix}\begin{bmatrix} x_{(r-1)}(1) & 0\\ x_{(r-1)}(2) & 0\\ \vdots & \vdots\\ x_{(r-1)}(n-1) & 1\end{bmatrix}+\begin{bmatrix} (C_{n+r-2}^{n-1})\varepsilon & 0\\ (C_{n+r-3}^{n-2})\varepsilon & 0\\ \vdots & \vdots\\ n\varepsilon & 0\end{bmatrix}$$

$$\hat{Y}=Y+\Delta Y=\begin{bmatrix} x_{(r)}(2)\\ x_{(r)}(3)\\ \vdots\\ x_{(r)}(n)\end{bmatrix}+\begin{bmatrix} C_{n+r-3}^{n-2}\varepsilon & 0\\ C_{n+r-4}^{n-3}\varepsilon & 0\\ \vdots & \vdots\\ \varepsilon & 0\end{bmatrix}$$

假设新模型 $\|\hat{Y}-\hat{B}x\|_2=\min$ 有唯一解 $\hat{x}$，并且这个解有一个变量 h。那么分数阶反向累加离散灰色预测模型的解的扰动界为：

$$F[x_{(0)}(n)]=|\varepsilon|\frac{s_\dagger}{t_\dagger}\frac{1}{\|B\|}$$

$$\left[\sqrt{\sum_{k=2}^{n}(C_{k+r-2}^{k-1})^2}\|x\|+\sqrt{\sum_{k=1}^{n-1}(C_{k+r-2}^{k-1})^2}+\frac{s_\dagger}{t_\dagger}\sqrt{\sum_{k=2}^{n}(C_{k+r-2}^{k-1})^2}\frac{\|r_x\|}{\|B\|}\right]$$

定理 8.12[①]如果 $\hat{x}_{(0)}(t)=x_{(0)}(t)+\varepsilon$，那么分数阶反向累加离散灰色预测模型的解的扰动界为：

$$F[x_{(0)}(t)]=|\varepsilon|\frac{s_{\dagger}}{t_{\dagger}}\frac{1}{\|B\|}$$

$$\left[\sqrt{\sum_{k=1}^{t}(C_{k+r-2}^{k-1})^{2}}\|x\|+\sqrt{\sum_{k=1}^{t-1}(C_{k+r-2}^{k-1})^{2}}+\frac{s_{\dagger}}{t_{\dagger}}\sqrt{\sum_{k=1}^{t}(C_{k+r-2}^{k-1})^{2}}\frac{\|r_{x}\|}{\|B\|}\right]$$

定理 8.13 当 $t=\frac{n}{2}$ 时，分数阶累加离散灰色预测模型和分数阶反向累加离散灰色预测模型的解的扰动界相等。

证明：

由定理 8.8 和定理 8.12 可知，两种离散灰色预测模型的解的扰动界如下：

$$L[x_{(0)}(t)]=|\varepsilon|\frac{k_{\dagger}}{\gamma_{\dagger}}$$

$$\left[\frac{\sqrt{\sum_{k=1}^{n-t}(C_{k+t-2}^{k-1})^{2}}\|x\|}{\|B\|}+\frac{\sqrt{\sum_{k=2}^{n-t+1}(C_{k+t-2}^{k-1})^{2}}}{\|B\|}+\frac{k_{\dagger}}{\gamma_{\dagger}}\frac{\sqrt{\sum_{k=1}^{n-t}(C_{k+t-2}^{k-1})^{2}}}{\|B\|}\frac{\|r_{x}\|}{\|B\|}\right]$$

$$F[x_{(0)}(t)]=|\varepsilon|\frac{s_{\dagger}}{t_{\dagger}}\frac{1}{\|B\|}$$

$$\left[\sqrt{\sum_{k=1}^{t}(C_{k+r-2}^{k-1})^{2}}\|x\|+\sqrt{\sum_{k=1}^{t-1}(C_{k+r-2}^{k-1})^{2}}+\frac{s_{\dagger}}{t_{\dagger}}\sqrt{\sum_{k=1}^{t}(C_{k+r-2}^{k-1})^{2}}\frac{\|r_{x}\|}{\|B\|}\right]$$

当 $n-t=t$ 时，$L[x_{(0)}(t)]=F[x_{(0)}(t)]$。

由定理 8.13 可知，当 $n-t>t$ 时，即 $t<\frac{n}{2}$，此时 $L[x_{(0)}(t)]>F[x_{(0)}(t)]$，这意味着当旧信息受到干扰时，模型 FDGM（1，1）的解的扰动界较大；当 $n-t<t$，即 $t>\frac{n}{2}$，此时 $L[x_{(0)}(t)]<F[x_{(0)}(t)]$，这意味着当新信息受到干扰时，模型 FIDGM（1，1）的解的扰动界较大。

根据新信息优先原理，系统的新信息受到的扰动比较小。根据定理 8.13 的结果可知，FIDGM（1，1）模型的解的扰动界比 FDGM（1，1）模型要小，这意味着 FIDGM（1，1）模型有更好的稳定性。

---

① GUO H, XIAO X P, FORREST J. A research on a comprehensive adaptive grey prediction model CAGM（1，N）[J]. Applied Mathematics and Computation, 2013（225）: 216-227.

8.5 实例分析

假设指数函数 $y=2^{x}$，$k=1,2,\cdots,7$，其中 $y=(2,4,8,16,32,64,128)$。如果这个指数函数含有扰动信息，我们不妨假定这个扰动序列为 $y^{\prime}=(2,4*0.9,8,16,32,64,128)$。本章通过不同的灰色模型来建立预测模型，计算结果如表 8.1 所示。

表 8.1　不同模型的计算结果及相对误差

原始数据	DGM（1，1）		IDGM（1，1）		FDGM（1，1） $r=0.1$		FIDGM（1，1） $r=0.1$	
	模拟数据	MAPE/%	模拟数据	MAPE/%	模拟数据	MAPE/%	模拟数据	MAPE/%
2	2	4.53	1.931 2	2.96	2	4.90	1.7197	4.56
3.6	4.098 1		3.998 9		4.068		4.035 6	
8	8.224 6		8.024 6		8.271 7		8.045 8	
16	16.506 1		16.103		16.671		16.041	
32	33.126 6		32.314		33.419		31.981	
64	66.482 7		64.845		66.806		63.762	
原始数据	预测数据	APE/%	预测数据	APE/%	预测数据	APE/%	预测数据	APE/%
128	133.426 2	4.24	130.126 3	1.66	133.351 9	4.18	127.124 2	0.68

对于 FDGM（1，1）模型，由于每次累加都使用旧数据，因此如果旧信息受到干扰，那么扰动信息会反复传递，计算出的相对误差会更大。而 FIDGM（1，1）模型在每次累加过程中都使用新信息，一般来说，新信息受到的扰动比较小，因此计算出的相对误差较小，尤其在预测方面，该模型具有明显的优势，以上实例进一步验证了我们的理论分析结果。根据灰色系统的新信息优先原理，一般来说，FIDGM（1，1）模型比 FDGM（1，1）模型具有更好的稳定性。

8.6 本章小结

本章分析了分数阶累加离散灰色预测模型和分数阶反向累加离散灰色预测模型，并对两种模型进行了对比。从理论分析来看，一般情况下，新信息包含的扰动信息比较少，因此，FIDGM（1，1）模型通常具有较高的稳定性。此外，本章通过具体实例分析，再一次验证了FIDGM（1，1）模型的有效性和实用性，进一步拓宽了灰色预测模型的应用范围。

9 基于周期性波动序列的灰色幂模型

针对具有周期性特征的小样本系统的建模问题，本书提出了一种新的灰色幂模型。在建模过程中，本章引入了三角函数以识别数据的周期性特征，并给出具体时间响应式和建模步骤。同时，在参数求解时，本章以平均相对误差最小为目标，运用最小二乘法和遗传算法对各个参数进行优化与求解。此外，本章将上述模型应用于河北省衡大高速公路车流量和天津市大气污染物中 PM2.5 含量的预测中，并与其他模型的计算结果进行对比。结果表明，本章提出的模型具有更高的预测精度，进一步检验了模型的有效性。

当前关于 GM（1，1）模型的改进研究，大都集中在序列生成、灰导数、背景值、初始值、时间响应式、参数估计方法等方面[①]。张天津等以原始数据序列的第一点与任意一点的加权和作为初始值，提高了模型的预测精度[②]；张军等从级比方差缩小准则和背景值优化理论出发，结合分数阶累加技术，构建了优化背景值的分数阶模型，进一步对模型做出改进[③]；陈芳等以向前差商和向后差商的加权平均值作为灰导数的白化值，使具有非齐次指数特征的模型的拟合效果得到了极大的提升[④]；张鹏等为原始序列引进了调和变权缓冲算子，提高了原始序列的光滑度，同时进一步优化了背景值，在对太原市旅游人数进行预测的过程中，进一步提升了模型的

---

① 王正新，党耀国，赵洁珏. 优化的 GM（1，1）幂模型及其应用［J］. 系统工程理论与实践，2012，32（9）：1973-1978.

② 张天津，李志亮，罗芳. 一种改进初始值的 GM（1，1）模型在人口预测中的应用［J］. 宁德师范学院学报（自然科学版），2020，32（4）：342-345.

③ 张军，张新宇，刘海军，等. 优化背景值的分数阶 GM（1，1）模型及其应用［J］. 内蒙古农业大学学报（自然科学版），2021，42（6）：104-107.

④ 陈芳，魏勇. 近非齐次指数序列 GM（1，1）模型灰导数的优化［J］. 系统工程理论与实践，2013，33（11）：2874-2878.

预测精度[1]。传统的模型在对参数进行估计时，通常选择最小二乘法，刘威等提出最小一乘准则，并引入粒子群算法对参数进行优化，提高了模型对平稳和非平稳序列的预测效果[2]。

GM（1，1）模型对近似齐次指数增长序列具有较强的适应性，而近似非齐次指数序列或者波动性较大的序列，往往不适宜用 GM（1，1）模型进行建模。因此，为了解决振荡序列的建模问题，王正新提出了含有系统延迟和时变参数的振荡型 GM（1，1）幂模型，进一步拓宽了 GM（1，1）模型的预测范围[3]。罗党等提出具有时滞积累效应的 GM（1，1）模型，并研究了该模型的建模机理、建模过程，给出了参数估计方法[4]。针对季节性时间序列的建模问题，王正新等将季节性虚拟变量作为灰作用量引入 GM（1，1）模型中，更准确地描述了具有季节性波动和周期性波动的序列的变化特征[5]。

为了更好地对具有周期性波动的序列进行建模，本章基于传统 GM（1，1）幂模型，引入三角函数，提出了一种新的 GM（1，1，V，T）幂模型，研究了该模型的具体建模步骤和求解方法，并通过实例分析证明了该模型的优越性。

9.1 传统 GM（1，1）幂模型

假设非负原始序列为 $X^{(0)}=\{x^{(0)}(1),\ x^{(0)}(2),\ \cdots,\ x^{(0)}(N)\}$，其一次累加生成序列 $X^{(1)}=\{x^{(1)}(1),\ x^{(1)}(2),\ \cdots,\ x^{(1)}(N)\}$，其中 $x^{(1)}(k)=\sum_{i=1}^{k}x^{(0)}(i)$，$k=1,\ 2,\ \cdots,\ N$，记背景值 $z(k)=\frac{1}{2}[x^{(1)}(k)+x^{(1)}(k-1)]$，

---

① 张鹏，李颖男. GM（1，1）模型的优化与应用［J］. 太原师范学院学报（自然科学版），2021，20（4）：14-19，54.

② 刘威，崔高锋. 估计 GM（1，1）模型参数的一种新方法［J］. 系统工程与电子技术，2009，31（2）：471-474.

③ 王正新. 振荡型 GM（1，1）幂模型及其应用［J］. 控制与决策，2013，28（10）：1459-1464，1472.

④ 罗党，丁婳婳. 基于时滞 GM（1，1）模型的地下水资源量预测［J］. 华北水利水电大学学报（自然科学版），2020，41（5）：19-24.

⑤ 王正新，赵宇峰. 含季节性虚拟变量的 GM（1，1）模型及其应用［J］. 系统工程理论与实践，2020，40（11）：2981-2990.

$k=1, 2, \cdots, N$。

定义 9.1 GM（1，1）幂模型的灰微分方程为

$$x^{(0)}(k)+az(k)=b[z(k)]^r, k=2, 3, \cdots, N$$

其中，r 为幂指数，a、b 均为常数。

定义 9.2 GM（1，1）幂模型的白化方程为

$$\frac{dx^{(1)}(t)}{dt}+ax^{(1)}(t)=b[x^{(1)}(t)]^r$$

当 $x^{(0)}(1)=x^{(1)}(1)=\hat{x}^{(1)}(1)$ 时，其时间响应函数为

$$\hat{x}^{(1)}(t)=\left\{\frac{b}{a}+e^{a(r-1)(t-1)}\left[(x^{(1)}(1))^{(1-r)}-\frac{b}{a}\right]\right\}^{\frac{1}{r-1}} \tag{9.1}$$

对于给定的 r，对灰微分方程按照最小二乘法进行计算，得到 $(a, b)^T=(B^TB)^{-1}B^TY$，其中

$$B=\begin{bmatrix}-z(2) & [z(2)]^r\\ -z(3) & [z(3)]^r\\ \vdots & \vdots\\ -z(N) & [z(N)]^r\end{bmatrix}, Y=\begin{bmatrix}x^{(0)}(2)\\ x^{(0)}(3)\\ \vdots\\ x^{(0)}(N)\end{bmatrix}$$

幂指数 $r(r\neq 0、1)$ 一般通过优化方法求得。将 a、b、r 代入式（9.1）中，由 $\hat{x}^{(0)}(k)=\hat{x}^{(1)}(k)-\hat{x}^{(1)}(k-1)$，$k=2, 3, \cdots, N$，可求得原序列的模拟值。

虽然与传统 GM（1，1）模型相比，GM（1，1）幂模型可通过设定不同的幂指数 r，对数据的拟合更灵活，但 GM（1，1）幂模型通常适用于单峰变化或增长受阻的时间序列，而对于振荡型和具有周期性波动的序列，其预测效果往往不好。因此，为了解决具有周期性波动特征的序列的建模问题，以拓宽 GM（1，1）幂模型的适用范围，本章提出了 GM（1，1，V，T）幂模型。

9.2 GM（1，1，V，T）幂模型及其参数求解

9.2.1 GM（1，1，V，T）幂模型

定义 9.3 GM（1，1，V，T）幂模型的白化方程为：

$$\frac{\mathrm{d}x^{(1)}(t)}{\mathrm{d}t}+a_1x^{(1)}(t)=[a_2\sin(\omega t+\varphi)+b_1][x^{(1)}(t)]^r \tag{9.2}$$

其中，a_1、a_2、ω、φ、b_1、r 均为参数，且 $\omega\neq0$、$r\neq0$、1。

定理 9.1 GM（1，1，V，T）幂模型的时间响应式为：

$$[\hat{x}^{(1)}(t)]^{1-r}=(1-r)C_3\sin(\omega t+\theta)+\frac{b_1}{a_1}+$$
$$e^{a_1(1-r)(1-t)}\left\{[x^{(0)}(1)]^{1-r}-C_3(1-r)\sin(\omega+\theta)-\frac{b_1}{a_1}\right\} \tag{9.3}$$

其中，$C_1=\dfrac{a_1a_2(1-r)}{\omega^2+a_1^2(1-r)^2}$，$C_2=\dfrac{a_2\omega}{\omega^2+a_1^2(1-r)^2}$，$C_3=\sqrt{C_1^2+C_2^2}$，$\theta=\varphi-\varphi_1$，$\cos\varphi_1=\dfrac{C_1}{C_3}$，$\sin\varphi_1=\dfrac{C_2}{C_3}$，$t=2$，3，…，$N$。

证明：式（9.2）乘以 $(1-r)[x^{(1)}(t)]^{-r}$，可得

$$(1-r)[x^{(1)}(t)]^{-r}\frac{\mathrm{d}x^{(1)}(t)}{\mathrm{d}t}+a_1(1-r)[x^{(1)}(t)]^{1-r}=$$
$$[a_2\sin(\omega t+\varphi)+b_1](1-r) \tag{9.4}$$

令

$$y=[x^{(1)}(t)]^{1-r} \tag{9.5}$$

对 y 求导得

$$\frac{\mathrm{d}y}{\mathrm{d}t}=(1-r)[x^{(1)}(t)]^{-r}\frac{\mathrm{d}x^{(1)}(t)}{\mathrm{d}t} \tag{9.6}$$

将式（9.5）、式（9.6）带入式（9.4）中，可得

$$\frac{\mathrm{d}y}{\mathrm{d}t}+a_1(1-r)y=[a_2\sin(\omega t+\varphi)+b_1](1-r) \tag{9.7}$$

由一阶线性微分方程可知

$$y=e^{-\int a_1(1-r)\mathrm{d}t}\left\{\int[(a_2\sin(\omega t+\varphi)+b_1)(1-r)]e^{\int a_1(1-r)\mathrm{d}t}\mathrm{d}t+c\right\} \tag{9.8}$$

令 $A_1 = e^{-\int a_1(1-r)\mathrm{d}t}$，则 $A_1 = e^{-a_1(1-r)t}$；令 $A_2 = e^{\int a_1(1-r)\mathrm{d}t}$，则 $A_2 = e^{a_1(1-r)t}$
将 A_1、A_2 代入式（9.8）中，可得

$$y = e^{-a_1(1-r)t}\left\{\int[(a_2\sin(\omega t+\varphi)+b_1)(1-r)]e^{a_1(1-r)t}\mathrm{d}t + c\right\}$$

$$= e^{-a_1(1-r)t}\left[\int a_2\sin(\omega t+\varphi)e^{a_1(1-r)t}\mathrm{d}t - \int a_2 r\sin(\omega t+\varphi)e^{a_1(1-r)t}\mathrm{d}t + \int b_1(1-r)e^{a_1(1-r)t}\mathrm{d}t + c\right] \tag{9.9}$$

令 $B_1 = \int a_2\sin(\omega t+\varphi)e^{a_1(1-r)t}\mathrm{d}t$，则

$$B_1 = -\frac{a_2}{\omega}\int e^{a_1(1-r)t}\mathrm{d}[\cos(\omega t+\varphi)]$$

$$= -\frac{a_2}{\omega}\left[e^{a_1(1-r)t}\cos(\omega t+\varphi) - \int\cos(\omega t+\varphi)e^{a_1(1-r)t}a_1(1-r)\mathrm{d}t\right]$$

$$= -\frac{a_2 e^{a_1(1-r)t}}{\omega}\cos(\omega t+\varphi) + \frac{a_1 a_2(1-r)}{\omega^2}\int e^{a_1(1-r)t}\mathrm{d}[\sin(\omega t+\varphi)]$$

$$= -\frac{a_2 e^{a_1(1-r)t}}{\omega}\cos(\omega t+\varphi) + \frac{a_1 a_2(1-r)}{\omega^2}\left[e^{a_1(1-r)t}\sin(\omega t+\varphi) - \int\sin(\omega t+\varphi)e^{a_1(1-r)t}a_1(1-r)\mathrm{d}t\right]$$

$$= -\frac{a_2 e^{a_1(1-r)t}}{\omega}\cos(\omega t+\varphi) + \frac{a_1 a_2(1-r)e^{a_1(1-r)t}}{\omega^2}\sin(\omega t+\varphi) - \frac{(1-r)^2 a_1^2}{\omega^2}\int a_2\sin(\omega t+\varphi)e^{a_1(1-r)t}\mathrm{d}t$$

即

$$\frac{a_1^2(1-r)^2+\omega^2}{\omega^2}B_1 = -\frac{a_2 e^{a_1(1-r)t}}{\omega}\cos(\omega t+\varphi) + \frac{a_1 a_2(1-r)e^{a_1(1-r)t}}{\omega^2}\sin(\omega t+\varphi)$$

故

$$B_1 = -\frac{a_2\omega e^{a_1(1-r)t}}{\omega^2+a_1^2(1-r)^2}\cos(\omega t+\varphi) + \frac{a_1 a_2(1-r)e^{a_1(1-r)t}}{\omega^2+a_1^2(1-r)^2}\sin(\omega t+\varphi)$$

令 $B_2 = \int a_2 r\sin(\omega t+\varphi)e^{a_1(1-r)t}\mathrm{d}t$

同理可证

$$B_2=-\frac{a_2 r\omega e^{a_1(1-r)t}}{\omega^2+a_1^2(1-r)^2}\cos(\omega t+\varphi)+\frac{a_1 a_2 r(1-r)e^{a_1(1-r)t}}{\omega^2+a_1^2(1-r)^2}\sin(\omega t+\varphi)$$

令 $B_3=\int b_1(1-r)e^{a_1(1-r)t}\mathrm{d}t$ ，则 $B_3=\frac{b_1}{a_1}e^{a_1(1-r)t}$。

将 B_1、B_2、B_3 代入式（9.9）中，可得

$$\begin{aligned}y(t)=&-\frac{a_2\omega}{\omega^2+a_1^2(1-r)^2}\cos(\omega t+\varphi)+\frac{a_1a_2(1-r)}{\omega^2+a_1^2(1-r)^2}\sin(\omega t+\varphi)+\\&\frac{a_2 r\omega}{\omega^2+a_1^2(1-r)^2}\cos(\omega t+\varphi)-\frac{a_1a_2r(1-r)}{\omega^2+a_1^2(1-r)^2}\sin(\omega t+\varphi)+\\&\frac{b_1}{a_1}+ce^{-a_1(1-r)t}\\=&(1-r)\left[\frac{a_1a_2(1-r)}{\omega^2+a_1^2(1-r)^2}\sin(\omega t+\varphi)-\frac{a_2\omega}{\omega^2+a_1^2(1-r)^2}\cos(\omega t+\varphi)\right]+\\&\frac{b_1}{a_1}+ce^{-a_1(1-r)t}\end{aligned}$$

令 $C_1=\frac{a_1a_2(1-r)}{\omega^2+a_1^2(1-r)^2}$ ，$C_2=\frac{a_2\omega}{\omega^2+a_1^2(1-r)^2}$ ，$C_3=\sqrt{C_1^2+C_2^2}$ ，则

$$y(t)=(1-r)C_3\left[\frac{C_1}{C_3}\sin(\omega t+\varphi)-\frac{C_2}{C_3}\cos(\omega t+\varphi)\right]+\frac{b_1}{a_1}+ce^{-a_1(1-r)t}。$$

令 $\theta=\varphi-\varphi_1$，其中，$\cos\varphi_1=\frac{C_1}{C_3}$ ，$\sin\varphi_1=\frac{C_2}{C_3}$，

故

$$y(t)=(1-r)C_3\sin(\omega t+\theta)+\frac{b_1}{a_1}+ce^{-a_1(1-r)t}\tag{9.10}$$

当 $x^{(0)}(1)=x^{(1)}(1)=\hat{x}^{(1)}(1)$ 时，

$$c=\left\{[x^{(0)}(1)]^{1-r}-C_3(1-r)\sin(\omega+\theta)-\frac{b_1}{a_1}\right\}e^{a_1(1-r)}\tag{9.11}$$

将式（9.11）代入式（9.10）中，可得

$$\begin{aligned}[\hat{x}^{(1)}(t)]^{1-r}=&(1-r)C_3\sin(\omega t+\theta)+\frac{b_1}{a_1}+\\&e^{a_1(1-r)(1-t)}\left\{[x^{(0)}(1)]^{1-r}-C_3(1-r)\sin(\omega+\theta)-\frac{b_1}{a_1}\right\}\end{aligned}$$

9.2.2 幂模型的参数求解

(1) a_1、a_2、b_1 的求解

定理9.2 GM（1，1，V，T）幂模型的灰微分方程为

$$x^{(0)}(k)+a_1z^{(1)}(k)=a_2z^{(2)}(k)+b_1[z^{(1)}(k)]^r \tag{9.12}$$

其中，$z^{(1)}(k)=\int_{k-1}^{k}x^{(1)}(t)\mathrm{d}t=Vx^{(1)}(k)+(1-V)x^{(1)}(k-1)$

$$z^{(2)}(k)=\int_{k-1}^{k}\sin(\omega t+\varphi)[x^{(1)}(t)]^r\mathrm{d}t$$

$$=V\sin(\omega k+\varphi)[x^{(1)}(k)]^r+(1-V)\sin[\omega(k-1)+\varphi][x^{(1)}(k-1)]^r$$

$0<V<1$

证明：在 $[k-1, k]$ 范围内对式（9.12）进行积分，得

$$x^{(0)}(t)+a_1\int_{k-1}^{k}x^{(1)}(t)\mathrm{d}t=a_2\int_{k-1}^{k}\sin(\omega t+\varphi)[x^{(1)}(t)]^r\mathrm{d}t+b_1\int_{k-1}^{k}[x^{(1)}(t)]^r\mathrm{d}t$$

假设 $z^{(1)}(k)$、$z^{(2)}(k)$ 均按上述定义，定理9.2即证

$$E=\begin{bmatrix}x^{(0)}(2)\\x^{(0)}(3)\\\vdots\\x^{(0)}(N)\end{bmatrix},\ F=\begin{bmatrix}-z^{(1)}(2)&z^{(2)}(2)&[z^{(1)}(2)]^r\\-z^{(1)}(3)&z^{(2)}(3)&[z^{(1)}(3)]^r\\\vdots&\vdots&\vdots\\-z^{(1)}(N)&z^{(2)}(N)&[z^{(1)}(N)]^r\end{bmatrix},\ G=\begin{bmatrix}a_1\\a_2\\b_1\end{bmatrix},$$

即 $E=FG$，

对于给定的 ω、φ、r，按照最小二乘法即可得到

$$\begin{bmatrix}a_1\\a_2\\b_1\end{bmatrix}=(F^TE)^{-1}F^TE \tag{9.13}$$

(2) ω、φ、r 的求解

关于GM（1，1，V，T）幂模型中的参数 ω、φ、r 的估计，属于非线性最优化问题，本章采用遗传算法进行求解。具体的建模步骤如下：

$$\mathrm{MARE}_{\min}=\frac{1}{N-1}\sum_{i=2}^{N}\left|\frac{x^{(0)}(t)-\hat{x}^{(0)}(t)}{x^{(0)}(t)}\right|\times 100\%$$

$$
s.t\begin{cases}
x^{(0)}(t) = \hat{x}^{(1)}(t) - \hat{x}^{(1)}(t-1) \\
[\hat{x}^{(1)}(t)]^{1-r} = (1-r)C_3\sin(\omega t+\varphi) + \dfrac{b_1}{a_1} + \\
\quad e^{a_1(1-r)(1-t)}\left\{[x^{(0)}(1)]^{1-r} - C_3(1-r)\sin(\omega+\theta) - \dfrac{b_1}{a_1}\right\} \\
C_1 = \dfrac{a_1a_2(1-r)}{\omega^2+a_1^2(1-r)^2},\ C_2 = \dfrac{a_2\omega}{\omega^2+a_1^2(1-r)^2},\ C_3 = \sqrt{C_1^2+C_2^2} \\
\theta = \varphi - \varphi_1,\ \tan\varphi_1 = \dfrac{C_2}{C_1} \\
(a_1,\ a_2,\ b_1)' = (F^TE)^{-1}F^TE \\
r \neq 0,\ 1,\ \omega \neq 0;\ 0 < V < 1
\end{cases} \tag{9.14}
$$

9.2.3 序列的周期性检验和建模步骤

GM（1，1，V，T）幂模型适用于具有周期性波动特征的序列。因此，在进行建模分析前，对序列进行周期性判断是非常有必要的。本章将介绍以下三种周期性分析方法：

（1）傅里叶分析

通过傅里叶分析，可以得到函数频谱，从而计算函数在各个频率中所占的权重。当频谱在一系列特殊的数值附近出现明显的尖峰时，则认为该序列具有周期性。

（2）时序图检验

通过观察时间序列的均值、方差在时序图上是否恒为常数来判断序列的平稳性，非平稳序列在时序图上呈现明显的趋势性和周期性。

（3）自相关检验

用 person 相关系数计算不同相位差序列间的自相关系数，当序列具有周期性时，一定可以找到至少一个足够大的自相关系数。

GM（1，1，V，T）幂模型的具体建模步骤如下：

Step1：对序列进行周期性检验。

Step2：通过最小二乘法和式（9.13），求出参数 a_1、a_2、b_1。

Step3：通过遗传算法和式（9.14），求出参数 V、ω、φ、r。

Step4：利用式（9.3），得到一阶累加序列。

Step5：利用 $x^{(0)}(t)=\hat{x}^{(1)}(t)-\hat{x}^{(1)}(t-1)$，$t=2, 3, \cdots, N$，得到原序列的模拟值。

Step6：利用 $x^{(0)}(t)=\hat{x}^{(1)}(t)-\hat{x}^{(1)}(t-1)$，$t=N+1, N+2, \cdots, N+q$，得到原序列的 q 步预测值。

9.3 实例分析

9.3.1 河北省衡大高速公路车流量预测

孙世忠（2019）① 在常规 GM（1，1）模型的基础上，利用季节因素修正了 GM（1，1）模型，分析了 2015 年第二季度至 2018 年第四季度河北省衡大高速公路的车流量情况，如图 9.1 所示。

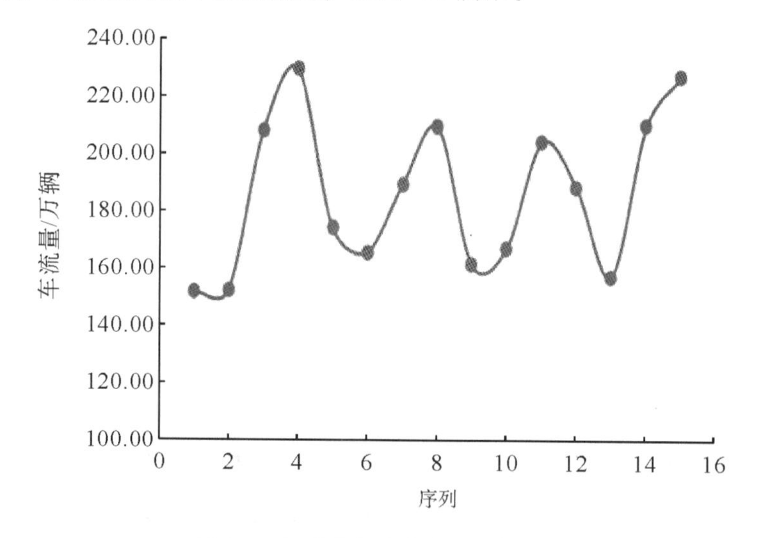

图 9.1 河北省衡大高速公路车流量

由图 9.1 可知，该车流量数据序列具有明显的周期性波动特征。因此，对高速公路车流量进行合理预测，不仅可以为公路项目建设提供依据，而且对投资和决策也具有一定的意义，故本章对该序列进行建模分析，计算结果如表 9.1 所示，其遗传算法迭代图如图 9.2 所示。

---

① 孙世忠. 基于季节因素修正的 GM（1，1）模型在高速公路车流量预测中的应用［J］. 国防交通工程与技术，2019，17（5）：16，40-43.

表 9.1　不同模型的对比情况

序列	时间/季度	车流量/万辆	GM(1,1)模型		GM(1,1)幂模型		季节因素修正GM(1,1)模型		GM(1,1,V,T)幂模型	
			预测值/万辆	APE/%	预测值/万辆	APE/%	预测值/万辆	APE/%	预测值/万辆	APE/%
1	2015(2)	152.09	152.09	0	152.09	0	136.23	10.43	152.09	0
2	2015(3)	152.17	181.05	18.98	175.52	15.34	165.54	8.79	154.35	1.43
3	2015(4)	207.74	182.19	12.30	180.57	13.08	197.65	4.86	190.13	8.48
4	2016(1)	229.01	183.33	19.95	183.57	19.84	202.58	11.54	221.29	3.37
5	2016(2)	174.07	184.47	5.97	185.93	6.81	165.24	5.07	172.68	0.80
6	2016(3)	165.49	185.63	12.17	187.60	13.36	169.72	2.56	155.67	5.93
7	2016(4)	188.92	186.79	1.13	188.92	0	202.65	7.27	208.25	10.23
8	2017(1)	209.20	187.96	10.15	189.97	9.19	207.70	0.72	208.52	0.33
9	2017(2)	161.35	189.14	17.22	190.83	18.27	169.42	5.00	157.40	2.45
10	2017(3)	166.89	190.32	14.04	191.54	14.77	174.01	4.27	174.67	4.66
11	2017(4)	203.86	191.51	6.06	192.13	5.75	207.77	1.92	221.25	8.53
12	2018(1)	188.17	192.71	2.41	192.61	2.36	212.95	13.17	190.93	1.47
13	2018(2)	157.40	193.92	23.20	193.01	22.62	173.70	10.36	156.42	0.62
14	2018(3)	209.64	195.13	6.92	193.34	7.78	178.41	14.90	199.69	4.75
15	2018(4)	226.63	196.35	13.36	193.61	14.57	213.02	6.01	222.28	1.92
MAPE			—	10.92	—	10.92	—	7.12	—	3.66

最优值：0.052 220 4　平均值：0.056 588 5

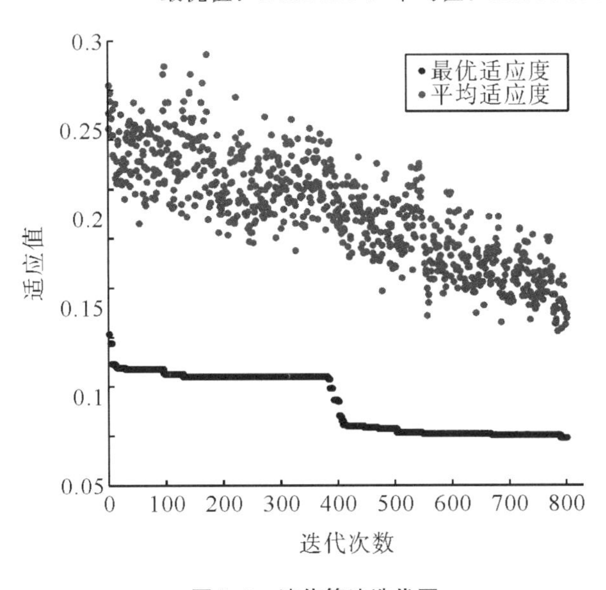

图 9.2　遗传算法迭代图

9.3.2 天津市大气污染物中 PM2.5 含量预测

当今时代，随着城市化和工业化进程的不断推进，人类创造了空前的物质财富，但同时也在很大程度上加剧了空气污染问题。研究表明，PM2.5 主要来源于燃煤和生物质燃烧、二次源和机动车源、工业粉尘等，会导致哮喘、支气管炎、循环系统疾病、抑郁症、肿瘤等众多疾病的产生。在我国，PM2.5 浓度呈现出夏秋季低、春冬季高的变化特征，且其浓度受气候变化、交通情况、城市空间分布等的影响，导致预测难度增加。鉴于预测 PM2.5 浓度对衡量空气质量的重要性，以及其明显的周期性波动特征，本节对 2017 年第三季度至 2021 年第四季度天津市的 PM2.5 浓度进行建模分析，天津市大气污染物中 PM2.5 浓度的变化趋势如图 9.3 所示。

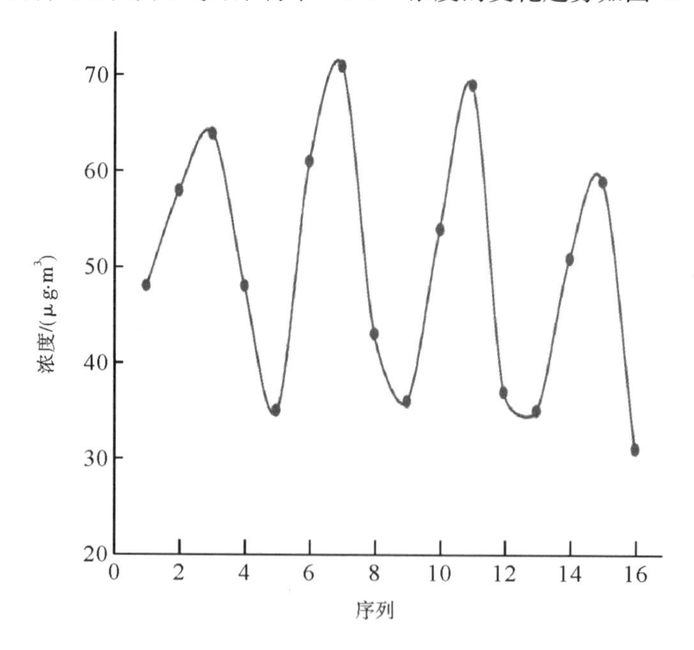

图 9.3 天津市大气污染物中 PM2.5 的浓度

运用不同模型对天津市的 PM2.5 浓度进行预测的结果和误差对比如表 9.2 所示，其遗传算法迭代图如图 9.4 所示。此外，不同模型的建模效果对比如图 9.5 所示。

表 9.2 不同模型的对比情况

序列	时间/季度	PM2.5浓度/(μg·m³)	GM(1,1)幂模型		DGM(1,1)模型		统计方法(虚拟变量)		GM(1,1,V,T)幂模型	
			预测值/(μg·m³)	APE/%	预测值/(μg·m³)	APE/%	预测值/(μg·m³)	APE/%	预测值/(μg·m³)	APE/%
1	2017(3)	48	48	0	48	0	44	8.33	48	0
2	2017(4)	58	58	0	58	0	61	5.17	58	0
3	2018(1)	64	56	12.50	56	12.50	71	10.94	65	1.56
4	2018(2)	48	55	14.58	55	14.58	45	6.25	47	2.08
5	2018(3)	35	54	54.29	54	54.29	40	14.29	42	20.00
6	2018(4)	61	53	13.11	53	13.11	58	4.92	63	3.28
7	2019(1)	71	52	26.76	52	26.76	68	4.23	67	5.63
8	2019(2)	43	51	18.60	51	18.60	42	2.33	43	0.00
9	2019(3)	36	50	38.89	50	38.89	37	2.78	36	0.00
10	2019(4)	54	49	9.26	49	9.26	54	0.00	57	5.56
11	2020(1)	69	48	30.43	48	30.43	64	7.25	63	8.70
12	2020(2)	37	47	27.03	47	27.03	38	2.70	37	0.00
13	2020(3)	35	46	31.43	46	31.43	33	5.71	27	22.86
14	2020(4)	51	46	9.80	45	11.76	51	0.00	50	1.96
15	2021(1)	59	45	23.73	44	25.42	61	3.39	58	1.69
16	2021(2)	31	44	41.94	43	38.71	35	12.90	31	0.00
17	2021(3)	22	43	95.45	42	90.91	29	31.82	19	13.64
18	2021(4)	44	43	2.27	41	6.82	46	4.55	42	4.55
MAPE(1~16)			—	22.02	—	22.05	—	5.70	—	4.58
MAPE(17~18)			—	48.86	—	48.86	—	18.18	—	9.09
MAPE(1~18)			—	25.00	—	25.03	—	7.09	—	5.08

数据来源：天津市生态环境局。

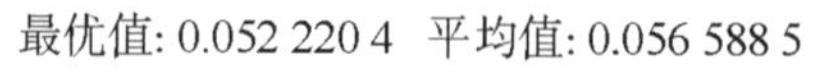

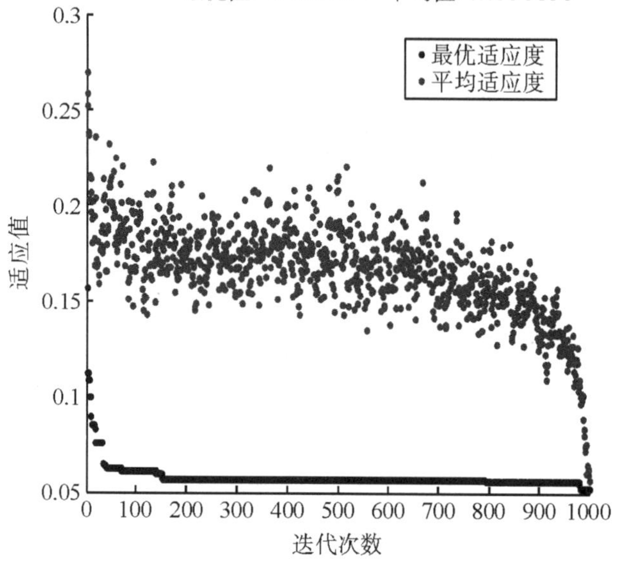

图 9.4　遗传算法迭代图

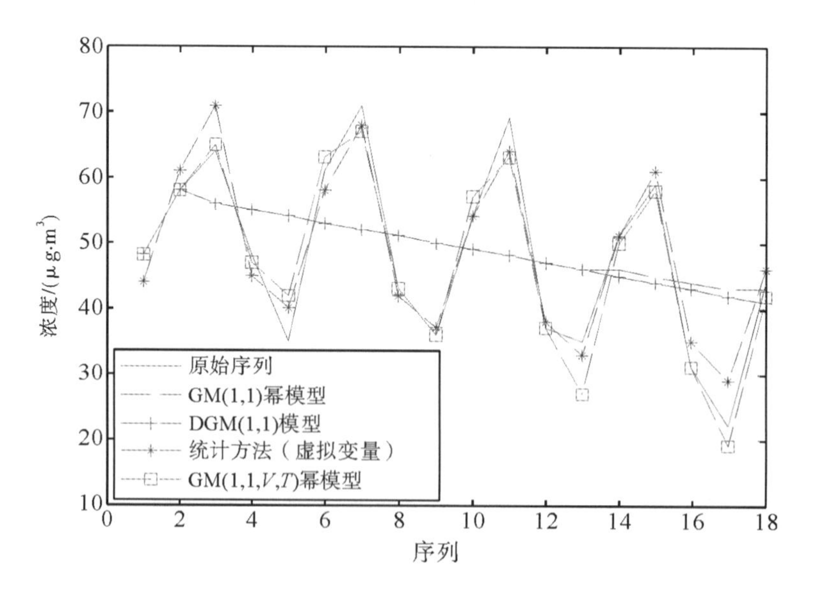

图 9.5　不同模型的建模效果对比

9.4 本章小结

本章提出的 GM（1，1，V，T）幂模型进一步拓宽了传统 GM（1，1）幂模型的适用范围，通过引入正弦函数，可对具有周期性波动特征的序列进行建模。同时，在对模型进行参数求解和优化时，采用最小二乘法和遗传算法，可同时实现全局优化。此外，通过对河北省衡大高速公路车流量和天津市大气污染物中 PM2.5 浓度两个具体实例进行建模分析，结果表明，GM（1，1，V，T）模型相较于 GM（1，1）幂模型、DGM（1，1）模型、统计模型等，在具有周期性波动的序列的建模分析中，能更好地实现拟合和预测。

10 基于弱化缓冲算子的分数阶灰色预测模型

中国日益增长的能源消费给经济和环境带来了挑战，因此，如何准确预测能源消耗，规范未来能源消费生产是一个值得研究的问题。首先，本章采用缓冲算子对数据进行了预处理，并建立了分数阶累加线性时变参数离散灰色预测模型［FTDGM（1，1）模型］；其次，提出了模型参数的估计方法和具体计算过程；最后，通过对中国能源消费进行建模分析，验证了 FTDGM（1，1）模型的有效性和实用性，为政府制定合理的能源政策提供了理论支持。

近年来，许多学者对灰色预测模型进行了广泛的研究[①②③④]，其成果对改进灰色预测理论起到了积极作用。张可等提出了一种具有线性时变参数的离散灰色预测模型，并讨论了该模型的性质和参数求解方法，发现对于具有线性定律和指数定律的序列而言，该模型具有完全无差错的模拟精度[⑤]。累加是灰色预测的基础，通过累加可以凸显序列的规律，传统的累加是一种一阶累加，因此数据的重要性一直没有得到区分。鉴于此，吴利丰等提出了一种分数阶累加灰色预测模型，并讨论了其建模过程和参数求

---

① DING S, LI R J, WU S, et al. Application of a novel structure-adaptative grey model with adjustable time power item for nuclear energy consumption forecasting [J]. Applied Energy, 2021, 298: 1-20.

② SHEN X J, YUE M H, DUAN P F, et al. Application of grey prediction model to the prediction of medical consumables consumption [J]. Grey Systems: Theory and Application, 2019, 9 (2): 213-223.

③ ZENG B AND LI C. Improved multi-variable grey forecasting model with a dynamic background-value coefficient and its application [J]. Computers & Industrial Engineering, 2018, 118: 278-290.

④ HE H L, FU Y, WU P, et al. Protection setting of contact switch based on reclosing sequence diagram [J]. Electronic Devices, 2021, 44 (2): 357-361.

⑤ 张可，刘思峰. 线性时变参数离散灰色预测模型［J］. 系统工程理论与实践，2010，30(9): 1650-1657.

解方法[①②]。

时间序列通常会受到系统冲击扰动的影响，当系统存在冲击扰动时，将上述模型用于时间序列的建模会出现较大的误差，定性分析与定量计算不一致。因此，本章提出一种基于弱化缓冲算子和线性时变参数分数阶累加的离散灰色预测模型，即先利用弱化缓冲算子弱化系统冲击扰动，然后构建分数阶累加线性时变参数离散灰色预测模型。

10.1 分数阶累加离散灰色预测模型的构建

基于累加序列建立灰色预测模型，可以有效降低系统的随机性，进而凸显系统的规律。例如，对于原始数据序列 $X^{(0)}=(1,4,2,5,2,3)$，其一阶累加序列为 $X^{(1)}=(1,5,7,12,14,17)$，两个序列的对比如图 10.1 所示。

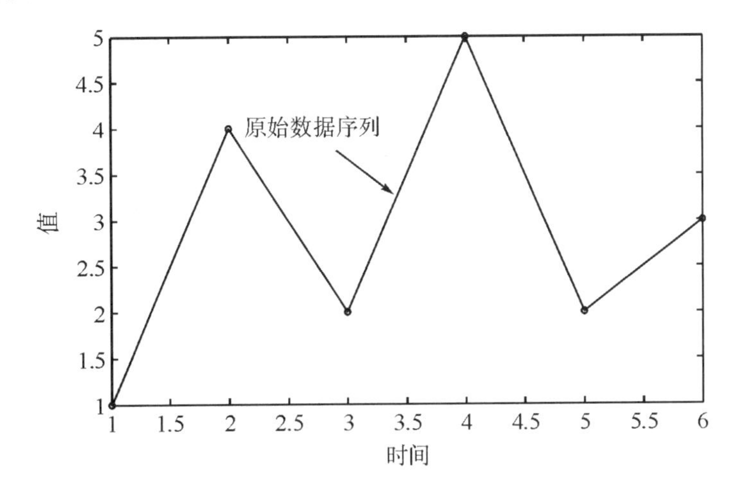

① 吴利丰，刘思峰，姚立根. 基于分数阶累加的离散灰色模型 [J]. 系统工程理论与实践，2014，34（7）：1822-1827.

② WU L F，LIU S F，CUI W，et al. Nonhomogenous discrete grey model with fractional-order accumulation [J]. Neural Computing and Applications. 2014，25（5）：1215-1221.

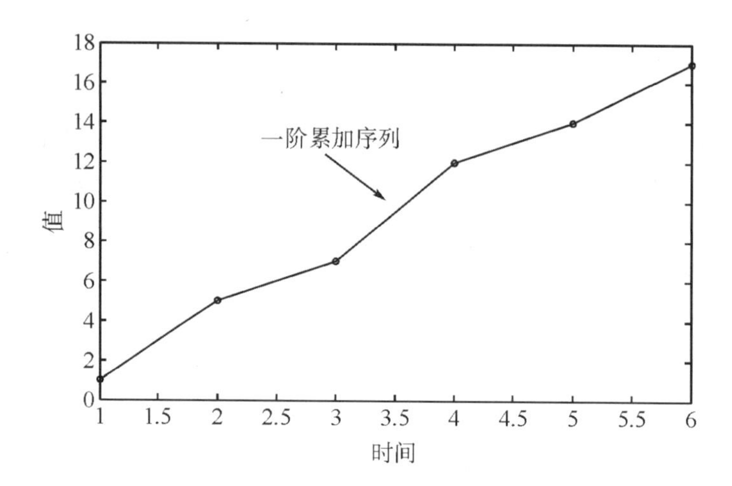

图 10.1　原始数据序列与其一阶累加序列的比较

从图 10.1 可以看出，一阶累加生成可以将没有明显规律的振荡序列转化为单调递增序列，从而为灰色预测模型的建立做好前期准备。

为了说明分数阶累加的必要性，下面举一个计算例子。对于序列 $X^{(0)}=(1,\ 2,\ 6,\ 10,\ 14,\ 19)$，对其一阶累加序列建立 DGM（1，1）模型，我们可以计算出如下参数：$\beta_1=1.49$，$\beta_2=3.85$，模拟序列 $\hat{X}^{(0)}=(1.00,\ 4.34,\ 6.46,\ 9.61,\ 14.31,\ 21.30)$，平均相对误差为 23.78%。若对 0.2 阶累加序列建立 DGM（1，1）模型，那么我们可以得到 $\beta_1=1.27$，$\beta_2=2.51$，模拟序列 $\hat{X}^{(0)}=(3.00,\ 4.85,\ 7.38,\ 10.71,\ 15.11,\ 20.93,\ 28.64)$，平均相对误差为 3.07%。

假设序列的原始值已改变，即 $X^{(0)}=(3,\ 2,\ 6,\ 10,\ 14,\ 19)$，那么 $\beta_1=1.49$，$\beta_2=2.87$，模拟序列 $\hat{X}^{(0)}=(3.00,\ 4.34,\ 6.46,\ 9.61,\ 14.31,\ 21.30)$，平均相对误差为 23.78%。若对 0.2 阶累加序列建立 DGM（1，1）模型，我们可以得到 $\beta_1=1.27$，$\beta_2=2.51$，模拟序列 $\hat{X}^{(0)}=(1.00,\ 3.58,\ 6.46,\ 9.94,\ 14.24,\ 19.61,\ 26.34)$，平均相对误差为 10.38%。

从上述结果可以看出，对 DGM（1，1）模型以整数阶累加，原始值的变化不会影响序列的建模结果，这意味着第一个值没有得到有效利用，对于小样本建模来说，这是一种严重的浪费。而对 DGM（1，1）模型进行分数阶累加时，原始值的变化会导致序列变化，从而使模拟精度产生相应变化，这意味着分数阶累加可以有效地利用原始值。此外，通过对阶次的调整发现，分数阶累加 DGM（1，1）模型比整数阶累加 DGM（1，1）模型的建模精度更高。对于其他灰色预测模型，也可以得出相同的结论。

10.2 基于弱化缓冲算子的分数阶灰色预测模型的构建

对于具有扰动信息的序列，如果基于原始数据建立灰色预测模型，那么得到的模拟和预测结果将会与系统的实际趋势有很大不同。因此，本章使用经典的弱化缓冲算子对数据进行预处理。

定义 10.1 假设 $X^{(1)}=\{x^{(1)}(1), x^{(1)}(2), \cdots, x^{(1)}(n)\}$ 是非负序列 $X^{(0)}$ 的一阶累加生成序列，其中 $x^{(1)}(k)=\sum_{i=1}^{k} x^{(0)}(i)$ ，$k=1, 2, \cdots, n$，则称

$$x^{(1)}(k+1)=\beta_1 x^{(1)}(k)+\beta_2, k=1, 2, \cdots, n-1$$

为离散灰色预测模型［DGM（1，1）］。

定理 10.1 DGM（1，1）模型的参数可以通过如下最小二乘估计求解

$$\begin{bmatrix}\beta_1\\ \beta_2\end{bmatrix}=(B^T B)^{-1} B^T Y$$

其中

$$B=\begin{bmatrix} x^{(1)}(1) & 1\\ x^{(1)}(2) & 1\\ \vdots & \vdots\\ x^{(1)}(n-2) & 1\\ x^{(1)}(n-1) & 1 \end{bmatrix}, Y=\begin{bmatrix} x^{(1)}(2)\\ x^{(1)}(3)\\ \vdots\\ x^{(1)}(n-1)\\ x^{(1)}(n) \end{bmatrix}$$

其时间响应式如下：

$$\hat{x}^{(1)}(k+1)=\beta_1^{\ k} x^{(0)}(1)+\frac{1-\beta_1^{\ k}}{1-\beta_1}\beta_2, k=1, 2, \cdots, n-1$$

从上述建模过程可以看出，DGM（1，1）模型避免了从微分方程到差分方程的变换，因此可以减少系统误差。同时，可以看出，DGM（1，1）模型是一个指数模型，它反映了累加产生的指数定律。但是，累加后的序列应该既有指数趋势，又有线性趋势，所以还应该考虑线性趋势的影响。因此，本章构建了分数阶累加线性时变参数离散灰色预测模型。

定义 10.2 假设非负原始序列 $X^{(0)}=\{x^{(0)}(1), x^{(0)}(2), \cdots, x^{(0)}(n)\}$，$X^{(1)}=\{x^{(1)}(1), x^{(1)}(2), \cdots, x^{(1)}(n)\}$ 是 $X^{(0)}$ 的一阶累加序列，其中，

$x^{(1)}(k) = \sum_{i=1}^{k} x^{(0)}(i)$ ，$k = 1, 2, \cdots, n$ ，则称

$$x^{(1)}(k+1) = (\beta_1 k + \beta_2)x^{(1)}(k) + \beta_3 k + \beta_4 \text{ , } k = 1, 2, \cdots, n-1$$

为线性时变参数离散灰色预测模型［TDGM（1，1）］。

定理 10.2 TDGM（1，1）模型的参数可以通过如下最小二乘估计求解：

$$\begin{bmatrix} \beta_1 \\ \beta_2 \\ \beta_3 \\ \beta_4 \end{bmatrix} = (C^T C)^{-1} C^T Y$$

其中

$$C = \begin{bmatrix} x^{(1)}(1) & x^{(1)}(1) & 1 & 1 \\ 2x^{(1)}(2) & x^{(1)}(2) & 2 & 1 \\ \vdots & \vdots & \vdots & \vdots \\ (n-2)x^{(1)}(n-2) & x^{(1)}(n-2) & n-2 & 1 \\ (n-1)x^{(1)}(n-1) & x^{(1)}(n-1) & n-1 & 1 \end{bmatrix}, Y = \begin{bmatrix} x^{(1)}(2) \\ x^{(1)}(3) \\ \vdots \\ x^{(1)}(n-1) \\ x^{(1)}(n) \end{bmatrix}$$

其时间响应式如下：

$$\hat{x}^{(1)}(k+1) = (\beta_1 k + \beta_2)\hat{x}^{(1)}(k) + \beta_3 k + \beta_4 \text{ , } k = 1, 2, \cdots, n-1$$

定理 10.3 对序列 $y = ab^k$ 建立 TDGM(1，1)模型，那么当参数 $\beta_1 = \beta_3 = 0$ 时，TDGM（1，1）模型将变为 DGM（1，1）模型。对序列 $y = ax + b$ 建立 TDGM（1，1）模型，那么当参数 $\beta_1 = 0$ 时，TDGM（1，1）模型将变为 NDGM（1，1）模型。对序列 $y = ab^k + c$ 建立 TDGM（1，1）模型，当参数 $\beta_1 = 0$ 时，TDGM（1，1）模型将变为 NDGM（1，1）模型。

从定理 10.3 可以看出，DGM（1，1）模型和 NDGM（1，1）模型可以看作 TDGM（1，1）模型的一个特例。

定义 10.3 假设非负序列 $X^{(0)} = \{x^{(0)}(1), x^{(0)}(2), \cdots, x^{(0)}(n)\}$，$X^{(r)} = \{x^{(r)}(1), x^{(r)}(2), \cdots, x^{(r)}(n)\}$ 是 $X^{(0)}$ 的分数阶累加序列，其中，$x^{(r)}(k) = \sum_{i=1}^{k} C_{k-i+r-1}^{k-i} x^{(0)}(i)$ ，$C_{r-1}^{0} = 1, C_{k-1}^{k} = 0$，$k = 1, 2, \cdots, n$，

则称方程

$$x^{(r)}(k+1) = (\beta_1 k + \beta_2)x^{(r)}(k) + \beta_3 k + \beta_4 \text{ , } k = 1, 2, \cdots, n-1$$

为分数阶累加线性时变参数离散灰色预测模型［FTDGM（1，1）］。

定理 10.4 FTDGM（1，1）模型的参数可以通过如下最小二乘估计计算：

$$\begin{bmatrix}\beta_1\\ \beta_2\\ \beta_3\\ \beta_4\end{bmatrix}=(D^TD)^{-1}D^TW$$

其中

$$D=\begin{bmatrix} x^{(r)}(1) & x^{(r)}(1) & 1 & 1\\ 2x^{(r)}(2) & x^{(r)}(2) & 2 & 1\\ \vdots & \vdots & \vdots & \vdots\\ (n-2)x^{(r)}(n-2) & x^{(r)}(n-2) & n-2 & 1\\ (n-1)x^{(r)}(n-1) & x^{(r)}(n-1) & n-1 & 1\end{bmatrix}$$

$$W=\begin{bmatrix} x^{(r)}(2)\\ x^{(r)}(3)\\ \vdots\\ x^{(r)}(n-1)\\ x^{(r)}(n)\end{bmatrix}$$

那么，FTDGM（1，1）模型的预测值如下：

$$\hat{x}^{(r)}(k+1)=(\beta_1k+\beta_2)\hat{x}^{(r)}(k)+\beta_3k+\beta_4,\ k=1,2,\cdots,n-1$$

根据分数阶累加的计算公式，预测序列累减值如下：

$$\hat{x}^{(0)}(k)=\hat{x}^{(r)}(k)-\sum_{i=1}^{k}C_{k-i+r-1}^{k-i}\hat{x}^{(r)}(i),\ k=1,2,\cdots,n,\cdots$$

从上述建模过程可以看出，FTDGM（1，1）模型通过对累加阶次的调整和优化，可以更好地反映系统的变化规律，该模型不仅对具有指数趋势的时间序列具有良好的建模效果，而且对具有线性趋势和非线性趋势叠加的时间序列也具有良好的趋势跟踪效果，同时可以通过智能优化算法确定最优参数。

对于存在系统冲击扰动的时间序列，传统模型的建模精度会降低，甚至定性分析和定量分析结果不一致。刘思峰教授深入分析了这一现象，认为不是模型的选择问题，而是由于系统冲击扰动的存在，使得模拟结果无法显示系统的真实变化规律，因此，有必要还原系统的真实面貌。基于此，刘思峰教授提出了缓冲算子的概念，分析了其性质，并对其进行了大量的应用。本章利用刘思峰教授提出的弱化缓冲算子对数据进行预处理，弱化缓冲算子的定义如下：

定义 10.4 假设 $X^{(0)}=\{x^{(0)}(1), x^{(0)}(2), \cdots, x^{(0)}(n)\}$ 是原始序列，$X^{(0)}d_1$ 是缓冲序列，并且 $X^{(0)}d_1=\{x^{(0)}(1)d_1, x^{(0)}(2)d_1, \cdots, x^{(0)}(n)d_1\}$，则有

$$x^{(0)}(k)d_1=\frac{x^{(0)}(k)+x^{(0)}(k+1)+\cdots+x^{(0)}(n)}{n-k+1}$$

那么，$X^{(0)}d$ 被称为平均弱化缓冲算子。

定义 10.5 假设 $X^{(0)}=\{x^{(0)}(1), x^{(0)}(2), \cdots, x^{(0)}(n)\}$ 是原始序列，$X^{(0)}d_2$ 是缓冲序列，并且 $X^{(0)}d_2=\{x^{(0)}(1)d_2, x^{(0)}(2)d_2, \cdots, x^{(0)}(n)d_2\}$，则有

$$x^{(0)}(k)d_2=\frac{x^{(0)}(k)+x^{(0)}(k+1)+\cdots+x^{(0)}(n)}{n-k+1}$$

那么，$X^{(0)}d_2$ 被称为平均强化缓冲算子。

弱化缓冲算子可用于前部分变化快、后部分变化慢的时间序列，而强化缓冲算子可用于前部分变化慢、后部分变化快的时间序列，$X^{(0)}d_1$ 和 $X^{(0)}d_2$ 是最常用的缓冲算子。

定义 10.6 先经过平均强化缓冲算子弱化，然后运用 FTDGM（1，1）模型进行预测计算的模型称为 B-FTDGM（1，1）模型。

10.3 实例分析

实例 1 近年来，随着社会和经济的发展，我国能源消费总量快速增长，对能源生产和自然环境提出了更高的要求。因此，对我国的能源消耗进行准确预测，可以帮助政府和企业采取合理措施，以应对这种情况。2009—2019 年我国能源消费总量如表 10.1 所示。

表 10.1　2009—2019 年中国能源消费总量　　单位：万吨

年份	2009	2010	2011	2012	2013	2014	2015	2016	2017	2018	2019
能源消费	336 126	360 648	387 043	402 138	416 913	428 334	434 113	441 492	455 827	471 925	487 000

我们以 2009—2015 年的数据作为建模数据，以 2016—2019 年的数据作为预测数据，以检验不同灰色预测模型的预测效果。其中，最优阶数的结果用遗传算法进行计算，不同灰色预测模型的结果如表 10.2 所示。

表 10.2　不同灰色预测模型的结果

原始值/万吨	DGM（1，1）		FTDGM（1，1）（r=0.88）		B-FTDGM（1，1）（r=0.11）	
	预测值/万吨	APE/%	预测值/万吨	APE/%	预测值/万吨	APE/%
441 492	457 233.2	3.57	444 420.4	0.66	444 771.5	0.74
455 827	473 641.2	3.91	451 907.1	0.86	461 055.2	1.15
471 925	490 637.9	3.97	458 769.2	2.79	455 037.9	3.58
487 000	508 244.7	4.36	465 125.7	4.49	486 801.3	0.04
MAPE	—	3.95	—	2.20	—	1.38

从表 10.2 中结果可以看出，本章提出的 B-FTDGM（1，1）模型的预测精度显著上升，从计算结果可以看出，它的多步预测结果仍然具有较高的预测精度。

实例 2 近年来，随着我国工业化进程的加快，电力作为一种非常重要的能源，是经济发展的基础。因此，及时准确地预测电力消耗对推动我国经济和社会发展具有重要意义，2011—2019 年我国的电力消耗如表 10.3 所示。

表 10.3　2011—2019 年中国电力消耗　　单位：千瓦时

年份	2011	2012	2013	2014	2015	2016	2017	2018	2019
消耗量	727.2	791.8	750.6	793.5	808.7	899.9	1 004.0	1 185.5	1 168.1

我们以 2011—2017 年的数据作为建模数据，以 2018—2019 年的数据作为预测数据，以检验不同灰色预测模型的预测效果。不同灰色预测模型的结果如表 10.4 所示。

表 10.4　不同灰色预测模型结果

原始值/千瓦时	DGM（1，1）		FTDGM（1，1）（r=1.21）		B-FTDGM（1，1）（r=0.42）	
	预测值/千瓦时	APE/%	预测值/千瓦时	APE/%	预测值/千瓦时	APE/%
1 185.5	1 010.14	14.79	1 095.63	7.58	1 172	1.14
1 168.1	1 065.65	8.77	1 226.11	4.97	1 151	1.46
MAPE	—	11.78	—	6.28	—	1.30

从表 10.4 可以看出，由于系统冲击扰动的存在，DGM（1，1）模型的预测精度不高，FTDGM（1，1）模型的精度较 DGM（1，1）模型有所提高，而利用 B-FTDGM（1，1）模型进行建模，可以获得最高的预测精度。

10.4　本章小结

本章构建了缓冲算子与分数阶累加线性时变参数离散灰色预测的组合模型［B-FTDGM（1，1）模型］，并讨论了其性质和参数求解方法。同时，本章将该模型应用于我国能源消费和电力消耗的预测中，获得了较高的模拟和预测精度，特别是在多步预测中，该模型具有明显的优越性，以及良好的记忆能力。此外，其他时变参数灰色预测模型和多变量时变参数灰色预测模型是未来需要进一步研究的方向。

11 新陈代谢 GM(1, 1, t^h, p)幂模型在生鲜电商预测中的应用

2021 年 8 月，商务部等 9 部门在《商贸物流高质量发展专项行动计划（2021—2025 年）》中提出：要优化商贸物流网络布局、建设城乡高效配送体系、促进区域商贸物流一体化、提升商贸物流标准化水平、发展商贸物流新业态新模式、加快推进冷链物流发展、培育商贸物流骨干企业等 12 项重点任务。随着人们生活水平的不断提高和人们对生鲜产品的需求不断增加，生鲜电商迎来了前所未有的发展机遇，其渗透率已经从 2013 年的 0.4%增长为 2021 年的 7.9%，2013—2021 年我国电子商务销售额与生鲜电商渗透率如图 11.1 所示。生鲜电商当前处于更加复杂多变的环境之中，虽然政策利好及顾客需求增加为其提供了较好的发展环境，但如何准确把握生鲜电商的发展方向与增长趋势，已经成为困扰生鲜电商企业经营发展的难题。

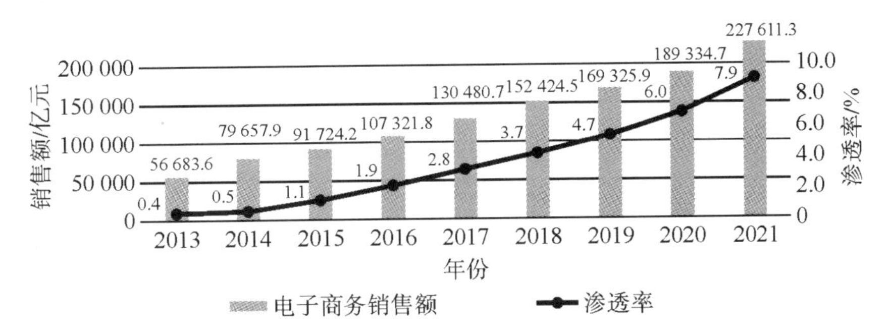

图 11.1　2013—2021 年电子商务销售额与生鲜电商渗透率

现有的关于生鲜电商领域的预测研究中，更多学者关注的重点是生鲜产品需求量与冷链物流需求量的预测研究。鉴于生鲜产品具有季节性、销售周期较短、所采集到的销售数据样本量通常较小等特点，张炎亮等基于

分数阶灰色预测模型，对甘福园平台四种水果连续 24 天的销售量进行了分析与预测[①]。马佳玉等基于 Sharply 值权重分配法，构建了 ARIMA-SVM 组合预测模型，并通过构建生鲜农产品的需求量预测指标体系，对 2015 年第 1 季度至 2019 年第 3 季度青岛市某农场的生鲜电商农产品的销售量进行了分析，并预测了农场下一个季度的销量[②]。李坤以马铃薯为例，利用时间序列理论建立了若干马铃薯的需求波动预测模型，为企业采购提供了参考[③]。Du X F 等基于支持向量机（SVM）方法，预测了易腐农产品的需求[④]。Huang L 等采用 GM（1，1）模型和 BP 神经网络模型对物流需求进行了模拟预测，发现与 GM（1，1）模型相比，BP 神经网络模型的预测误差更小，预测结果更稳定[⑤]。李宇等研究了京东生鲜平台的生鲜商品销量与新冠病毒感染确诊人数之间的关系，并为生鲜电商平台提供了适当的销售、供应方案[⑥]。生鲜电商作为电商领域的“最后一片蓝海”，对其行业交易规模和用户规模进行预测至关重要，但现有关于行业交易规模和用户规模的预测大都来自行业分析报告（《2021 年中国生鲜电商行业研究报告》《2020 年中国生鲜电商行业研究报告》《2019 年中国生鲜电商行业研究报告》《2016 年中国生鲜电商行业研究报告》）。当前，学者们对 GM（1，1）幂模型的改进大都集中在序列生成、灰导数、背景值、初始值、时间

---

① 张炎亮，柳亚. 基于分数阶灰色模型的生鲜电商产品销量预测研究［J］. 保鲜与加工，2021，21（10）：95-100.

② 马佳玉，孙宗军. 基于组合模型的某农场电商生鲜农产品需求预测研究［J］. 物流科技，2022，45（13）：71-74.

③ 李坤. 企业采购预测模型应用研究：以马铃薯采购为例［J］. 山西农经，2021（17）：134-136.

④ DU X F，LEUNG S C H，ZHANG J L，et al. Demand forecasting of perishable farm products using support vector machine［J］. International journal of systems Science，2013，44（3）：556-567.

⑤ HUANG L，XIE G，ZHAO W，et al. Regional logistics demand forecasting：a BP neural network approach［J］. Complex & Intelligent Systems，2021：1-16.

⑥ 李宇，何跃，吴中霞，等. 新冠疫情下生鲜电商的交易情况预测分析［J］. 商场现代化，2020（16）：1-3.

响应式、参数估计方法等方面[①②③④]。马光红等针对幂指数的复杂求解，提出了更加简易的计算公式，并对传统GM（1，1）幂模型进行幂指变换，使得幂指数的求解更加简便[⑤]。丁松等认为初始值与原始序列一阶累加序列的每个值均有关，并针对GM（1，1）幂模型的幂指数和初始条件优化问题，提出了一种基于初始条件和幂指数协同优化的方法，进一步提升了模型的预测精度[⑥]。有学者通过将背景值转化为相邻序列点的确定性函数，建立了改进的GM（1，1）幂模型，进一步优化了背景值。Yousuf M U等考虑了新西兰某地的风速数据，提出了一个综合修正的GM（1，1）模型，克服了传统方法的局限，并将模型应用于三个案例研究中，进一步证明了鲁棒性[⑦]。Ceylan Z等将GM（1，1）模型与线性回归分析相结合，并将其应用于2018—2023年的年度医疗废物生产总量的预测中[⑧]。除此之外，众多学者对灰色模型的微分方程和离散方程、线性与非线性、季节性、时滞性、自记忆性、分数阶建模等进行了研究。罗友洪等进一步提出线性时变参数非等间距GM（1，1）幂模型，对非线性系统内小样本非等间距数据序列的建模提供了新的方法[⑨]。GM（1，1）幂模型对于含突变信息的小样本振荡序列的预测往往无能为力，因此张娜等提出了基于小波变换的小样

---

① 陈鹏宇. GM（1，1）幂模型的改进及其在沉降预测中的应用［J］. 大地测量与地球动力学，2020，40（5）：464-469.

② 刘雁灵，曹文君，李菲. 新陈代谢GM（1，1）幂模型在病毒性肝炎发病率预测中的应用［J］. 中国卫生统计，2019，36（6）：854-856.

③ 张和平，陈齐海. 基于等维新息递补GM（1，1）幂模型的GDP预测［J］. 统计与决策，2017（21）：68-70.

④ ZHENG M X，FAN M Y，LIU H. Prediction of ship arrival quantity based on optimized GM（1，1）power model［J］. IOP Conference Series：Materials Science and Engineering，2019，688（4）.

⑤ 马光红，魏勇. GM（1，1）幂模型的幂指数计算新方法［J］. 统计与决策，2021，37（11）：16-20.

⑥ 丁松，李若瑾，党耀国. 基于初始条件优化的GM（1，1）幂模型及其应用［J］. 中国管理科学，2020，28（1）：153-161.

⑦ YOUSUF M U，AL-BAHADLY I，AVCI E. A modified GM（1，1）model to accurately predict wind speed［J］. Sustainable Energy Technologies and Assessments，2021，43：100905.

⑧ CEYLAN Z，BULKAN S，Elevli S. Prediction of medical waste generation using SVR，GM（1，1）and ARIMA models：a case study for megacity Istanbul［J］. Journal of Environmental Health Science and Engineering，2020，18（2）：687-697.

⑨ 罗友洪，陈友军. 线性时变参数非等间距GM（1，1）幂模型及其应用［J］. 系统工程，2021，39（5）：152-158.

本振荡序列灰色预测模型，为城市用水量的拟合及预测提供了解决思路①。

程毛林等对传统 GM（1，1）幂模型的结构进行了创新，提出了拓展的灰色 GM（1，1，t^h，r）幂模型，将多项式引入 GM（1，1）幂模型中，在等间距的序列中，使模型预测和拟合的精度提到提升，但关于背景值的构建仍采取的是传统的方法②。在此基础上，本章进一步对背景值进行优化，在构建背景值时，通过引入参数 p，将背景值表示为相邻序列点的线性函数，在求解时以平均相对误差最小为目标，以各参数之间的制约关系为约束条件，运用遗传算法，将参数 p 和幂指数 r 进行协同优化，提出了 GM（1，1，t^h，p）幂模型。此外，为了进一步提升 GM（1，1）幂模型的自学习和自适应能力，本章将新陈代谢理论③④⑤和 GM（1，1，t^h，p）幂模型进行组合，并通过实例对组合后模型的预测和拟合精度进行了检验。

11.1　传统的幂模型

定义 11.1 假设非负原始序列 $X^{(0)}=\{x^{(0)}(1),\ x^{(0)}(2),\ \cdots x^{(0)}(N)\}$，其一阶累加生成序列 $X^{(1)}=\{x^{(1)}(1),\ x^{(1)}(2),\ \cdots,\ x^{(1)}(N)\}$，其中，$x^{(1)}(k)=\sum_{i=1}^{k}x^{(0)}(i)$，$k=1,\ 2,\ \cdots,\ N$，记背景值 $z(k)=\frac{1}{2}[x^{(1)}(k)+x^{(1)}(k-1)]$，$k=2,\ 3,\ \cdots,\ N$。

定义 11.2 假设 $X^{(0)}$、$X^{(1)}$、$z(k)$ 按上述定义，则 GM（1，1）幂模型的灰微分方程为：

$$x^{(0)}(k)+az(k)=b[z(k)]^r,\ k=2,\ 3,\ \cdots,\ N$$

---

① 张娜，雷明．基于小波变换的小样本随机振荡序列灰色预测模型［J］．数学的实践与认识，2020，50（9）：28-35.

② 程毛林，刘斌．拓展的灰色 GM（1，1）幂模型及其应用［J］．统计与信息论坛，2021，36（10）：3-11.

③ 钟宏宇．基于灰色新陈代谢和神经网络的中期风力发电容量预测［J］．电器与能效管理技术，2022（9）：80-84.

④ 朱经君，兰培真，徐圣豪．基于新陈代谢灰色马尔科夫模型的芜湖港集装箱吞吐量预测［J］．集美大学学报（自然科学版），2022，27（4）：333-338.

⑤ 李炬晨，胡欲立，郝泽花，等．基于新陈代谢 GM（1，1）—神经网络的锂离子电池贮存寿命研究［J］．水下无人系统学报，2022，30（2）：231-236.

其中，r 为幂指数，a、b 均为常数。

定义 11.3 GM（1，1）幂模型的白化方程为

$$\frac{dx^{(1)}(t)}{dt}+ax^{(1)}(t)=b\left[x^{(1)}(t)\right]^{r}$$

当 $\hat{x}^{(1)}(1)=x^{(1)}(1)=x^{(0)}(1)$ 时，时间响应函数为

$$\hat{x}^{(1)}(t)=\left\{\frac{b}{a}+\left[x^{(1)}(1)^{(1-r)}-\frac{b}{a}\right]e^{a(r-1)(t-1)}\right\}^{\frac{1}{r-1}} \tag{11.1}$$

对灰微分方程按照最小二乘法进行估计，得到 $(a,b)^{T}=(B^{T}B)^{-1}B^{T}Y$，其中

$$B=\begin{bmatrix}-z(2) & [z(2)]^{r}\\ -z(3) & [z(3)]^{r}\\ \vdots & \vdots\\ -z(N) & [z(N)]^{r}\end{bmatrix},\qquad Y=\begin{bmatrix}x^{(0)}(2)\\ x^{(0)}(3)\\ \vdots\\ x^{(0)}(N)\end{bmatrix}$$

对于幂指数 r，一般通过优化方法求出。将 a、b、r 代入式（11.1）中，由 $\hat{x}^{(0)}(k)=\hat{x}^{(1)}(k)-\hat{x}^{(1)}(k-1)$，$k=2,3,\cdots,N$ 可以得到原序列的模拟值，由 $\hat{x}^{(0)}(k)=\hat{x}^{(1)}(k)-\hat{x}^{(1)}(k-1)$，$k=N+1,N+2,\cdots,N+q$ 可以得到原序列的 q 步预测值。

11.2 GM（1，1，t^{h}，p）幂模型

定义 11.4 假设 $X^{(0)}$、$X^{(1)}$、$z(k)$ 均按上述定义，则 GM（1，1，t^{h}，p）幂模型的灰微分方程为

$$x^{(0)}(k)+az(k)=(b_{0}+b_{1}t+b_{2}t^{2}+\cdots+b_{h}t^{h})\left[z(k)\right]^{r},\ k=2,3,\cdots,N$$

定义 11.5 GM（1，1，t^{h}，p）幂模型的白化方程为

$$\frac{dx^{(1)}(t)}{dt}+ax^{(1)}(t)=(b_{0}+b_{1}t+b_{2}t^{2}+\cdots+b_{h}t^{h})\left[x^{(1)}(t)\right]^{r} \tag{11.2}$$

当 $h=0$ 时，式（11.2）即为传统 GM（1，1）幂模型；

当 $h=1$ 时，则

$$\frac{dx^{(1)}(t)}{dt}+ax^{(1)}(t)=(b_{0}+b_{1}t)\left[x^{(1)}(t)\right]^{r} \tag{11.3}$$

为 GM（1，1，t^h，p）幂模型的白化方程。

令 $y = [x^{(1)}(t)]^{1-r}$，则式（11.3）可变形为

$$\frac{dy}{dt} + a(1-r)y = (b_0 + b_1 t)(1-r) \tag{11.4}$$

当 $\hat{x}^{(1)}(1) = x^{(1)}(1) = x^{(0)}(1)$ 时，由常微分方程可知

$$y(t) = e^{\int_1^t -a(1-r)d\partial}\left\{[x^{(1)}(1)]^{1-r} + \int_1^t e^{\int_1^\theta a(1-r)d\partial}(1-r)(b_0 + b_1\theta)d\theta\right\} \tag{11.5}$$

进一步整理得：

$$y(t) = e^{-a(1-r)(t-1)}\left\{[x^{(1)}(1)]^{1-r} + (1-r)e^{-a(1-r)}\left[\frac{b_0 e^{a(1-r)t}}{a(1-r)} - \frac{b_0 e^{a(1-r)}}{a(1-r)} + \frac{b_1 t e^{a(1-r)t}}{a(1-r)} - \frac{b_1 e^{a(1-r)t}}{a(1-r)} - \frac{b_1 e^{a(1-r)t}}{a^2(1-r)^2} + \frac{b_1 e^{a(1-r)}}{a^2(1-r)^2} + \frac{b_1 e^{a(1-r)t}}{a(1-r)} - \frac{b_1 e^{a(1-r)}}{a(1-r)}\right]\right\} \tag{11.6}$$

故时间响应函数为

$$\hat{x}^{(1)}(t) = \left\{e^{-a(1-r)(t-1)}\left[(x^{(1)}(1))^{(1-r)} + (1-r)e^{-a(1-r)}g(t)\right]\right\}^{\frac{1}{1-r}}$$

其中

$$g(t) = \frac{b_0 e^{at(1-r)}}{a(1-r)} - \frac{b_0 e^{a(1-r)}}{a(1-r)} + \frac{b_1 t e^{a(1-r)t}}{a(1-r)} - \frac{b_1 e^{at(1-r)}}{a^2(1-r)^2} + \frac{b_1 e^{a(1-r)}}{a^2(1-r)^2} - \frac{b_1 e^{a(1-r)}}{a(1-r)}$$

在 $[k-1, k]$ 范围内，对式（11.3）进行积分：

$$\int_{k-1}^{k} \frac{dx^{(1)}(t)}{dt}dt + \int_{k-1}^{k} ax^{(1)}(t)dt = \int_{k-1}^{k}(b_0 + b_1 t)[x^{(1)}(t)]^r dt$$

记 $z^{(1)}(k) = \int_{k-1}^{k} x^{(1)}(t)dt$，$z^{(2)}(k) = \int_{k-1}^{k}[x^{(1)}(t)]^r dt$，

$z^{(3)}(k) = \int_{k-1}^{k} t[x^{(1)}(t)]^r dt$，则

$$z^{(1)}(k) = \int_{k-1}^{k} x^{(1)}(t)dt = px^{(1)}(k) + (1-p)x^{(1)}(k-1)$$

$$z^{(2)}(k) = \int_{k-1}^{k}[x^{(1)}(t)]^r dt = p[x^{(1)}(k)]^r + (1-p)[x^{(1)}(k-1)]^r$$

$$z^{(3)}(k)=\int_{k-1}^{k}t\left[x^{(1)}(t)\right]^{r}\mathrm{d}t=pk\left[x^{(1)}(k)\right]^{r}+(1-p)(k-1)\left[x^{(1)}(k-1)\right]^{r}$$

故

$$\hat{x}^{(0)}(k)+az^{(1)}(k)=b_0z^{(2)}(k)+b_1z^{(3)}(k)$$

对于给定的 p 、r ，按照最小二乘法进行估计，得到 $(a,\ b_0,\ b_1)^T=(G^TG)^{-1}G^TH$,

其中

$$G=\begin{bmatrix}-z^{(1)}(2) & z^{(2)}(2) & z^{(3)}(2)\\ -z^{(1)}(3) & z^{(2)}(3) & z^{(3)}(3)\\ \vdots & \vdots & \vdots\\ -z^{(1)}(N) & z^{(2)}(N) & z^{(3)}(N)\end{bmatrix},\ H=\begin{bmatrix}x^{(0)}(2)\\ x^{(0)}(3)\\ \vdots\\ x^{(0)}(N)\end{bmatrix}$$

则有

$$\mathrm{MAPE}_{\min}=\frac{1}{N-1}\sum_{i=2}^{N}\left|\frac{x^{(0)}(t)-\hat{x}^{(0)}(t)}{x^{(0)}(t)}\right|\times 100\%$$

$$s.\ t\begin{cases}\hat{x}^{(0)}(t)=\hat{x}^{(1)}(t)-\hat{x}^{(1)}(t-1)\\ \hat{x}^{(1)}(t)=\left\{e^{-a(1-r)(t-1)}\left[(x^{(1)}(1))^{1-r}+(1-r)e^{-a(1-r)}g(t)\right]\right\}^{\frac{1}{1-r}}\\ g(t)=\dfrac{b_1te^{a(1-r)t}}{a(1-r)}-\dfrac{b_1e^{at(1-r)}}{a^2(1-r)^2}+\dfrac{b_0e^{at(1-r)}}{a(1-r)}+\dfrac{b_1e^{a(1-r)}}{a^2(1-r)^2}-\dfrac{b_1e^{a(1-r)}}{a(1-r)}-\dfrac{b_0e^{a(1-r)}}{a(1-r)}\\ (a,\ b_0,\ b_1)^T=(^{GT}G)-1G^TH\\ r\neq 0,\ 1\end{cases}\tag{11.7}$$

当 $h=2$ 时，称

$$\frac{\mathrm{d}x^{(1)}(t)}{\mathrm{d}t}+ax^{(1)}(t)=(b_0+b_1t+b_2t^2)\left[x^{(1)}(t)\right]^{r}\tag{11.8}$$

为 GM（1，1，t^2，p）幂模型的白化方程。同理可证其时间响应函数为

$$\hat{x}^{(1)}(t)=\left\{e^{-a(1-r)(t-1)}\left[(x^{(1)}(1))^{1-r}+(1-r)e^{-a(1-r)}f(t)\right]\right\}^{\frac{1}{1-r}}$$

其中

$$f(t)=\frac{b_2t^2e^{at(1-r)}}{a(1-r)}-\frac{2b_2te^{at(1-r)}}{a^2(1-r)^2}+\frac{b_1te^{a(1-r)}}{a(1-r)}+\frac{2b_2e^{at(1-r)}}{a^3(1-r)^3}-$$
$$\frac{b_1e^{at(1-r)}}{a^2(1-r)^2}+\frac{b_0e^{at(1-r)}}{a(1-r)}-\frac{2b_2e^{a(1-r)}}{a^3(1-r)^3}+\frac{2b_2e^{a(1-r)}}{a^2(1-r)^2}-$$

$$\frac{b_2 e^{a(1-r)}}{a(1-r)} + \frac{b_1 e^{a(1-r)}}{a^2(1-r)^2} - \frac{b_1 e^{a(1-r)}}{a(1-r)} - \frac{b_0 e^{a(1-r)}}{a(1-r)}$$

在 $[k-1, k]$ 范围内，对式（11.8）进行积分：

$$\int_{k-1}^{k} \frac{\mathrm{d}x^{(1)}(t)}{\mathrm{d}t}\mathrm{d}t + \int_{k-1}^{k} ax^{(1)}(t)\mathrm{d}t = \int_{k-1}^{k} (b_0 + b_1 t + b_2 t^2)[x^{(1)}(t)]^r \mathrm{d}t$$

$$Z^{(1)}(k) = \int_{k-1}^{k} x^{(1)}(t)\mathrm{d}t, \quad Z^{(2)}(k) = \int_{k-1}^{k} [x^{(1)}(t)]^r \mathrm{d}t,$$

记

$$Z^{(3)}(k) = \int_{k-1}^{k} t[x^{(1)}(t)]^r \mathrm{d}t, \quad Z^{(4)}(k) = \int_{k-1}^{k} t^2[x^{(1)}(t)]^r \mathrm{d}t$$

则 $Z^{(1)}(k) = \int_{k-1}^{k} x^{(1)}(t)\mathrm{d}t = px^{(1)}(k) + (1-p)x^{(1)}(k-1)$

$$Z^{(2)}(k) = \int_{k-1}^{k} [x^{(1)}(t)]^r \mathrm{d}t = p[x^{(1)}(k)]^r + (1-p)[x^{(1)}(k-1)]^r$$

$$Z^{(3)}(k) = \int_{k-1}^{k} t[x^{(1)}(t)]^r \mathrm{d}t = pk[x^{(1)}(k)]^r + (1-p)(k-1)[x^{(1)}(k-1)]^r$$

$$Z^{(4)}(k) = \int_{k-1}^{k} t^2[x^{(1)}(t)]^r \mathrm{d}t = pk^2[x^{(1)}(k)]^r + (1-p)(k-1)^2[x^{(1)}(k-1)]^r$$

故

$$\hat{x}^{(0)}(k) + aZ^{(1)}(k) = b_0 Z^{(2)}(k) + b_1 Z^{(3)}(k) + b_2 Z^{(4)}(k)$$

对于给定的 p、r，按照最小二乘法进行估计，得到 $(a, b_0, b_1, b_2)^T = (E^T E)^{-1} E^T F$，其中

$$E = \begin{bmatrix} -Z^{(1)}(2) & Z^{(2)}(2) & Z^{(3)}(2) & Z^{(4)}(2) \\ -Z^{(1)}(3) & Z^{(2)}(3) & Z^{(3)}(3) & Z^{(4)}(3) \\ \vdots & \vdots & \vdots & \vdots \\ -Z^{(1)}(N) & Z^{(2)}(N) & Z^{(3)}(N) & Z^{(4)}(N) \end{bmatrix}, \quad F = \begin{bmatrix} x^{(0)}(2) \\ x^{(0)}(3) \\ \vdots \\ x^{(0)}(N) \end{bmatrix}$$

同样以平均相对误差最小为目标，运用遗传算法对幂指数 r 和参数 p 进行协同优化，则有

$$\mathrm{MAPE}_{\min} = \frac{1}{N-1}\sum_{i=2}^{N}\left|\frac{x^{(0)}(t) - \hat{x}^{(0)}(t)}{x^{(0)}(t)}\right| \times 100\%$$

$$
s.t.\begin{cases}
\hat{x}^{(0)}(t) = \hat{x}^{(1)}(t) - \hat{x}^{(1)}(t-1) \\
\hat{x}^{(1)}(t) = \left\{ e^{-a(1-a)(t-1)}\left[(x^{(1)}(1))^{1-r} + (1-r)e^{-a(1-r)}f(t) \right] \right\}^{\frac{1}{1-r}} \\
f(t) = \dfrac{b_2 t^2 e^{at(1-r)}}{a(1-r)} - \dfrac{2b_2 t e^{at(1-r)}}{a^2(1-r)^2} + \dfrac{b_1 t e^{a(1-r)}}{a(1-r)} + \dfrac{2b_2 e^{at(1-r)}}{a^3(1-r)^3} - \dfrac{b_1 e^{at(1-r)}}{a^2(1-r)^2} + \dfrac{b_0 e^{at(1-r)}}{a(1-r)} - \\
\dfrac{2b_2 e^{a(1-r)}}{a^3(1-r)^3} + \dfrac{2b_2 e^{a(1-r)}}{a^2(1-r)^2} - \dfrac{b_2 e^{a(1-r)}}{a(1-r)} + \dfrac{b_1 e^{a(1-r)}}{a^2(1-r)^2} - \dfrac{b_1 e^{a(1-r)}}{a(1-r)} - \dfrac{b_0 e^{a(1-r)}}{a(1-r)} \\
(a, b_0, b_1, b_2)^T = (E^T F)^{-1} E^T F \\
r \neq 0, 1
\end{cases}
$$

作为背景值，不管原始序列 $x^{(0)}(t)$ 是凹的还是凸的，其一阶累加生成序列总是凹的。因此在实际建模时，背景值的取值总是大于实际的背景值。本章通过对原始 GM（1，1）幂模型的结构形式进行改变，使其适用范围更广，并运用优化的方法，减少了背景值给模型带来的误差。

11.3 新陈代谢 GM（1，1，t^h，p）幂模型

在实际应用中，随着序列数据的增加，旧数据的重要性越来越小，而新数据的影响越来越明显。为了弥补上述不足，本章在 GM（1，1，t^h，p）幂模型的基础上融入了新陈代谢理论。

首先，通过原始序列 $X^{(0)} = \{x^{(0)}(1), x^{(0)}(2), \cdots, x^{(0)}(N)\}$ 建立 GM（1，1，t^h，p）幂模型，然后将新信息 $x^{(0)}(N+1)$ 加入序列，去掉老信息 $x^{(0)}(1)$，并用新序列 $X^{(0)} = \{x^{(0)}(2), x^{(0)}(3), \cdots, x^{(0)}(N+1)\}$ 重新建立 GM（1，1，t^h，p）幂模型。以此类推，不断加入新信息，去掉老信息，使序列中的数据保持等维，即为新陈代谢 GM（1，1，t^h，p）幂模型。

11.4 实例分析

11.4.1 生鲜电商行业交易规模预测

2020 年，突如其来的新冠病毒感染疫情使消费者对生鲜电商的需求急速增长，培养了消费者线上购买生鲜产品的习惯，为生鲜行业发展提供了良好的条件。当前，我国生鲜电商的发展还处于初级阶段，随着国家政策

的扶持，以及人们消费需求的增长，生鲜电商行业的市场潜力巨大，未来一定会有越来越多的企业开始涉足该领域。了解生鲜电商行业的交易规模，对于其行业发展至关重要，故本节对生鲜电商行业的交易规模进行了建模分析，旨在进一步促进生鲜电商行业的发展。2010—2021 年我国生鲜电商行业的交易规模如表 11.1 所示。

表 11.1　2010—2021 年我国生鲜电商行业的交易规模

年份	2010	2011	2012	2013	2014	2015	2016	2017	2018	2019	2020	2021
交易规模/亿元	4.2	10.5	40.5	130.2	289.8	542.0	913.9	1 402.8	1 950.0	2 554.5	3 641.3	4 658.1

数据来源：网经社、前瞻产业研究院。

（1）选择最佳预测模型的维数

由于模型参数会随着数据维数的改变而发生变化，因此预测的结果也会有所不同。为了尽可能地提高模型的模拟精度，必须确定最优的数据维数。本节以预测 2019 年我国生鲜电商行业的交易规模为目的，建立了不同维数的 GM（1，1，t^h，p）幂模型，并通过平均误差值来确定最合适的数据维数，具体数值如表 11.2 所示。

表 11.2　不同维数模型的模拟精度比较　　　　单位：%

数据维数	传统 GM（1，1）幂模型			GM（1，1，t^h，p）幂模型					
				GM（1，1，t，p）幂模型			GM（1，1，t^2，p）幂模型		
	模拟误差	预测误差	平均误差	模拟误差	预测误差	平均误差	模拟误差	预测误差	平均误差
9（2010—2018 年）	10.5	2.1	6.3	2.3	5.6	4.0	5.5	1.5	3.5
8（2011—2018 年）	3.4	0.5	2.0	1.1	5.4	3.3	1.2	3.1	2.2
7（2012—2018 年）	2.1	2.2	2.2	1.3	4.2	2.8	0.8	1.7	1.3
6（2013—2018 年）	2.2	2.7	2.5	1.1	3.2	2.2	0.4	0.4	0.4
5（2014—2018 年）	2.4	3.2	2.8	0.4	1.7	1.1	0.2	1.5	0.9
4（2015—2018 年）	1.8	4.7	3.3	0.0	0.3	0.2	0.7	2.6	1.7

注：①预测误差是指 2019 年的预测误差；②平均误差是模拟误差和预测误差的平均值。

从表 11.2 可以看出，传统 GM（1，1）幂模型的最优维数是 8 维，平均误差为 2.0%；GM（1，1，t，p）幂模型的最优维数为 4 维，平均误差为 0.2%；GM（1，1，t^2，p）幂模型的最优维数为 6 维，平均误差为 0.4%。由此可知，相较于传统的 GM（1，1）幂模型，改进后的 GM（1，1，t^h，p）幂模型能明显提升模型的拟合和预测精度，故本案例中选择 GM

（1，1，t，p）幂模型进行建模，数据维数选择4维。

（2）建立新陈代谢GM（1，1，t，p）幂模型

根据表11.2的模拟结果，去掉2015年的数据，增加2019年的数据，之后建立GM（1，1，t，p）幂模型，即为第1次新陈代谢GM（1，1，t，p）幂模型，以此类推，便可进行第2、第3次新陈代谢迭代。具体结果如图11.2所示。

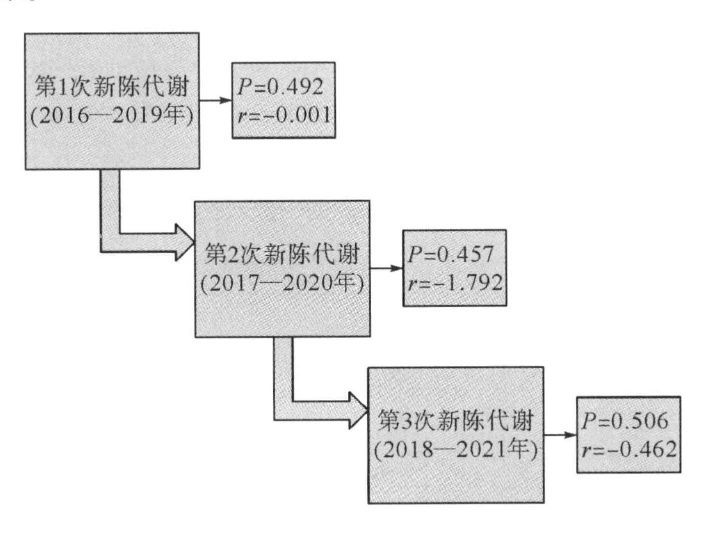

图11.2　新陈代谢迭代

从图11.2中可以看出，随着建模数据的改变，参数也会随之改变。代入第3次新陈代谢得到的参数，即可得到2018—2021年的拟合数据，以及2022年的预测数据，具体数值如图11.3所示。

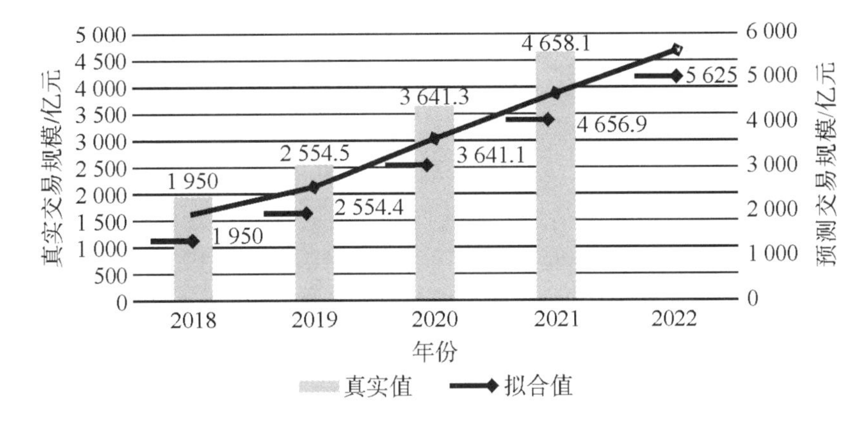

图11.3　2018—2022年生鲜电商行业的交易规模及预测值

11.4.2 盒马鲜生季度月活用户规模预测

随着生鲜电商产业的发展及模式的成熟，以及用户网购生鲜产品习惯的养成，生鲜电商行业得到进一步发展，生鲜电商平台用户数的增加对于稳固供应链，进而促进生鲜电商平台持续发展至关重要。盒马鲜生作为国内首家新零售商超，被视为阿里巴巴新零售样本，其月活用户数不断增长，因此本案例对盒马鲜生季度月活用户规模进行分析。值得一提的是，新陈代谢理论的新信息可以是预测值，也可以是真实值，由于所采集到的数据不可更新，故本案例中的新数据采用预测值。

（1）选择合适的模型进行建模分析

运用不同模型对用户规模进行预测的误差对比如表 11.3 所示。

表 11.3　各模型的预测误差对比

时间/季度	实际用户规模/万人	DGM（1，1）模型		传统 GM（1，1）幂模型		GM（1，1，t，p）幂模型		GM（1，1，t^2，p）幂模型	
		预测值/万人	APE/%	预测值/万人	APE/%	预测值/万人	APE/%	预测值/万人	APE/%
2020Q3	1 531.9	1 531.9	0	1 531.9	0	1 531.9	0	1 531.9	0
2020Q4	1 587.8	1 555.6	2.03	1 605.5	1.11	1 587.9	0.01	1 597.3	0.60
2021Q1	1 516.9	1 582.2	4.30	1 532.2	1.01	1 512.9	0.26	1 530.3	0.88
2021Q2	1 642.3	1 609.2	2.02	1 642.3	0	1 642.8	0.03	1 616.2	1.59
2021Q3	1 785.1	1 636.7	8.31	1 838.9	3.01	1 753.4	1.78	1 770.6	0.81

由于数据不可更新，故本案例选取预测误差最小的模型进行新陈代谢迭代。从表 11.3 中可看出，改进后的 GM（1，1，t^2，p）模型能明显提升预测精度，因此将其用于预测 2022 年第 4 季度的月活用户规模。

（2）建立新陈代谢 GM（1，1，t^2，p）幂模型

同生鲜电商行业交易规模预测案例类似，新陈代谢 GM（1，1，t^2，p）幂模型仍需剔除起始数据，增加新数据，只是新数据是 GM（1，1，t^2，p）幂模型下的预测值。第 1~4 次新陈代谢迭代后的预测值分别为：1 913.2、1 943.3、2 030.7、2 300.4、2 645.7，具体迭代过程如图 11.4 所示。

由于数据不可更新，故在新陈代谢过程中采用的建模数据为预测数据，最终预测出 2022 年第 4 季度盒马鲜生的月活用户规模将达到 2 645.7 万人，呈现增长趋势。2020 年第二季度至 2022 年第四季度盒马鲜生季度月活用户规模及预测值如图 11.5 所示。

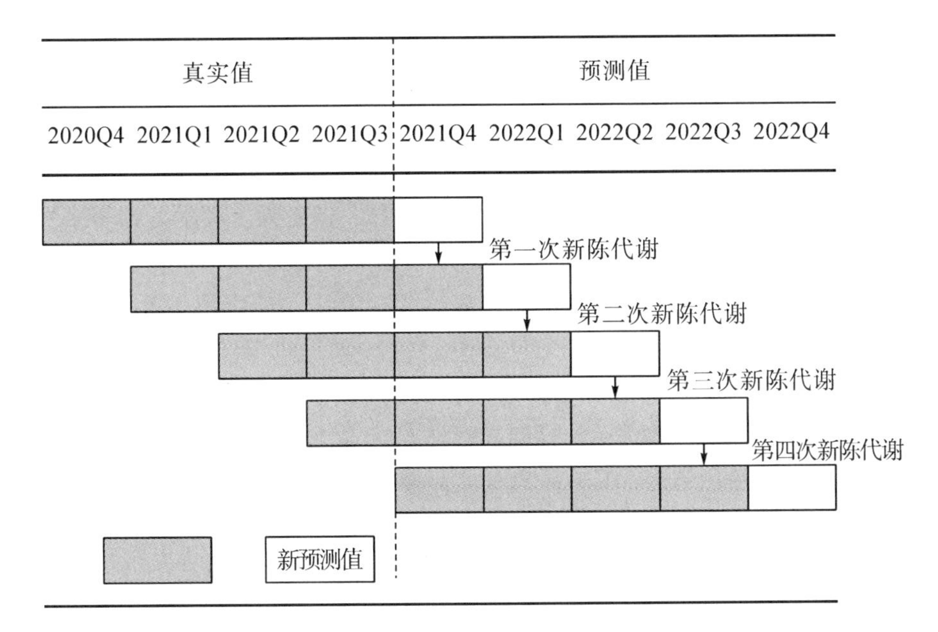

图 11.4　盒马鲜生季度月活用户规模新陈迭代

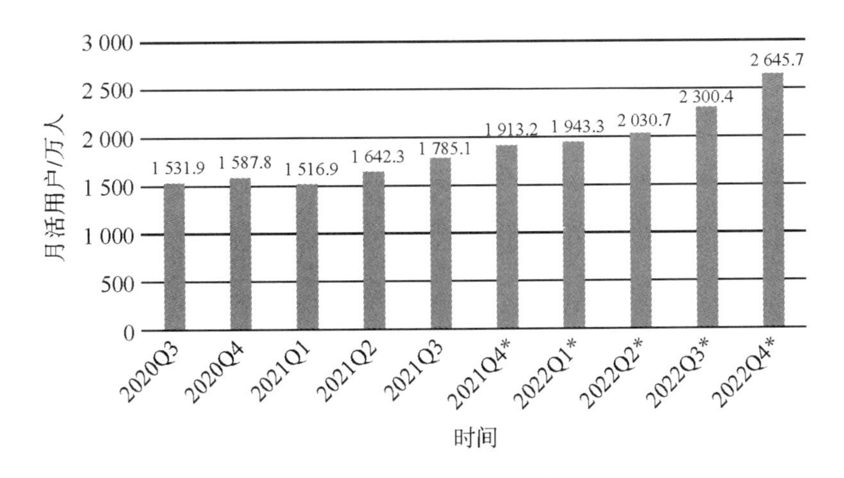

图 11.5　盒马鲜生季度月活用户预测值

11.5 本章小结

本章通过在求解背景值时引进一个新参数，将背景值表示为相邻序列点的线性函数，并在参数求解时，运用遗传算法对幂指数和新参数进行协同优化，提出了改进后的模型的具体表达式。同时，为了更加符合新信息优先原理，本章将新陈代谢理论与 GM（1，1，t^h，p）幂模型相结合，并将其应用在生鲜电商行业交易规模和盒马鲜生季度月活用户规模的预测中，实例研究表明，改进后的模型能很好地减少预测和模拟误差，进一步扩大幂模型的适用范围，具有一定的实际意义和应用前景。此外，尽管我国的生鲜电商行业仍处于初级发展阶段，但随着互联网的普及和电子商务的发展，未来生鲜电商行业将有很好的发展前景，生鲜电商从业者应顺应时代潮流，与时俱进、不断创新，提升品牌的核心竞争力。

综上所述，本章首次尝试用 GM（1，1）幂模型预测了生鲜电商行业的交易规模和用户规模，以期为生鲜电商方面的预测问题提供解决思路，并进一步对 GM（1，1）幂模型做出改进，拓宽了幂模型的研究领域。但因为灰色预测模型的应用对象是小样本，所以多项式的次数不宜太多，若次数太多，在矩阵求逆的过程中可能会出现病态矩阵，导致参数无法估计。

12 信息扰动条件下的 FRNHGM(1,1,k)预测模型

运用 NGM（1，1，k）模型对近似非齐次指数序列进行建模，能够取得比较好的预测效果；NHGM（1，1，k）模型是对 NGM（1，1，k）模型的进一步改进，其建模精度更高。但是，如果序列中有扰动信息出现，那么 NHGM（1，1，k）模型的拟合精度会明显下降。因此，为了增加 NHGM（1，1，k）模型的稳定性，本章提出了分数阶反向累加 NHGM（1，1，k）模型 [fractional order reverse accumulative non-homogeneous grey model，FRNHGM（1，1，k）模型]，并给出了模型的求解公式，同时，利用矩阵扰动理论，从系统分析的角度，计算了该模型的解的扰动界，分析了新模型的稳定性优于传统模型的原因，并且证明了新的模型更加符合灰色系统的新信息优先原理，从而进一步拓宽了灰色预测模型的应用范围。

12.1 一阶反向累加 NHGM（1，1，k）模型及其扰动分析

12.1.1 一阶反向累加 NHGM（1，1，k）模型的构建

定义 12.1 ①假设原始非负序列为

$$X^{(0)} = \{x^{(1)}(1),\ x^{(0)}(2),\ \cdots,\ x^{(0)}(n)\}$$

$X^{(0)}$ 的一阶累加生成序列为

① 崔杰，党耀国，刘思峰. 一种新的灰色预测模型及其建模机理 [J]. 控制与决策，2009，24（11）：1702-1706.

$$X^{(1)} = \{x^{(1)}(1),\ x^{(1)}(2),\ \cdots,\ x^{(1)}(n)\}$$

其中

$$x^{(1)}(k) = \sum_{i=k}^{n} x^{(0)}(i),\ k = 1,\ 2,\ \cdots,\ n$$

则称

$$X^{(0)}(k) + z^{(1)}(k) = kb$$

为灰色 NGM（1，1，k）模型［non-homogenous exponential grey model，NGM（1，1，k）］。

微分方程

$$\frac{dx^{(1)}(t)}{dt} + ax^{(1)}(t) = tb$$

被称为 NGM（1，1，k）模型的白化方程。

定理 12.1 NGM（1，1，k）模型的参数［a，b］的最小二乘估计满足

$$[a,\ b]^{T} = (B^{T}B^{-1})B^{T}Y$$

其中

$$B = \begin{bmatrix} -z^{(1)}(2) & 2 \\ -z^{(1)}(3) & 3 \\ \vdots & \vdots \\ -z^{(1)}(n-1) & n-1 \\ -z^{(1)}(n) & n \end{bmatrix},\ Y = \begin{bmatrix} x^{(0)}(2) \\ x^{(0)}(3) \\ \vdots \\ x^{(0)}(n-1) \\ x^{(0)}(n) \end{bmatrix}$$

那么

$$Z^{(1)}(k) = \frac{x^{(1)}(k) + x^{(1)}(k-1)}{2}$$

即

$$\begin{cases} a = \dfrac{\sum\limits_{k=2}^{n} kz^{(1)}(k) \sum\limits_{k=2}^{n} kx^{(0)}(k) - \sum\limits_{k=2}^{n} k^{2} \sum\limits_{k=2}^{n} x^{(0)}(k)z^{(1)}(k)}{\sum\limits_{k=2}^{n} k^{2} \sum\limits_{k=2}^{n} [z^{(1)}(k)]^{2} - [\sum\limits_{k=2}^{n} kz^{(1)}(k)]^{2}} \\ b = \dfrac{\sum\limits_{k=2}^{n} kx^{(0)}(k) + a\sum\limits_{k=2}^{n} kz^{(1)}(k)}{\sum\limits_{k=2}^{n} k^{2}} \end{cases}$$

定理 12.2 假设 B, Y 的定义如定理 12.1 所述，$[a, b]^T = (B^T B^{-1}) B^T Y$，取 $\hat{x}^{(1)}(1) = x^{(0)}(1)$，则

①NGM（1，1，k）模型的时间响应函数为

$$\hat{x}^{(1)}(t) = \left[x^{(0)}(1) - \frac{b}{a} + \frac{b}{a^2}\right] e^{-a(t-1)} + \frac{b}{a} t - \frac{b}{a^2}$$

②NGM（1，1，k）模型的时间响应函数为

$$\hat{x}^{(1)}(k) = \left[x^{(0)}(1) - \frac{b}{a} + \frac{b}{a^2}\right] e^{-a(k-1)} + \frac{b}{a} k - \frac{b}{a^2},\ k = 2,\ 3,\ \cdots,\ n$$

③还原值为

$$\hat{x}^{(0)}(k) = \hat{x}^{(1)}(k) - \hat{x}^{(1)}(k-1)$$

$$= (1 - e^{a}) \left[x^{(0)}(1) - \frac{b}{a} + \frac{b}{a^2}\right] e^{-a(k-1)} + \frac{b}{a},\ k = 2,\ 3,\ \cdots,\ n$$

定义 12.2 假设原始非负序列为

$$X^{(0)} = \{x^{(0)}(1),\ x^{(0)}(2),\ \cdots,\ x^{(0)}(n)\}$$

$X^{(0)}$ 的一阶累加生成序列为

$$X^{(1)} = \{x^{(1)}(1),\ x^{(1)}(2),\ \cdots,\ x^{(1)}(n)\}$$

则称

$$X^{(0)}(k) + z^{(1)}(k) = \frac{(2k-1)b}{2} + c$$

为改进的灰色 NGM（1，1，k）模型，即 NHGM（1，1，k）模型。

微分方程

$$\frac{\mathrm{d}x^{(1)}(t)}{\mathrm{d}t} + a x^{(1)}(t) = tb + c$$

称为 NHGM（1，1，k）模型的白化方程。

定理 12.3 [①]NHGM（1，1，k）模型的参数 $[a, b, c]$ 的最小二乘估计满足

$$[a, b, c]^T = (B^T B^{-1}) B^T Y$$

其中

---

① 战立青，施化吉. 近似非齐次指数数据的灰色建模方法与模型［J］. 系统工程理论与实践，2013，33（3）：689-694.

$$B=\begin{bmatrix} -z^{(1)}(2) & \frac{3}{2} & 1 \\ -z^{(1)}(3) & \frac{5}{2} & 1 \\ \vdots & \vdots & \vdots \\ -z^{(1)}(n-1) & \frac{2n-3}{2} & 1 \\ -z^{(1)}(n) & \frac{2n-1}{2} & 1 \end{bmatrix},\ Y=\begin{bmatrix} x^{(0)}(2) \\ x^{(0)}(3) \\ \vdots \\ x^{(0)}(n-1) \\ x^{(0)}(n) \end{bmatrix}$$

那么

$$Z^{(1)}(k)=\frac{x^{(1)}(k)+x^{(1)}(k-1)}{2}$$

定理 12.4 假设 B，Y 的定义如定理 12.1 所述，$[a, b, c]^T=(B^TB^{-1})B^TY$，取 $\hat{x}^{(1)}(1)=x^{(0)}(1)$，则

①NHGM（1，1，k）模型的时间响应函数为

$$\hat{x}^{(1)}(t)=\left[x^{(0)}(1)-\frac{b}{a}-\frac{c}{a}+\frac{b}{a^2}\right]e^{-a(t-1)}+\frac{b}{a}t+\frac{c}{a}-\frac{b}{a^2}$$

②NHGM（1，1，k）模型的时间响应函数为

$$\hat{x}^{(1)}(k)=\left[x^{(0)}(1)-\frac{b}{a}-\frac{c}{a}+\frac{b}{a^2}\right]e^{-a(k-1)}+\frac{b}{a}k+\frac{c}{a}-\frac{b}{a^2},\ k=2,3,\cdots,n$$

③还原值为

$$\hat{x}^{(0)}(k)=\hat{x}^{(1)}(k)-\hat{x}^{(1)}(k-1)$$

$$=(1-e^{a})\left[x^{(0)}(1)-\frac{b}{a}-\frac{c}{a}+\frac{b}{a^2}\right]e^{-a(k-1)}+\frac{b}{a},\ k=2,3,\cdots,n。$$

定义 12.3[①]假设原始非负序列为

$$X^{(0)}=\{x^{(0)}(1),x^{(0)}(2),\cdots,x^{(0)}(n)\}$$

$X^{(0)}$ 的一阶反向累加生成序列为

$$X_{(1)}=\{x_{(1)}(1),x_{(1)}(2),\cdots,x_{(1)}(n)\}$$

其中

$$x_{(1)}(k)=\sum_{i=k}^{n}x^{(0)}(i),\ k=1,2,\cdots,n$$

---

① 宋中民，邓聚龙. 反向累加生成及灰色 GOM（1，1）模型［J］. 系统工程，2001，19（1）：66-69.

定义 12.4 假设原始非负序列为

$$X^{(0)} = \{x^{(0)}(1), x^{(0)}(2), \cdots, x^{(0)}(n)\}$$

$X^{(0)}$ 的一阶反向累加生成序列为

$$X_{(1)} = \{x_{(1)}(1), x_{(1)}(2), \cdots, x_{(1)}(n)\}$$

则称

$$-X^{(0)}(k) + z_{(1)}(k) = \frac{(2k-1)b}{2} + c$$

为一阶反向累加 NHGM（1，1，k）模型。

微分方程

$$\frac{\mathrm{d}x_{(1)}(t)}{\mathrm{d}t} + ax_{(1)}(t) = tb + c$$

被称为一阶反向累加 NHGM（1，1，k）模型的白化方程。

定理 12.5 一阶反向累加 NHGM（1，1，k）模型的参数 $[a, b, c]$ 的最小二乘估计满足

$$[a, b, c]^T = (B^T B^{-1}) B^T Y$$

其中

$$B = \begin{bmatrix} -z_{(1)}(2) & \frac{3}{2} & 1 \\ -z_{(1)}(3) & \frac{5}{2} & 1 \\ \vdots & \vdots & \vdots \\ -z_{(1)}(n-1) & \frac{2n-3}{2} & 1 \\ -z_{(1)}(n) & \frac{2n-1}{2} & 1 \end{bmatrix}, Y = \begin{bmatrix} -x^{(0)}(1) \\ -x^{(0)}(2) \\ \vdots \\ -x^{(0)}(n-2) \\ -x^{(0)}(n-1) \end{bmatrix}$$

那么

$$Z_{(1)}(k) = \frac{x_{(1)}(k) + x_{(1)}(k-1)}{2}$$

12.1.2 一阶反向累加 NHGM（1，1，k）模型的扰动分析

定理 12.6[①②]假设 $A \in C^{m\times n}$，$b \in C^{m}$，$A^{\dagger}$ 是矩阵 A 的广义逆矩阵，当 A 的列变量线性无关时，方程 $\| Ax - b \|_2 = \min$ 有唯一解。

定理 12.7 假设 $A \in C^{m\times n}$，$b \in C^{m}$，$A^{\dagger}$ 是矩阵 A 的广义逆矩阵，$B = A + E$，$c = b + k \in C^{n}$，假设方程 $\| Bx - c \|_2 = \min$ 与 $\| Ax - b \|_2 = \min$ 的解分别为 $x + h$ 和 x，若 $\mathrm{rank}(A) = \mathrm{rank}(B) = n$，而且当 $\| A^{\dagger} \|_2 \| E \|_2 < 1$ 时，有

$$\| h \| \leqslant \frac{s_{\dagger}}{t_{\dagger}}\left(\frac{\| E \|_2}{\| A \|} \| x \| + \frac{\| k \|}{\| A \|} + \frac{s_{\dagger}}{t_{\dagger}} \frac{\| E \|_2}{\| A \|} \frac{\| r_x \|}{\| A \|} \right)$$

其中，$s_{\dagger} = \| A^{\dagger} \|_2 \| A \|$，$t_{\dagger} = 1 - \| A^{\dagger} \|_2 \| E \|_2$，$r_x = b - Ax$。

为了研究一阶反向累加 NHGM（1，1，k）模型的稳定性，下面对其进行扰动分析。

定理 12.8 一阶反向累加 NHGM（1，1，k）模型可通过函数 $\| Y - Bx \|_2 = \min$ 求解，假设模型的解为 x。不妨设第 n 项存在扰动信息，即 $\hat{x}^{(0)}(n) = x^{(0)}(n) + \varepsilon$，则

$$\hat{B} = B + \Delta B = \begin{bmatrix} -z_{(1)}(2) & \frac{3}{2} & 1 \\ -z^{(1)}(3) & \frac{5}{2} & 1 \\ \vdots & \vdots & \vdots \\ -z_{(1)}(n-1) & \frac{2n-3}{2} & 1 \\ -z_{(1)}(n) & \frac{2n-1}{2} & 1 \end{bmatrix} + \begin{bmatrix} -\varepsilon & 0 & 0 \\ -\varepsilon & 0 & 0 \\ \vdots & \vdots & \vdots \\ -\varepsilon & 0 & 0 \\ -\varepsilon & 0 & 0 \end{bmatrix}$$

① 孙继广. 矩阵扰动分析［M］. 北京：科学出版社，1987.

② STEWART G M. On the perturbation of pseudo-inverses, projections and linear square problems [J]. SIAM Review, 1977 (19): 634-662.

$$\hat{Y} = Y + \Delta Y = \begin{bmatrix} -x^{(0)}(1) \\ -x^{(0)}(2) \\ \vdots \\ -x^{(0)}(n-2) \\ -x^{(0)}(n-1) \end{bmatrix} + \begin{bmatrix} 0 \\ 0 \\ \vdots \\ 0 \\ -\varepsilon \end{bmatrix}$$

假设 $\| \hat{Y} - \hat{B}x \|_2 = \min$ 的解为 $\hat{x}$，对应的解的扰动为 η 。假设 B 和 $\hat{B}$ 的秩相等，且 $\| B_{\dagger} \|_2 \| \Delta B \|_2 < 1$，其中 $B_{\dagger}$ 是 B 的广义逆，那么

$$\| \eta \|_2 \leqslant \frac{s_{\dagger}}{t_{\dagger}} |\varepsilon| \left(\frac{\sqrt{(n-1)}}{\| B \|} \| x \| + \frac{s_{\dagger}}{t_{\dagger}} \frac{\sqrt{(n-1)}}{\| B \|} \frac{\| r_x \|}{\| B \|} \right)$$

证明：

当 B 的列变量线性无关时，方程 $\| Y - Bx \|_2 = \min$ 有唯一解 $x = Y^{\dagger} B$ ，因为

$$\| \Delta Y \|_2 = 0$$

$$\Delta B^T \Delta B = \begin{bmatrix} (n-1)\varepsilon^2 & 0 \\ 0 & 0 \end{bmatrix}$$

$$\| \Delta B \|_2 = \sqrt{\lambda_{\max}(\Delta B^T \Delta B)}$$

所以，$\Delta B^T \Delta B$ 的最大的特征根为

$$(n-1)\varepsilon^2$$

即

$$\| \Delta B \|_2 = \sqrt{(n-1)} |\varepsilon|$$

根据定理 12.7，可以得到

$$\| \eta \|_2 \leqslant \frac{s_{\dagger}}{t_{\dagger}} \left(\frac{\| \Delta B \|_2}{\| B \|} \| x \| + \frac{\| \Delta Y \|}{\| B \|} + \frac{s_{\dagger}}{t_{\dagger}} \frac{\| \Delta B \|_2}{\| B \|} \frac{\| r_x \|}{\| B \|} \right)$$

$$= \frac{s_{\dagger}}{t_{\dagger}} |\varepsilon| \left(\frac{\sqrt{(n-1)}}{\| B \|} \| x \| + \frac{s_{\dagger}}{t_{\dagger}} \frac{\sqrt{(n-1)}}{\| B \|} \frac{\| r_x \|}{\| B \|} \right)$$

因此，当存在扰动 $\hat{x}^{(0)}(n) = x^{(0)}(n) + \varepsilon$ 时，模型的解的扰动界为

$$L[x^{(0)}(n)] = \frac{s_{\dagger}}{t_{\dagger}} |\varepsilon| \left(\frac{\sqrt{(n-1)}}{\| B \|} \| x \| + \frac{s_{\dagger}}{t_{\dagger}} \frac{\sqrt{(n-1)}}{\| B \|} \frac{\| r_x \|}{\| B \|} \right)$$

定理 12.9 假设一阶反向累加 NHGM（1，1，k）模型第 $n-1$ 项存在扰动信息，即 $\hat{x}^{(0)}(n-1) = x^{(0)}(n-1) + \varepsilon$ ，则

$$\hat{B}=B+\Delta B=\begin{bmatrix}-z^{(1)}(2) & \frac{3}{2} & 1\\ -z^{(1)}(3) & \frac{5}{2} & 1\\ \vdots & \vdots & \vdots\\ -z^{(1)}(n-1) & \frac{2n-3}{2} & 1\\ -z^{(1)}(n) & \frac{2n-1}{2} & 1\end{bmatrix}+\begin{bmatrix}-\varepsilon & 0 & 0\\ -\varepsilon & 0 & 0\\ \vdots & \vdots & \vdots\\ -\varepsilon & 0 & 0\\ -\frac{1}{2}\varepsilon & 0 & 0\end{bmatrix}$$

$$\hat{Y}=Y+\Delta Y=\begin{bmatrix}-x^{(0)}(1)\\ -x^{(0)}(2)\\ \vdots\\ -x^{(0)}(n-2)\\ -x^{(0)}(n-1)\end{bmatrix}+\begin{bmatrix}0\\ 0\\ \vdots\\ 0\\ -\varepsilon\end{bmatrix}$$

假设 $\| \hat{Y}-\hat{B}x \|_2=\min$ 的解为 $\hat{x}$，对应的解的扰动为 η 。假设 B 和 $\hat{B}$ 的秩相等，且 $\| B_{\dagger} \|_2 \| \Delta B \|_2<1$，那么

$$\| \eta \|_2 \leqslant \frac{s_{\dagger}}{t_{\dagger}}|\varepsilon|\left(\frac{\sqrt{(n-2)+0.25}}{\| B \|}\| x \| +\frac{1}{\| B \|}+\frac{s_{\dagger}}{t_{\dagger}}\frac{\sqrt{(n-2)+0.25}}{\| B \|}\frac{\| r_x \|}{\| B \|}\right)$$

证明：当 B 的列变量线性无关时，方程 $\| Y-Bx \|_2=\min$ 有唯一解 $x=Y^{\dagger}B$，因为

$$\| \Delta Y \|_2=|\varepsilon|$$

$$\Delta B^T\Delta B=\begin{bmatrix}(n-2+0.25)\varepsilon^2 & 0\\ 0 & 0\end{bmatrix}$$

$$\| \Delta B \|_2=\sqrt{\lambda_{\max}(\Delta B^T\Delta B)}$$

所以，$\Delta B^T\Delta B$ 的最大的特征根为

$$(n-2+0.25)\varepsilon^2$$

即

$$\| \Delta B \|_2=\sqrt{(n-2+0.25)}\,|\varepsilon|$$

根据定理 12.7，可以得到

$$\| \eta \|_2 \leqslant \frac{s_{\dagger}}{t_{\dagger}}\left(\frac{\| \Delta B \|_2}{\| B \|}\right)\| x \| +\frac{\| \Delta Y \|}{\| B \|}+\frac{s_{\dagger}}{t_{\dagger}}\frac{\| \Delta B \|_2}{\| B \|}\frac{\| r_x \|}{\| B \|}$$

$$= \frac{s_\dagger}{t_\dagger}|\varepsilon|\left(\frac{\sqrt{(n-2)+0.25}}{\|B\|}\|x\| + \frac{1}{\|B\|} + \frac{s_\dagger}{t_\dagger}\frac{\sqrt{(n-2)+0.25}}{\|B\|}\frac{\|r_x\|}{\|B\|}\right)$$

因此，当存在扰动 $\hat{x}^{(0)}(n-1) = x^{(0)}(n-1) + \varepsilon$ 时，模型的解的扰动界为

$$L[x^{(0)}(n-1)] =$$

$$\frac{s_\dagger}{t_\dagger}|\varepsilon|\left(\frac{\sqrt{(n-2)+0.25}}{\|B\|}\|x\| + \frac{1}{\|B\|} + \frac{s_\dagger}{t_\dagger}\frac{\sqrt{(n-2)+0.25}}{\|B\|}\frac{\|r_x\|}{\|B\|}\right)$$

同理，我们可以推导出，当存在扰动 $\hat{x}^{(0)}(n-t) = x^{(0)}(n-t) + \varepsilon$ 时，模型的解的扰动界为

$$L[x^{(0)}(n-t)] = \frac{s_\dagger}{t_\dagger}|\varepsilon|$$

$$\left(\frac{\sqrt{(n-t-1)+0.25}}{\|B\|}\|x\| + \frac{1}{\|B\|} + \frac{s_\dagger}{t_\dagger}\frac{\sqrt{(n-t-1)+0.25}}{\|B\|}\frac{\|r_x\|}{\|B\|}\right)$$

其中

$$2 \leqslant t < n-1$$

从上述证明结果可以看出，模型的解的扰动界 $L[x^{(0)}(n-t)]$ 是数据量 n 的增函数，随着数据量的增大，其解的扰动界变大，系统变得不稳定，因此，一阶反向累加 NHGM（1，1，k）模型更适用于小样本建模。从 $L[x^{(0)}(n-t)]$ 的表达式还可以得到另外一个重要的结论，即随着 t 的减小，解的扰动界 $L[x^{(0)}(n-t)]$ 会增大，意味着新信息带来的系统扰动会大于老信息，说明模型对于新信息的变化更加敏感，这和灰色系统理论的新信息优先原理相符合。为了减小解的扰动界，增加模型的稳定性，本章提出了分数阶反向累加 NHGM（1，1，k）模型，并对其进行了扰动分析。

12.2 FRNHGM（1，1，k）模型及其扰动分析

12.2.1 FRNHGM（1，1，k）模型的构建

定理 12.10 假设原始非负序列

$$X^{(0)} = \{x^{(0)}(1),\ x^{(0)}(2),\ \cdots,\ x^{(0)}(n)\}$$

$X^{(0)}$ 的 r 阶反向累加生成序列为

$$X_{(r)} = \{x_{(r)}(1),\ x_{(r)}(2),\ \cdots,\ x_{(r)}(n)\}$$

则有

$$x_{(r)}(k) = \sum_{i=k}^{n} \binom{i-k+r-1}{i-k} x^{(0)}(i),\ k=1,\ 2,\ \cdots,\ n$$

其中

$$\binom{i-k+r-1}{i-k} = \frac{(i-k+r-1)(i-k+r-2)\cdots(r+1)r}{(i-k)!}$$

同时规定

$$\binom{r-1}{0} = 1,\ \binom{n-1}{n} = 0$$

证明：

①当 $r=1$ 时，$x_{(1)}(k) = \sum_{i=k}^{n} x^{(0)}(i) = \sum_{i=k}^{n} \binom{i-k}{i-k} x^{(0)}(i),\ k=1,\ 2,\ \cdots,\ n$；

②当 $r=2$ 时，

$$x_{(2)}(k) = \sum_{i=k}^{n} x^{(1)}(i) = [x^{(0)}(1),\ x^{(0)}(2),\ \cdots,\ x^{(0)}(n)]$$

$$\begin{bmatrix} 1 & 0 & \cdots & 0 & 0 \\ 1 & 1 & \cdots & 0 & 0 \\ \vdots & \vdots & \vdots & \vdots & \vdots \\ 1 & 1 & \cdots & 1 & 0 \\ 1 & 1 & \cdots & 1 & 1 \end{bmatrix} \begin{bmatrix} 1 & 0 & \cdots & 0 & 0 \\ 1 & 1 & \cdots & 0 & 0 \\ \vdots & \vdots & \vdots & \vdots & \vdots \\ 1 & 1 & \cdots & 1 & 0 \\ 1 & 1 & \cdots & 1 & 1 \end{bmatrix}$$

$$= [x^{(0)}(1),\ x^{(0)}(2),\ \cdots,\ x^{(0)}(n)] \begin{bmatrix} 1 & 0 & \cdots & 0 & 0 \\ \binom{2}{1} & 1 & \cdots & 0 & 0 \\ \vdots & \vdots & \vdots & \vdots & \vdots \\ \binom{n-1}{n-2} & \binom{n-2}{n-3} & \cdots & 1 & 0 \\ \binom{n}{n-1} & \binom{n-1}{n-2} & \cdots & \binom{2}{1} & 1 \end{bmatrix},$$

$$k = 1,\ 2,\ \cdots,\ n$$

③假设当 $r=p$ 的时，等式

$$x_{(p)}(k) = \sum_{i=k}^{n} \binom{i-k+p-1}{i-k} x^{(0)}(i),\ k=1,\ 2,\ \cdots,\ n \text{ 成立，即}$$

$$x_{(p)}(k)=[x^{(0)}(1),\ x^{(0)}(2),\ \cdots,\ x^{(0)}(n)]\begin{bmatrix}1&0&\cdots&0&0\\1&1&\cdots&0&0\\\vdots&\vdots&\vdots&\vdots&\vdots\\1&1&\cdots&1&0\\1&1&\cdots&1&1\end{bmatrix}^{p}$$

$$=[x^{(0)}(1),\ x^{(0)}(2),\ \cdots,\ x^{(0)}(n)]\begin{bmatrix}1&0&\cdots&0&0\\\binom{p}{1}&1&\cdots&0&0\\\vdots&\vdots&\vdots&\vdots&\vdots\\\binom{p+n-3}{n-2}&\binom{p+n-4}{n-3}&\cdots&1&0\\\binom{p+n-2}{n-1}&\binom{p+n-3}{n-2}&\cdots&\binom{p}{1}&1\end{bmatrix}$$

$$=\sum_{i=k}^{n}\binom{i-k+r-1}{i-k}x^{(0)}(i)$$

那么，当 $r=p+1$ 时，

$$x_{(p+1)}(k)=[x^{(0)}(1),\ x^{(0)}(2),\ \cdots,\ x^{(0)}(n)]\begin{bmatrix}1&0&\cdots&0&0\\1&1&\cdots&0&0\\\vdots&\vdots&\vdots&\vdots&\vdots\\1&1&\cdots&1&0\\1&1&\cdots&1&1\end{bmatrix}^{p+1}$$

$$=[x^{(0)}(1),\ x^{(0)}(2),\ \cdots,\ x^{(0)}(n)]\begin{bmatrix}1&0&\cdots&0&0\\\binom{p}{1}&1&\cdots&0&0\\\vdots&\vdots&\vdots&\vdots&\vdots\\\binom{p+n-3}{n-2}&\binom{p+n-4}{n-3}&\cdots&1&0\\\binom{p+n-2}{n-1}&\binom{p+n-3}{n-2}&\cdots&\binom{p}{1}&1\end{bmatrix}$$

$$\begin{bmatrix}1&0&\cdots&0&0\\1&1&\cdots&0&0\\\vdots&\vdots&\vdots&\vdots&\vdots\\1&1&\cdots&1&0\\1&1&\cdots&1&1\end{bmatrix}$$

$$= [x^{(0)}(1), x^{(0)}(2), \cdots, x^{(0)}(n)] \begin{bmatrix} 1 & 0 & \cdots & 0 & 0 \\ \binom{p+1}{1} & 1 & \cdots & 0 & 0 \\ \vdots & \vdots & \vdots & \vdots & \vdots \\ \sum_{i=0}^{n-3}\binom{p+i}{i+1} & \sum_{i=0}^{n-4}\binom{p+i}{i+1} & \cdots & 1 & 0 \\ \sum_{i=0}^{n-2}\binom{p+i}{i+1} & \sum_{i=0}^{n-3}\binom{p+i}{i+1} & \cdots & \binom{p+1}{1} & 1 \end{bmatrix}$$

$$= [x^{(0)}(1), x^{(0)}(2), \cdots, x^{(0)}(n)] \begin{bmatrix} 1 & 0 & \cdots & 0 & 0 \\ 1+\binom{p}{1} & 1 & \cdots & 0 & 0 \\ \vdots & \vdots & \vdots & \vdots & \vdots \\ \binom{p+n-2}{n-2} & \binom{p+n-3}{n-3} & \cdots & 1 & 0 \\ \binom{p+n-1}{n-1} & \binom{p+n-2}{n-2} & \cdots & \binom{p+1}{1} & 1 \end{bmatrix}$$

综上所述，根据数学归纳法即可得到如下的结果：

$$x_{(r)}(k) = \sum_{i=k}^{n}\binom{i-k+p+1-1}{i-k} x^{(0)}(i)$$

$$= \sum_{i=k}^{n}\binom{i-k+r-1}{i-k} x^{(0)}(i), \quad k = 1, 2, \cdots, n$$

定义 12.5 假设原始非负序列为

$$X^{(0)} = \{x^{(0)}(1), x^{(0)}(2), \cdots, x^{(0)}(n)\}$$

r 阶反向累加序列为

$$X_{(r)} = \{x_{(r)}(1), x_{(r)}(2), \cdots, x_{(r)}(n)\}$$

则称

$$\alpha_{(1)}X_{(1-r)} = \{\alpha_{(1)}x_{(1-r)}(1), \alpha_{(1)}x_{(1-r)}(2), \cdots, \alpha_{(1)}x_{(1-r)}(n)\}$$

为 r 阶反向累减生成序列，其中

$$\alpha_{(1)}x_{(1-r)}(k) = x_{(1-r)}(k) - x_{(1-r)}(k+1)$$

定义 12.6 假设原始非负序列为

$$X^{(0)} = \{x^{(0)}(1), x^{(0)}(2), \cdots, x^{(0)}(n)\}$$

r 阶反向累加序列为

$$X_{(r)} = \{x_{(r)}(1), x_{(r)}(2), \cdots, x_{(r)}(n)\}$$

$X_{(r)}$ 的紧邻均值生成序列为

$$Z_{(r)}(k)=\frac{x_{(r)}(k)+x_{(r)}(k-1)}{2},$$

则称

$$X_{(r-1)}(k)+az_{(r)}(k)=\frac{(2k-1)b}{2}+c$$

为 r 阶反向累加 NHGM（1，1，k）模型，即 FRNHGM（1，1，k）模型。

微分方程

$$\frac{\mathrm{d}x_{(r)}(t)}{\mathrm{d}t}+ax_{(r)}(t)=\frac{(2t-1)b}{2}+c$$

被称为 FRNHGM（1，1，k）模型的白化方程。

定理 12.11 FRNHGM（1，1，k）模型的参数［a，b，c］的最小二乘估计满足

$$[a,\ b,\ c]=(B^TB^{-1})B^TY$$

其中

$$B=\begin{bmatrix} -z_{(r)}(2) & \frac{3}{2} & 1 \\ -z_{(r)}(3) & \frac{5}{2} & 1 \\ \vdots & \vdots & \vdots \\ -z_{(r)}(n-1) & \frac{2n-3}{2} & 1 \\ -z_{(r)}(n) & \frac{2n-1}{2} & 1 \end{bmatrix},\ Y=\begin{bmatrix} x^{(r)}(2)-x^{(r)}(1) \\ x^{(r)}(3)-x^{(r)}(2) \\ \vdots \\ x^{(r)}(n-1)-x^{(r)}(n) \\ x^{(r)}(n)-x^{(r)}(n-1) \end{bmatrix}$$

12.2.2 FRNHGM（1，1，*k*）模型的扰动分析

为了研究 FRNHGM（1，1，k）模型的解的稳定性，下面对其进行扰动分析。

定理 12.12 FRNHGM（1，1，k）模型可通过函数 $\| Y-Bx \|_2=\min$ 求解，假设模型的解为 x 。设第 n 项存在扰动信息，即 $\hat{x}^{(0)}(n)=x^{(0)}(n)+\varepsilon$ ，则

$$\hat{B} = B + \Delta B = B$$

$$= \begin{bmatrix} -z_{(r)}(2) & \frac{3}{2} & 1 \\ -z_{(r)}(3) & \frac{5}{2} & 1 \\ \vdots & \vdots & \vdots \\ -z_{(r)}(n-1) & \frac{2n-3}{2} & 1 \\ -z_{(r)}(n) & \frac{2n-1}{2} & 1 \end{bmatrix} + \begin{bmatrix} -\frac{\binom{n-3+r}{n-2}+\binom{n-2+r}{n-1}}{2}\varepsilon & 0 & 0 \\ -\frac{\binom{n-4+r}{n-3}+\binom{n-3+r}{n-2}}{2}\varepsilon & 0 & 0 \\ \vdots & \vdots & \vdots \\ -\frac{r+\binom{r+1}{2}}{2}\varepsilon & 0 & 0 \\ -\frac{r+1}{2}\varepsilon & 0 & 0 \end{bmatrix}$$

$$\hat{Y} = Y + \Delta Y$$

$$= \begin{bmatrix} x^{(r)}(2) - x^{(r)}(1) \\ x^{(r)}(3) - x^{(r)}(2) \\ \vdots \\ x^{(r)}(n-1) - x^{(r)}(n-2) \\ x^{(r)}(n) - x^{(r)}(n-1) \end{bmatrix} + \begin{bmatrix} \binom{n+r-3}{n-2} - \binom{n+r-2}{n-1} \\ \binom{n+r-4}{n-3} - \binom{n+r-3}{n-2} \\ \vdots \\ \binom{r}{1} - \binom{r+1}{2} \\ 1-r \end{bmatrix} |\varepsilon|$$

假设 $\| \hat{Y} - \hat{B}x \|_2 = \min$ 的解为 $\hat{x}$，对应的解的扰动为 γ。假设 $\operatorname{rank}(A) = \operatorname{rank}(B)$，且 $\| B_{\dagger} \|_2 \| \Delta B \|_2 < 1$，那么

$$\| \gamma \|_2 \leqslant \frac{s_{\dagger}}{t_{\dagger}} |\varepsilon| \left(\frac{\frac{1}{2}\sqrt{\sum_{k=2}^{n} \left\{ \binom{k+r-2}{k-1} + \binom{k+r-3}{k-2} \right\}^2}}{\| B \|} \| x \| + \frac{\sqrt{\sum_{k=2}^{n} \left\{ \binom{k+r-3}{k-2} - \binom{k+r-2}{k-1} \right\}^2}}{\| B \|} + \frac{s_{\dagger}}{t_{\dagger}} \frac{\frac{1}{2}\sqrt{\sum_{k=2}^{n} \left\{ \binom{k+r-2}{k-1} + \binom{k+r-3}{k-2} \right\}^2}}{\| B \|} \frac{\| r_x \|}{\| B \|} \right)$$

证明： 当 B 的列变量线性无关时，方程 $\| Y - Bx \|_2 = \min$ 有唯一解 $x = Y^{\dagger}B$ ，因为

$$\| \Delta Y \|_2 = \sqrt{\sum_{k=2}^{n} \left\{ \binom{k+r-2}{k-1} - \binom{k+r-3}{k-2} \right\}^2}$$

$$\Delta B^T \Delta B = \begin{bmatrix} \frac{1}{4} \sum_{k=2}^{n} \left\{ \binom{k+r-2}{k-1} + \binom{k+r-3}{k-2} \right\}^2 & 0 \\ 0 & 0 \end{bmatrix}$$

$$\| \Delta B \|_2 = \sqrt{\lambda_{\max}(\Delta B^T \Delta B)}$$

所以 $\Delta B^T \Delta B$ 的最大的特征根为

$$\frac{1}{4} \sum_{k=2}^{n} \left\{ \binom{k+r-2}{k-1} + \binom{k+r-3}{k-2} \right\}^2$$

即

$$\| \Delta B \|_2 = \frac{1}{2} \sqrt{\sum_{k=2}^{n} \left\{ \binom{k+r-2}{k-1} + \binom{k+r-3}{k-2} \right\}^2}$$

根据定理 12.7，可以得到

$$\| \gamma \|_2 \leqslant \frac{s_{\dagger}}{t_{\dagger}} |\varepsilon| \left(\frac{\frac{1}{2} \sqrt{\sum_{k=2}^{n} \left\{ \binom{k+r-2}{k-1} + \binom{k+r-3}{k-2} \right\}^2}}{\| B \|} \| x \| + \frac{\sqrt{\sum_{k=2}^{n} \left\{ \binom{k+r-2}{k-1} - \binom{k+r-3}{k-2} \right\}^2}}{\| B \|} + \frac{s_{\dagger}}{t_{\dagger}} \frac{\frac{1}{2} \sqrt{\sum_{k=2}^{n} \left\{ \binom{k+r-2}{k-1} + \binom{k+r-3}{k-2} \right\}^2}}{\| B \|} \frac{\| r_x \|}{\| B \|} \right)$$

因此，当存在扰动 $\hat{x}^{(0)}(n) = x^{(0)}(n) + \varepsilon$ 时，模型的解的扰动界为

$$R[x^{(0)}(n)] = \frac{s_{\dagger}}{t_{\dagger}} |\varepsilon|$$

$$
\left(\begin{array}{l}
\dfrac{\frac{1}{2}\sqrt{\sum\limits_{k=2}^{n}\left\{\binom{k+r-2}{k-1}+\binom{k+r-3}{k-2}\right\}^2}}{\|B\|}\|x\| + \\
\dfrac{\sqrt{\sum\limits_{k=2}^{n}\left\{\binom{k+r-2}{k-1}-\binom{k+r-3}{k-2}\right\}^2}}{\|B\|} \\
+\dfrac{s_{\dagger}}{t_{\dagger}}\dfrac{\frac{1}{2}\sqrt{\sum\limits_{k=2}^{n}\left\{\binom{k+r-2}{k-1}+\binom{k+r-3}{k-2}\right\}^2}}{\|B\|}\dfrac{\|r_x\|}{\|B\|}
\end{array}\right)
$$

定理 12.13 其他条件不变，假设 FRNHGM（1，1，k）模型的第 $n-1$ 项存在扰动信息，即 $\hat{x}^{(0)}(n-1)=x^{(0)}(n-1)+\varepsilon$，则

$$
\hat{B}=B+\Delta B
$$

$$
=\begin{bmatrix}
-z_{(r)}(2) & \frac{3}{2} & 1 \\
-z_{(r)}(3) & \frac{5}{2} & 1 \\
\vdots & \vdots & \vdots \\
-z_{(r)}(n-1) & \frac{2n-3}{2} & 1 \\
-z_{(r)}(n) & \frac{2n-1}{2} & 1
\end{bmatrix}+\begin{bmatrix}
-\dfrac{\binom{n-4+r}{n-3}+\binom{n-3+r}{n-2}}{2}\varepsilon & 0 & 0 \\
-\dfrac{\binom{n-5+r}{n-4}+\binom{n-4+r}{n-3}}{2}\varepsilon & 0 & 0 \\
\vdots & \vdots & \vdots \\
-\frac{r+1}{2}\varepsilon & 0 & 0 \\
-\frac{1}{2}\varepsilon & 0 & 0
\end{bmatrix}
$$

$$
\hat{Y}=Y+\Delta Y
$$

$$
=\begin{bmatrix}
x^{(r)}(2)-x^{(r)}(1) \\
x^{(r)}(3)-x^{(r)}(2) \\
\vdots \\
x^{(r)}(n-1)-x^{(r)}(n-2) \\
x^{(r)}(n)-x^{(r)}(n-1)
\end{bmatrix}+\begin{bmatrix}
\binom{n+r-4}{n-3}-\binom{n+r-3}{n-2} \\
\binom{n+r-5}{n-4}-\binom{n+r-6}{n-5} \\
\vdots \\
1-r \\
-1
\end{bmatrix}|\varepsilon|
$$

假设 $\|\hat{Y}-\hat{B}x\|_2$ 的解为 $\hat{x}$，对应的解的扰动为 γ。假设 rank（A）= rank（B），且 $\|B_{\dagger}\|_2\|\Delta B\|_2<1$，那么

$$\|\gamma\|_2 \leqslant$$

$$\frac{s_{\dagger}}{t_{\dagger}}|\varepsilon|\left(\frac{\frac{1}{2}\sqrt{\sum_{k=2}^{n}\left\{\binom{k+r-3}{k-2}+\binom{k+r-4}{k-3}\right\}^2}}{\|B\|}\|x\| + \frac{\sqrt{\sum_{k=3}^{n}\left\{\binom{k+r-3}{k-2}-\binom{k+r-4}{k-3}+1\right\}^2}}{\|B\|} + \frac{s_{\dagger}}{t_{\dagger}}\frac{\frac{1}{2}\sqrt{\sum_{k=2}^{n}\left\{\binom{k+r-3}{k-2}+\binom{k+r-4}{k-3}\right\}^2}}{\|B\|}\frac{\|r_x\|}{\|B\|}\right)$$

证明：当 B 的列变量线性无关时，方程 $\|Y-Bx\|_2=\min$ 有唯一解 $x=Y^{\dagger}B$，因为

$$\|\Delta Y\|_2=\sqrt{\sum_{k=3}^{n}\left\{\binom{k+r-3}{k-2}-\binom{k+r-4}{k-3}+1\right\}^2}$$

$$\Delta B^T\Delta B=\begin{bmatrix}\frac{1}{4}\sum_{k=2}^{n}\left\{\binom{k+r-3}{k-2}+\binom{k+r-4}{k-3}\right\}^2 & 0\\ 0 & 0\end{bmatrix}$$

$$\|\Delta B\|_2=\sqrt{\lambda_{\max}(\Delta B^T\Delta B)}$$

所以，$\Delta B^T\Delta B$ 的最大的特征根为

$$\frac{1}{4}\sum_{k=2}^{n}\left\{\binom{k+r-3}{k-2}+\binom{k+r-4}{k-3}\right\}^2$$

即

$$\|\Delta B\|_2=\frac{1}{2}\sqrt{\sum_{k=2}^{n}\left\{\binom{k+r-3}{k-2}+\binom{k+r-4}{k-3}\right\}^2}$$

根据定理 12.7，可以得到

$$\|\gamma\|_2 \leqslant \frac{s_\dagger}{t_\dagger}|\varepsilon| \left(\begin{array}{c} \dfrac{\frac{1}{2}\sqrt{\sum_{k=2}^{n}\left\{\binom{k+r-3}{k-2}+\binom{k+r-4}{k-3}\right\}^2}}{\|B\|}\|x\| + \\ \dfrac{\sqrt{\sum_{k=3}^{n}\left\{\binom{k+r-3}{k-2}-\binom{k+r-4}{k-3}+1\right\}^2}}{\|B\|} + \\ \dfrac{s_\dagger}{t_\dagger}\dfrac{\frac{1}{2}\sqrt{\sum_{k=2}^{n}\left\{\binom{k+r-3}{k-2}+\binom{k+r-4}{k-3}\right\}^2}}{\|B\|}\dfrac{\|r_x\|}{\|B\|} \end{array} \right)$$

因此，当存在扰动 $\hat{x}^{(0)}(n-1)=x^{(0)}(n-1)+\varepsilon$ 时，模型的解的扰动界为

$$R[x^{(0)}(n-1)] =$$

$$\frac{s_\dagger}{t_\dagger}|\varepsilon| \left(\begin{array}{c} \dfrac{\frac{1}{2}\sqrt{\sum_{k=2}^{n}\left\{\binom{k+r-3}{k-2}+\binom{k+r-4}{k-3}\right\}^2}}{\|B\|}\|x\| + \\ \dfrac{\sqrt{\sum_{k=3}^{n}\left\{\binom{k+r-3}{k-2}-\binom{k+r-4}{k-3}+1\right\}^2}}{\|B\|} + \\ \dfrac{s_\dagger}{t_\dagger}\dfrac{\frac{1}{2}\sqrt{\sum_{k=2}^{n}\left\{\binom{k+r-3}{k-2}+\binom{k+r-4}{k-3}\right\}^2}}{\|B\|}\dfrac{\|r_x\|}{\|B\|} \end{array} \right)$$

以此类推，当存在扰动 $\hat{x}^{(0)}(n-t)=x^{(0)}(n-t)+\varepsilon$ 时，模型的解的扰动界为

$$R[x^{(0)}(n-t)] =$$

$$\frac{s_\dagger}{t_\dagger}|\varepsilon|\left(\begin{array}{c}\dfrac{\frac{1}{2}\sqrt{\sum_{k=t+1}^{n}\left\{\binom{k+r-3}{k-2}+\binom{k+r-4}{k-3}\right\}^2}}{\|B\|}\|x\| + \\ \dfrac{\sqrt{\sum_{k=t+2}^{n}\left\{\binom{k+r-3}{k-2}-\binom{k+r-4}{k-3}+1\right\}^2}}{\|B\|} + \\ \dfrac{s_\dagger}{t_\dagger}\dfrac{\frac{1}{2}\sqrt{\sum_{k=t+1}^{n}\left\{\binom{k+r-3}{k-2}+\binom{k+r-4}{k-3}\right\}^2}}{\|B\|}\dfrac{\|r_x\|}{\|B\|}\end{array}\right)$$

其中，$2 \leqslant t \leqslant n-1$。

同理，当存在扰动 $\hat{x}^{(0)}(1) = x^{(0)}(1) + \varepsilon$ 时，模型的解的扰动界为

$$R[x^{(0)}(1)] =$$

$$\frac{s_\dagger}{t_\dagger}|\varepsilon|\left(\frac{1}{2}\frac{1}{\|B\|}\|x\| + \frac{1}{\|B\|} + \frac{1}{2}\frac{s_\dagger}{t_\dagger}\frac{1}{\|B\|}\frac{\|r_x\|}{\|B\|}\right)$$

从上述证明和计算过程可以看出，模型的解的扰动界 $R[x^{(0)}(n-t)]$ 是关于 t 的减函数，即

$$R[x^{(0)}(n)] > R[x^{(0)}(n-1)] > \cdots > R[x^{(0)}(1)],$$

因此，新信息带来的扰动大于老信息，即 FRNHGM（1，1，k）模型对于新信息的变化更加敏感，符合灰色系统的新信息优先原理。此外，扰动界 $R[x^{(0)}(n-t)]$ 是关于 n 的增函数，即随着数据量的增大，模型的解的扰动界变大，系统趋于不稳定，因此 FRNHGM（1，1，k）模型比较适合小样本的建模。

当 $r > 1$ 时，FRNHGM（1，1，k）模型的解的扰动界为

$$R[x^{(0)}(n-t)] =$$

$$\frac{s_{\dagger}}{t_{\dagger}}|\varepsilon|\left(\begin{array}{l}\dfrac{\frac{1}{2}\sqrt{\sum\limits_{k=t+1}^{n}\left\{\binom{k+r-3}{k-2}+\binom{k+r-4}{k-3}\right\}^2}}{\|B\|}\|x\| + \\ \dfrac{\sqrt{\sum\limits_{k=t+2}^{n}\left\{\binom{k+r-3}{k-2}-\binom{k+r-4}{k-3}+1\right\}^2}}{\|B\|} + \\ \dfrac{s_{\dagger}}{t_{\dagger}}\dfrac{\frac{1}{2}\sqrt{\sum\limits_{k=t+1}^{n}\left\{\binom{k+r-3}{k-2}+\binom{k+r-4}{k-3}\right\}^2}}{\|B\|}\dfrac{\|r_x\|}{\|B\|}\end{array}\right)$$

$$> \frac{s_{\dagger}}{t_{\dagger}}|\varepsilon|\left(\frac{\sqrt{n-t}}{\|B\|}\|x\| + \frac{1}{\|B\|} + \frac{s_{\dagger}}{t_{\dagger}}\frac{\sqrt{n-t}}{\|B\|}\frac{\|r_x\|}{\|B\|}\right)$$

$$> \frac{s_{\dagger}}{t_{\dagger}}|\varepsilon|\left(\begin{array}{l}\dfrac{\sqrt{(n-t-1)+0.25}}{\|B\|}\|x\| + \dfrac{1}{\|B\|} + \\ \dfrac{s_{\dagger}}{t_{\dagger}}\dfrac{\sqrt{(n-t-1)+0.25}}{\|B\|}\dfrac{\|r_x\|}{\|B\|}\end{array}\right)$$

$$= L[x^{(0)}(n-t)]$$

由此可知，当 $r > 1$ 时，FRNHGM（1，1，k）模型的解的扰动界 $R[x^{(0)}(n-t)]$ 大于一阶反向累加 NHGM（1，1，k）模型的解的扰动界 $L[x^{(0)}(n-t)]$。因此，为了减小模型的解的扰动界，一般取 $0 < r < 1$。经过大量数据模拟发现，当 $0 < r < 1$ 时，FRNHGM（1，1，k）模型的解的扰动界小于一阶反向累加 NHGM（1，1，k）模型。最优的阶数可以用智能优化算法进行求解，通过阶数的调整和优化，可以更加有效地提高模型的预测精度。

12.3 本章小结

本章提出了分数阶反向累加 NHGM（1，1，k）模型，讨论了一阶反向累加 NHGM（1，1，k）模型的解的扰动界和 FRNHGM（1，1，k）模型的解的扰动界。经过大量的数据模拟发现，当 $0 < r < 1$ 时，FRNHGM（1，1，k）模型的解具有更小的扰动界，在系统数据存在扰动信息的情况下，

该模型的稳定性更好，而且由于反向累加更加有效地利用了系统的新信息，因此得到的预测误差更小，预测的精度更高，从而拓宽了灰色预测模型的理论研究和实际应用范围。

13 含可变参数的灰色预测模型在航空运输中的应用

航空运输是指使用飞机、直升机及其他航空器运送人员、货物、邮件的一种运输方式，主要包括客运航空、货运航空和邮件运输等。随着全球经济一体化和信息技术现代化的飞速发展，人们对舒适、快捷的要求越来越高，而航空运输以其快速、机动、灵活的特点，逐渐成为重要的客流、物流、商务流的承载方式。截至 2018 年年底，我国航空运输的客运量达到 61 174 万人，货运量达到 738.5 万吨，相关从业人数达到 645 957 人，运输规模已经攀升至世界第二位，航空运输业的发展面临前所未有的重要战略机遇。与此同时，由于加入世贸组织、铁路运输不断提速等，我国航空运输业的发展又面临巨大挑战；再加上航空运输业的发展本身具有典型的周期性，易受到外部因素的影响，使得航空运输业的发展具有显著的波动性。

对航空运输业的发展进行定量预测，可以有效把握航空运输业的演化规律和发展趋势，从而为航空运输基础建设规划和民航政策制定提供重要的理论支撑，以及对我国航空运输业的发展产生积极影响。当前，对航空运输的旅客周转量、货物周转量、民航不安全事件数的预测已经成为学术界研究的热点，相关研究成果不断丰富。由于我国航空运输业的发展起步较晚，部分数据的采集时间比较短，具有“小样本、贫信息”的特征，无法应用传统的统计建模方法进行预测，因此，基于少数据建模的灰色预测方法成为航空运输预测的一种理想方法，现有研究一般采用传统灰色预测模型进行建模计算。对于稳定的单调系统，传统灰色预测模型具有较好的建模效果，但是，针对航空运输具有不同特征的数据序列，现有研究还缺乏有针对性的预测模型，特别是对于具有扰动信息的非稳定系统，应用传统灰色预测模型的计算结果不够理想，模型的计算误差较大。

上海作为著名的航空运输中心，拥有浦东和虹桥两大机场，本章运用新提出的灰色预测模型对上海市航空运输业的从业人数、客运周转量、货物周转量的发展趋势进行建模分析，并对我国民航的不安全事件数进行预测，结果表明，本书新提出的灰色预测模型具有较高的预测精度，能够用于航空运输业的发展趋势的预测。

13.1 我国航空运输发展的现状分析

13.1.1 航空运输总量持续增长

我国经济已由高速增长阶段转向高质量发展阶段，航空运输业也迅速发展，人们的出行方式越来越现代化、高级化，航空运输已经成为现代人出行的主要方式之一。

2018 年，我国航空旅客运输总量为 61 174 万人，比 2017 年增长 10.9%；航空运输的客运量由 1990 年的 1 660 万人增长至 2018 年的 61 174 万人，人数增长约 35 倍；2018 年，我国航空旅客周转量为 10 712.3 亿人公里（1 公里=1 千米），同比增长 12.6%。我国航空运输的货运量也在不断增加，从新中国成立初期的 0.2 万吨，到改革开放时期的 6.4 万吨，再到 2018 年的 738.5 万吨，航空货运量不断增加。根据《2018 年民航机场生产统计公报》，在 2018 年世界机场货邮吞吐量 20 强排行榜上，中国占 5 席，仅次于美国，中国的上海浦东国际机场位列第三名。在 2018 年国际货邮吞吐量排行榜中，上海浦东国际机场位列第二名，仅次于香港国际机场。中国航空运输的货邮吞吐量在国际排名中，处于优势地位。

1990 年，上海市航空货运量占货运总量的 0.06%，2017 年航空货运量占货运总量的 0.43%，航空货运量取得了突破性的进展，但是我们也可以清楚地看到，航空货运量占货运总量的比例仍较小。从一般意义上来说，货运量与其商品价值成正比，但是特殊运输方式的货运量却与其商品价值成反比。虽然我国航空运输的货运量占货运总量的 0.3%，但是航空运输的商品价值却占货运商品总价值的 18.9%，因此，航空运输是贵重物品、鲜活货物和精密仪器运输不可或缺的方式。

在新时代，航空运输必定发展为大众化的民航服务，让航空运输从高端化、奢侈化转变为大众化、平民化，让更多的人享受便利、经济的航空运输服务，是中国航空运输业发展的根本所在。

13.1.2 国际航空运输枢纽初步形成

截至2018年年底，中国成为世界第二大航空运输强国，我国的机场数量仅次于美国，全国颁证运输的机场达到235个，其中定期航班通航机场233个，定期航班通航城市230个；旅客吞吐量千万级机场达37个，同比增加5个。截至2018年年底，我国航线总数达到4 206条，其中，国内航线3 420条，国际航线786条。随着我国航空运输业的进一步发展，更多的专业化人才投入航空运输业的发展建设中，航空运输业的从业人数也由1998年的11.2万人增长至2018年的64.6万人。

中国机场在全球航空枢纽中的地位越来越重要，贡献也越来越大。2018年，我国有3家机场（北京首都排名第2，上海浦东排名第9，广州白云排名第13）还进入了全球客运20强，同时这3家机场（上海浦东排名第3，北京首都排名第16，广州白云排名第17）还进入了全球货运20强。2017年，国家发展改革委和民航局发布的《全国民用运输机场布局规划》提出：到2025年，全国将建成覆盖广泛、分布合理、功能完善、集约环保的现代化机场体系，形成3大世界级机场群、10个国际枢纽、29个区域枢纽。

上海作为国际经济、金融、贸易、航运中心和现代化国际大都市，在实施长江三角洲区域一体化发展的国家战略中发挥了重要作用。同时，上海作为著名的航空运输中心，拥有浦东和虹桥两大机场，上海在“一市两场”空港新格局建设下，机场运营服务品质国际领先，基本确立亚太航空客货运枢纽地位，初步建成世界级机场体系。因此，本章主要研究上海市航空运输业的发展趋势，以期为我国航空运输业的发展提供有益借鉴。

13.1.3 民航不安全事件呈现振荡趋势

随着航空客运量的大幅增长，民航出行成为人们的主要出行方式，同时必然面临巨大的安全问题。民航不安全事件是指民用航空器事故、民用航空器事故征候及影响民用航空器飞行安全的一般事件[①]。1978—2017年，我国民航不安全事件发生数量快速增加，特别是2007—2017年，民航不安

---

① 赵巍. 改革开放是民航强国的最大红利［J］. 空运商务，2019（1）：1.

全事件发生的数量急剧增加①。民航不安全事件的成因具有复杂性，涉及飞机、机务、管制、地面保障等多个环节；事件具有突发性强、难预测等特点；事件发生的概率小，但是一旦发生则后果严重，影响极大。因此，民航安全形势不容乐观。

安全无小事，民航历来高度重视安全工作，有关部门通过各种方法，综合各部门，提高航空运输安全保障能力，建立健全安全防控保障体系；同时加大对民航不安全事件的预测能力，虽然不能完全抑制不安全事件的发生，但是可以通过监控、识别、预测不安全事件的发生，尽量控制人为原因和机械故障造成的不安全事件，减少民航因不安全事件的发生而产生的损失。

13.2 含时变参数的弱化缓冲算子在航空运输中的预测研究

13.2.1 上海市航空运输业从业人数的预测

我国经济已由高速增长阶段进入高质量发展阶段，航空运输业也得到飞速发展，因此需要大批专业人士投入航空运输业的发展中来。对航空运输业的从业人员进行预测，可以为航空运输业的发展提供有效的保障。上海市作为我国重要的经济、金融、贸易、航运中心，对其航空运输业进行准确预测，是推动我国航空运输业发展的关键。2011—2018 年上海市航空运输业从业人数如表 13.1 所示，从业人数走势如图 13.1 所示。

表 13.1　2011—2018 年上海市航空运输业从业人数　　单位：人

年份	2011	2012	2013	2014	2015	2016	2017	2018
人数	57 018	57 671	60 843	61 645	73 429	83 947	85 911	91 436

数据来源：上海市统计年鉴。

① 中国民用航空总局航空安全办公室. 民用航空不安全事件的处置程序 [J]. 中国民用航空总局公报，2004，43 (4)：36-37.

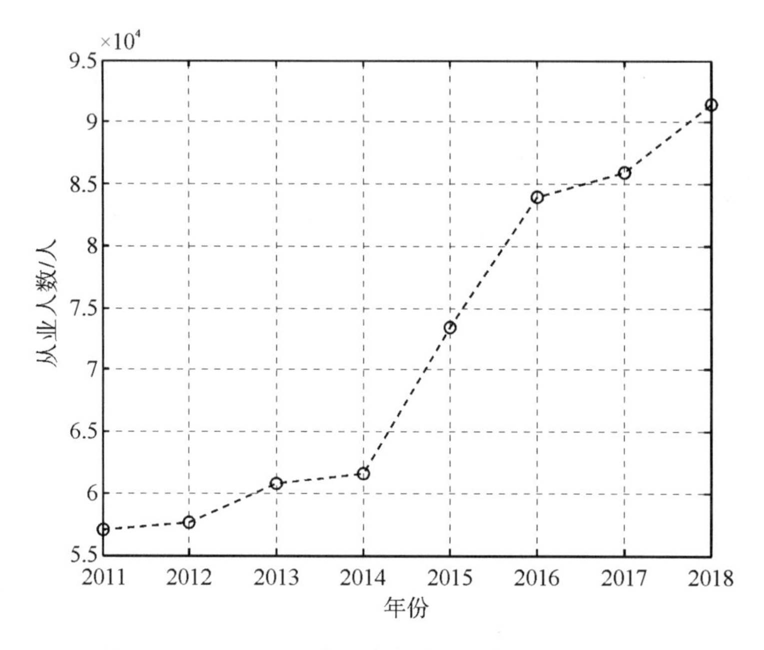

图 13.1　2011—2018 年上海市航空运输业从业人数走势

从表 13.1 可以看出，自 2012 年开始，上海市航空运输业从业人数的增长率分别 1.15%，5.50%，1.32%，19.12%，14.32%，2.34%，6.43%，从业人数增长率呈现慢—快—慢的特点，符合本章提出的缓冲算子的应用条件。因此，我们以 2011—2016 年的数据作为建模数据，以 2017—2018 年的数据作为预测数据，以检验不同建模方法的精度，不同方法的计算结果如表 13.2 所示。

表 13.2　不同灰色预测模型的预测结果

原始数据/人	DGM（1，1）			AWO			WAWBO-V		
	预测值/人	APE/%	MAPE/%	预测值/人	APE/%	MAPE/%	预测值/人	APE/%	MAPE/%
85 911	90 034	4.80	6.79	88 066	2.51	2.20	87 145	1.44	0.73
91 436	99 454	8.77		93 165	1.89		91 424	0.01	

从表 13.2 可以看出，对原始序列直接建立灰色预测模型的两步平均相对误差达到 6.79%，预测误差为三级；运用本书新提出的弱化缓冲算子对原始序列进行弱化后，模型的预测能力得到了大幅度的提升，预测误差减小为 0.73%，预测精度达到一级，证明了新提出的缓冲算子的实用性和有

效性。利用新建立的灰色预测模型对 2019—2021 年上海市航空运输业从业人数进行预测，结果如表 13. 3 所示。

表 13. 3　2019—2021 年上海市航空运输业从业人数预测值

单位：人

年份	2019	2020	2021
人数	98 559	104 266	110 303

从表 13. 3 中可以看出，航空运输业的从业人数在 2020 年年底突破了 10 万人，并以一定的速度增长。因此，为了航空运输业的健康发展，相关部门应该加大对航空运输业人才的培养力度，各高等院校，尤其是高职学院，应该增加航空运输业学生的招生人数，从而为航空运输业的良性发展提供有力保障。

此外，从上海市航空运输业从业人数的发展趋势可以看出，随着上海市航空运输业的快速发展，上海市航空运输业的从业人数呈现持续增加的态势。但是，与上海市航空运输业的发展速度相比，上海市航空运输业的从业人数的增加速度明显偏慢，其数量和质量还无法满足现代化航空运输业的发展需求，因此需要上海市政府在制订产业规划时，从人才培养方面加大对航空运输业的支持力度，在普通高校和高职院校的航空运输相关专业的专业设置和招生名额上，给予更多的政策倾斜。

13. 2. 2　我国民航不安全事件预测

民航安全是民航各项工作中的重中之重，有关部门要坚持“安全第一，预防为主，综合治理”的原则，全面做好民航安全的各项工作。不安全事件数据是民航安全系统存在问题的有效证据，可以起到为民航工作系统提供有效的安全提醒与警示作用。对不安全事件进行有效预测，可以为科研工作者进一步了解民航系统中存在的问题及其发展态势提供依据，以及为管理部门制定有效的政策法规提供参考。民航不安全事件的致因包括机组失误、总飞行时间、机械原因和天气原因等①，其中，既包含了确定性信息，又包含了不确定性信息，因此民航不安全事件可以看作一个灰色

① 王永刚，吕学梅. 民航事故征候的关联度分析和灰色模型预测［J］. 安全与环境学报，2006，6（6）：127-130.

系统。2008—2015 年我国民航不安全事件数如表 13.4 所示①，其走势如图 13.2 所示。

表 13.4　2008—2015 年我国民航不安全事件数

单位：件

年份	2008	2009	2010	2011	2012	2013	2014	2015
不安全事件数	1 280	2 564	4 126	6 703	10 367	11 697	12 469	13 207

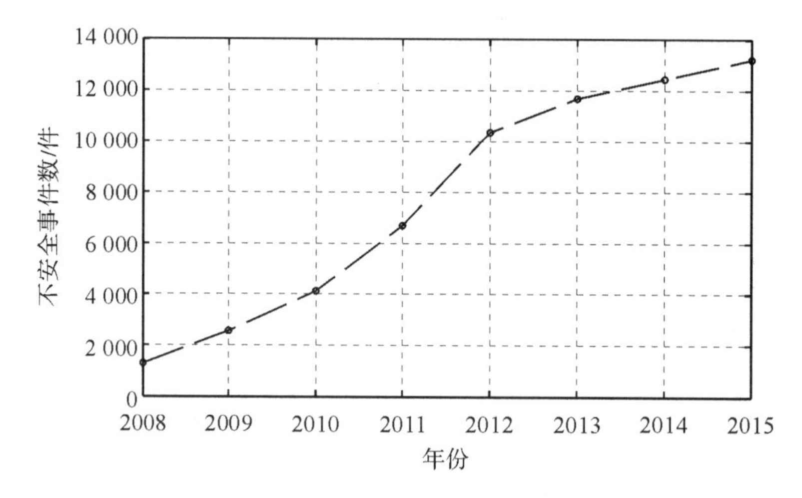

图 13.2　2008—2015 年我国民航不安全事件走势

从表 13.4 中可以看出，自 2009 年开始，我国民航不安全事件数的年增长率分别为 100.31%，60.92%，62.46%，54.66%，12.83%，6.60%，5.92%，说明从 2008 年开始，随着我国民航业的快速发展，我国民航不安全事件数呈现出不断增加的趋势，开始时增长率很大，最大的达到 100.31%；但是随着民航局和各个航空公司对安全问题的重视程度增加，不安全事件数的增长率逐年递减，序列呈现出典型的先快后慢的趋势，符合弱化缓冲算子的应用条件。因此，本章以 2008—2013 年的数据作为建模数据，以 2014—2015 年的数据作为预测数据，不同预测模型的计算结果如表 13.5 所示。

① 陈芳，孙亚腾. 弱化缓冲算子修正的民航不安全事件离散灰色预测 [J]. 安全与环境学报，2017，17 (3)：1022-1025.

表 13.5　不同灰色预测模型的预测结果

原始数据/件	DGM（1，1）			AWO			WAWBO-V		
	预测值/件	APE/%	MAPE/%	预测值/件	APE/%	MAPE/%	预测值/件	APE/%	MAPE/%
12 469	18 056.18	44.81	67.60	13 631.02	9.32	13.09	12 659.58	1.53	2.02
13 207	25 144.42	90.39		15 434.13	16.86		13 538.62	2.51	

从表 13.5 中可以看出，对原始序列直接建立灰色预测模型的两步平均相对误差达到 67.60%，无法应用于预测；经过传统的平均弱化缓冲算子弱化后，模型的预测能力得到了一定的提升，平均相对误差减小为 13.09%，预测误差为四级，基本可以用于预测；经过本书新提出的含时变参数的缓冲算子弱化后，模型的预测精度达到 2.02%，预测误差为二级，说明本书提出的缓冲算子可以有效减弱系统的冲击扰动，还原系统的真实规律，使得建立的灰色预测模型具有较高的预测精度。

从我国航空运输业不安全事件数序列的变化趋势可以看出，我国航空运输业的不安全事件数呈现单调递增的趋势，但是增长趋势逐渐放缓，说明在民航局和各个航空公司的努力下，航空运输业整体的安全性得到了较大的提升。但是，我们也要清醒地认识到，航空运输业不安全事件具有显著的特殊性，事件一旦发生，伤亡一般都很严重，除了会造成比较严重的经济损失，产生的社会影响也比较大，对于航空运输业的发展会形成较大的阻碍。因此，有关部门要尽快建立健全的航空运输不安全事件的预测预警体系，尽快形成一整套的应对不安全事件的规范措施，尽最大可能地减少不安全事件造成的损失。

13.3　分数阶时变参数离散灰色预测模型对航空运输量的预测

13.3.1　上海市航空旅客周转量预测

航空运输作为交通运输体系的重要组成部分，已成为国民经济快速发展的重要保障。因此，客运量的有效预测对航空运输业政策的制定具有重要意义。上海作为重要的航空运输枢纽，其 2018 年的旅客周转量占我国旅客周转量的 27.5%，为了制订合理的上海市交通运输发展规划，需要对上海市的航空旅客周转量进行有效预测。2008—2017 年上海市航空旅客周转量如表 13.6 所示。

表 13.6　2008—2017 年上海市航空旅客周转量

单位：亿人公里

年份	2008	2009	2010	2011	2012	2013	2014	2015	2016	2017
旅客周转量	715.09	845.52	1 035	1 136.7	1 041	1 159	1 217.3	1 445.8	1 689	1 905.8

数据来源：上海市统计年鉴。

为了更形象地说明上海市航空旅客周转量的发展趋势，我们用 MATLAB 绘制了 2008—2017 年上海市航空旅客周转量的走势图，如图 13.3 所示。

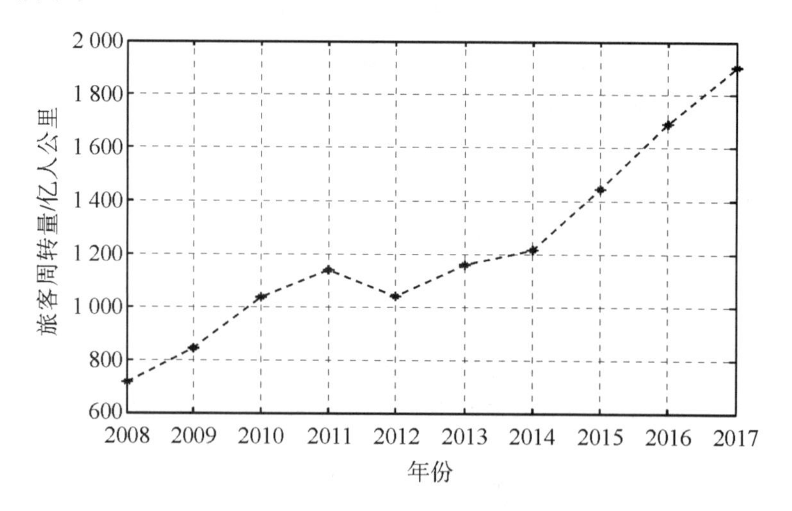

图 13.3　2008—2017 年上海市航空旅客周转量走势

本节运用 2008—2015 年上海市的航空旅客周转量数据建立灰色预测模型，并对 2016—2017 年上海市的航空旅客周转量进行预测，不同模型的计算结果如表 13.7 所示。

表 13.7　不同灰色预测模型的计算结果

年份	原始值/亿人公里	DGM（1，1）			TDGM（1，1）			FTDGM（1，1），$r=1.54$		
		模拟值/亿人公里	APE/%	MAPE/%	模拟值/亿人公里	APE/%	MAPE/%	模拟值/亿人公里	APE/%	MAPE/%
2008	715.09	715.09	0	5.29	715.09	0	3.87	715.09	0	2.96
2009	845.52	904.57	6.98		859.14	1.61		834.81	1.27	
2010	1035	969.86	6.29		1040.61	0.54		1085.51	4.88	
2011	1136.7	1039.85	8.52		1042.49	8.29		1058.62	6.87	
2012	1041	1114.90	7.10		1121.47	7.73		1079.80	3.73	
2013	1159	1195.37	3.14		1179.45	1.76		1148.60	0.90	
2014	1217.3	1281.64	5.29		1251.46	2.81		1257.65	3.31	
2015	1445.8	1374.14	4.96		1327.34	8.19		1406.12	2.74	
年份	原始值	预测值	APE	MAPE	预测值	APE	MAPE	预测值	APE	MAPE
2016	1689	1473.31	12.77	14.94	1410.86	16.47	18.83	1598.29	5.37	4.35
2017	1905.8	1579.64	17.11		1502.14	21.18		1842.61	3.32	

从表 13.7 中可以看出，TDGM（1，1）模型在描述内部演化方面优于 DGM（1，1）模型。然而，无论是 DGM（1，1）模型，还是 TDGM（1，1）模型，都不能准确地描述系统的未来发展趋势，数据序列的预测误差偏大，说明模型的趋势外推能力不足。而 FTDGM（1，1）模型的平均预测误差为 4.35%，说明该模型具有较强的趋势外推能力。

另外，上海市的航空旅客周转量一直保持着比较高的增长速度，这对上海市的配套交通设施提出了更高的要求。不断增加的航空客流，要求上海市的公交—地铁—机场应该实现无缝对接、协同联运，这就要求公共交通要有更高的转运频次和更长的营业时间。因此，上海市有关部门要利用交通大数据平台，实现对航空客流的智能预测和预警，以便及时增加和调整公共交通的运力，实现航空运输旅客的方便快捷转运。

13.3.2　上海市航空货物周转量预测

2008—2017 年上海市的航空货物周转量如表 13.8 所示。从表 13.8 可以看出，自 2008 年开始，随着上海市经济的快速发展，特别是长三角一体化建设的加快推进，2008—2017 年上海市的航空货物周转量整体上呈现增长的趋势，但是，也有个别年份出现波动的情况，序列变化情况如图 13.4 所示。

表 13.8　2008—2017 年上海市航空货物周转量

单位：亿吨公里

年份	2008	2009	2010	2011	2012	2013	2014	2015	2016	2017
货物周转量	37	49	63	57	54	57	57	57	58	60

数据来源：上海市统计年鉴。

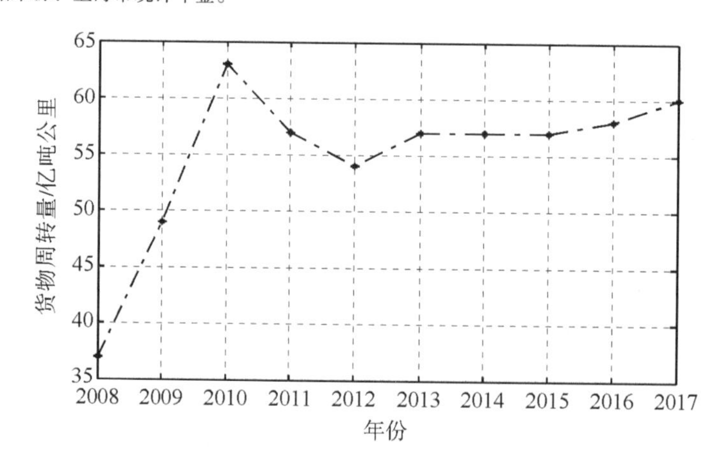

图 13.4　2008—2017 年上海市航空货物周转量序列变化

我们利用 2010—2016 年的数据建立灰色预测模型，以 2017—2018 年的数据作为预测数据，不同灰色预测模型的建模结果如表 13.9 所示，原始数据和不同灰色预测模型的建模结果对比如图 13.5 所示。

表 13.9　不同灰色预测模型的建模结果

年份	原始值/亿吨公里	DGM（1，1）			PDGM（1，1，2）			FPDGM（1，1，2，1.32）		
		模拟值/亿吨公里	APE/%	MAPE/%	模拟值/亿吨公里	APE/%	MAPE/%	模拟值/亿吨公里	APE/%	MAPE/%
2008	37	37	0	4.01	37	0	1.13	37	0	1.11
2009	49	55.13	12.51		49.08	0.16		48.99	0.02	
2010	63	55.51	11.89		62.90	0.16		63.26	0.41	
2011	57	55.89	1.95		56.63	0.65		55.97	1.81	
2012	54	56.28	4.22		55.02	1.89		55.67	3.09	
2013	57	56.67	0.58		56.25	1.32		55.97	1.81	
2014	57	57.07	0.12		56.46	0.95		56.74	0.46	
2015	57	57.46	0.81		59.23	3.91		57.71	1.25	
年份	原始值	预测值	APE	MAPE	预测值	APE	MAPE	预测值	APE	MAPE
2016	58	57.86	0.24	1.57	57.90	0.17	5.35	58.8	1.38	0.73
2017	60	58.26	2.90		66.31	10.52		59.96	0.07	

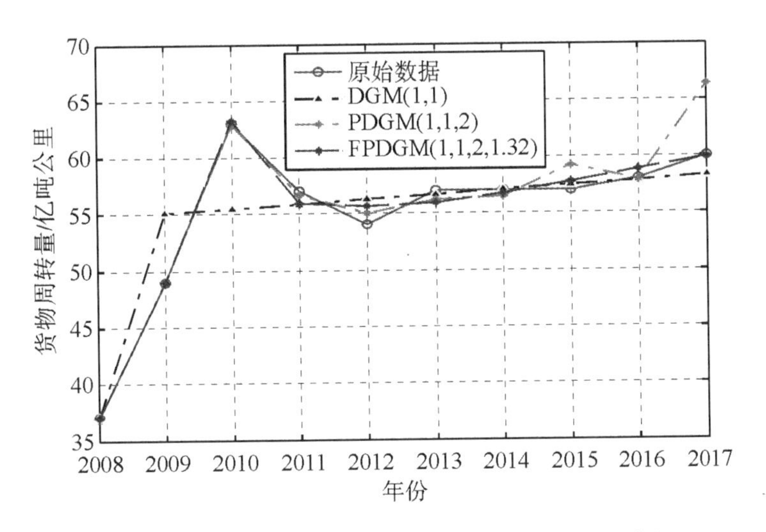

图 13.5　原始数据和不同灰色预测模型的建模结果对比

由表 13.9 可知，传统的 DGM（1，1）模型的模拟误差达到 4.01%，预测误差为 1.57%。PDGM（1，1，2）模型可以在一定程度上提高模型的模拟精度，但预测误差却大幅增加，特别是第二步的预测误差，最大达到了 10.52%，明显偏大。而 FPDGM（1，1，2，1.32）模型的模拟误差为 1.11%，预测误差为 0.73%，预测误差为一级，明显优于传统的 DGM（1，1）模型和 PDGM（1，1，2）模型，说明 FPDGM（1，1，m，r）模型具有较强的稳定性和良好的趋势外推能力。

另外可以看出，2008—2017 年上海市的航空货运规模稳步增长，但是，增长的速度明显慢于客运量的增长速度，原因在于上海市的航海运输方式具有区域优势和规模优势，运输的成本更加低廉，大件物流的首选仍然是海运运输。随着我国产业结构的不断升级和人民生活水平的不断提高，我国的国内物流运输和外贸进出口方式在不断变化，尤其是越来越多的时效性强的货物和冷链物流产品需要借助航空方式进行运输。因此，上海市的航空货运要不断提升自己的竞争力，积极做大做强，不断降低运输成本和运输价格，提升运输效率，抓住中国（上海）自由贸易试验区的建设契机，使航空货运得到更快的发展。

13.4 本章小结

本章应用一类含时变参数的弱化缓冲算子、分数阶线性时变参数离散灰色预测模型、分数阶累加多项式时变参数离散灰色预测模型对上海市航空运输业的从业人数，上海市旅客周转量、货物周转量，我国民航不安全事件等进行了预测，取得了较好的预测效果。但是，影响航空运输业发展的因素较多，航空运输各数据序列的变化规律不尽相同，因此，如何根据数据序列的演化规律，建立与之相适应的灰色预测模型，是我们需要进一步深入研究的问题。

14 基于灰色预测模型的直播电商发展趋势研究

灰色系统理论是研究小样本数据和解决差贫信息问题的一种有效的数学方法，该理论中的灰色关联模型和灰色预测模型已广泛应用于各个行业的科学研究中。当前，因为直播电商仍是一个新兴的行业，每年的数据较少，所以中国很难对其制定科学的政策。因此，运用灰色系统理论对未来直播电商的规模进行预测至关重要。本章从影响直播电商发展的诸多因素中选取了 14 个预测因子，分别构建了 GM（1，1）、DGM（1，1）、NDGM（1，1）和 FDGM（1，1）四种灰色预测模型，并对模型的准确性进行了比较。结果表明，NDGM（1，1）模型的模拟效果最好。本章将新的建模方法应用到直播电商的研究中，拓宽了直播电商理论的研究领域。此外，本章从不同的角度对直播电商进行了新的研究，以期为政府做出更合理和有效的决策提供参考。

在以往的电子商务交易中，消费者只能通过文字描述或图片展示来购物，一些学者认为在这种交易方式中存在很多的未知风险，但随着互联网科技的发展，出现了一种新型的购物方式，即直播电商，一些学者将它定义为一种利用视频直播可以直观展示商品相关信息，并可以让买家和卖家进行实时交互的购物形式。直播电商作为电子商务发展中的新领域，搭乘上了互联网发展的“顺风车”，始于 2016 年，爆发于 2019 年，经过了萌芽期、探索期和爆发期三个阶段。当前，直播电商发展中最热门的“主播带货”形式的交易额已经发生了从“单场过亿”到“单场过百亿”的巨大转变。据艾瑞咨询统计，2020 年中国直播电商市场规模超 1 万亿元，这与 2017 年的 366 亿元相比，增长了约 26 倍，如图 14.1 所示。直播电商所带来的社会和经济效益增长引起了国家的重点关注，尤其在乡村振兴方面，淘宝村网商抓住直播电商发展的机遇，直播间用户和成单量呈爆发式增长，成功帮助一些乡村脱贫致富。直播电商虽然发展迅猛，但是也存在很多问题有待研究，当前有关年度数据较少，所获得的信息也多是灰信息，这给政府的科学决策带来了困难，因此，对于我国直播电商领域的预测研究具有十分重要的理论意义和现实意义。

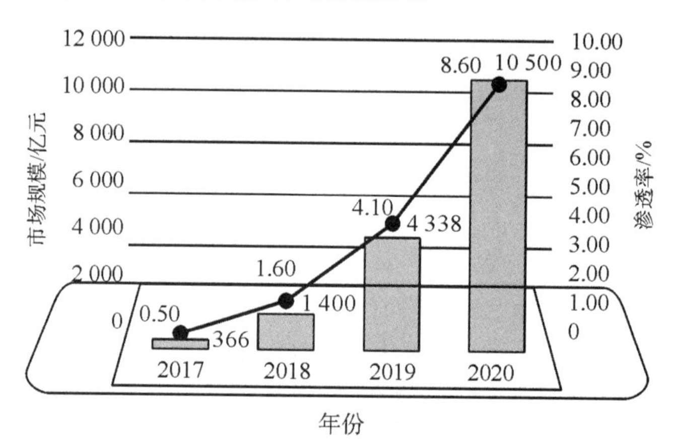

图 14.1　**直播电商市场规模及直播电商渗透率**

14.1　文献回顾

14.1.1　直播电商研究现状

现有的关于直播电商的研究中，一方面，学者们主要研究哪些因素会对消费者的购买意愿产生影响，比如直播电商平台的同步特性①、消费体验②和界面设计③等，会对消费者的购买意愿产生影响；再如电商主播的公

① BRÜNDL S, MATT C, HESS T. Consumer use of social live streaming services: the influence of co-experience and effectance on enjoyment [C]. Proceedings of the 25th European Conference on Information Systems, 2017.

② CHEN Z, BENBASAT I, CENFETELLI R T. Grassroots internet celebrity plus live streaming [R]. Activating IT-Mediated Lifestyle Marketing Services at e-Commerce Websites, 2017.

③ XU X, WU J H, LI Q. What drives consumer shopping behavior in live streaming commerce [J]. Journal of Electronic Commerce Research, 2020, 21 (3): 144-167.

众个性化[①]、专业可信度[②]等特征也会影响消费者购物。另一方面，有学者针对直播电商的现状及未来趋势进行了定性研究[③④]。此外，还有少量学者从定量的角度对直播电商展开了研究[⑤⑥]。

直播电商出现时间较晚，数据较少，信息具有灰特征，现有研究大多从定性的角度展开，很少有学者从定量的角度来研究影响直播电商发展的因素，并且在这些因素中哪些是主要因素，哪些是次要因素，这些内容尚待进一步研究。此外，关于直播电商发展规模预测的研究，由于样本量较小，现有的数理统计方法不适合进行定量预测分析，因此较少有学者对直播电商进行预测方面的研究。

14.1.2 灰色系统理论研究现状

灰色系统理论由邓聚龙教授提出，是研究“小样本、贫信息、不确定问题”问题的一种理论。在现实生活中，我们经常遇到数据信息不完整等问题，而灰色系统理论可以解决这些问题。灰色系统理论包括灰色关联分析、灰色预测分析等内容，当前已经广泛应用于能源、交通、农业等方面的研究中。灰色关联分析模型及其应用研究引起了学者们的广泛关注，已经从最初的基于点关联系数模型发展到基于整体和全局视角的模型，至今仍有许多学者围绕该模型进行优化和改进。当前，灰色关联分析模型已广

---

① CHAN K K, MISRA S. Characteristics of the opinion leader: A new dimension [J]. Journal of Advertising, 1990, 19 (3): 53-60.

② SUSSMAN S W, SIEGAL W S. Informational influence in organizations: an integrated approach to knowledge adoption [J]. Information Systems Research, 2003, 14 (1): 47-65.

③ CUNNINGHAM S, CRAIG D, LV J. China's livestreaming industry: platforms, politics, and precarity [J]. International Journal of Cultural Studies, 2019, 22 (6): 719-736.

④ LIU Z. Research on the current situation and future trend of web celebrity e-commerce live streaming industry [C]. ICBIM 2020: 2020 The 4th International Conference on Business and Information Management, 2020.

⑤ SU X. An empirical study on the influencing factors of e-commerce live streaming [C]. 2019 International Conference on Economic Management and Model Engineering (ICEMME), 2019: 492-496.

⑥ FEI M, TAN H, PENG X, et al. Promoting or attenuating? An eye-tracking study on the role of social cues in e-commerce livestreaming [J]. Decision Support Systems, 2020, 142 (1-2): 113466.

泛应用到电商市场效率评价、电子商务发展战略评价和电商消费者文本评价中①②③④⑤⑥⑦⑧。灰色预测作为灰色系统理论的核心，可以针对少量的、不完全的信息建立数学模型并做出预测，相较于常用的预测方法，比如回归分析等，更适合用于小样本的预测，相关的模型优化和应用研究也一直深受学者们青睐。

直播电商发展至今，现有年度数据较少，存在样本量小、信息具有灰特征等问题，因此按常规的统计方法较难对其进行分析；而灰色系统理论即使在数据较少的情况下，也可以进行灰色关联分析，并且所构建的模型拟合效果好、精度高。当前灰色系统理论应用在直播电商领域的研究成果较少，将这个新方法应用到直播电商领域的研究中，可以拓展灰色系统理论的应用研究领域，具有重要的理论意义。此外，从直播电商这个新的研究视角出发，所得出的研究成果可以为政府决策提供科学参考，具有较强的实践意义。

14.2 灰色关联分析模型

灰色关联分析作为灰色系统理论的活跃分支，常用来对相关影响因素进行分析，主要包括灰色绝对关联度、灰色相对关联度和灰色综合关联度。

---

① XIE N M, LIU S F. The grey geometric correlation model and its properties research [C]. Proceedings of the 16th National Academic Conference on Grey Systems, 2008, 32-38.

② LIU S F, YANG Y J, FORREST J. Grey data analysis [M]. Singapore: Springer Singapore, 2017: 978-981.

③ LIU X, WEI Y. BA-BP short-term load prediction based on an improved gray association analysis [J]. Science Technology and Engineering, 2020, 20 (1): 223-227.

④ ZHANG C, LIU Q, LIU G, et al. Radar expense driver selection method based on improved gray correlation analysis [J]. Journal of Ordnance Equipment Engineering, 2019, 40 (8): 130-135.

⑤ LIU J F, LI S S, GAO P M. A study on livestreaming e-commerce development scale in china based on grey system theory [J]. Mathematical Problems in Engineering, 2022: 1-19.

⑥ WANG C N, DANG T T, NGUYEN N, et al. Supporting better decision-making: a combined grey model and data envelopment analysis for efficiency evaluation in e-commerce marketplaces [J]. Sustainability, 2020, 12: 1-24.

⑦ STANUJKIC D, KARABASEVIC D, MAKSIMOVI M, et al. Evaluation of the e-commerce development strategies [J]. Quaestus Multidisciplinary Research Journal, 2019: 144-152.

⑧ FIDAN H. Grey relational classification of consumers' textual evaluations in e-Commerce [J]. Journal of Theoretical and Applied Electronic Commerce Research, 2020, 15 (1): 48-65.

14.2.1 灰色绝对关联度

灰色绝对关联度是基于序列折线的相似度而构建出的一种模型，与其空间位置无关。两个序列折线的相似度越大，其灰色绝对关联度越大；反之则越小。

假设系统行为序列 X_0 与 X_i 的长度相同，且皆为 1-时距序列，$X_0=\{x_0(1),\ x_0(2),\ \cdots,\ x_0(n)\}$，$X_i=\{x_i(1),\ x_i(2),\ \cdots,\ x_i(n)\}$，则 X_0 与 X_i 的始点零化象为

$$X_0^0=\{x_0^0(1),\ x_0^0(2),\ \cdots,\ x_0^0(n)\}$$
$$=\{x_0(1)-x_0(1),\ x_0(2)-x_0(1),\ \cdots,\ x_0(n)-x_0(1)\}$$
$$X_i^0=\{x_i^0(1),\ x_i^0(2),\ \cdots,\ x_i^0(n)\}$$
$$=\{x_i(1)-x_i(1),\ x_i(2)-x_i(1),\ \cdots,\ x_i(n)-x_i(1)\}$$

令

$$|s_i|=\left|\sum_{k=2}^{n-1}x_i^0(k)+\frac{1}{2}x_i^0(n)\right|,\quad |s_0|=\left|\sum_{k=2}^{n-1}x_0^0(k)+\frac{1}{2}x_0^0(n)\right|$$

$$|s_i-s_0|=\left|\sum_{k=2}^{n-1}[x_i^0(k)-x_0^0(k)]+\frac{1}{2}[x_i^0(n)-x_0^0(n)]\right|$$

则 X_i 与 X_0 的灰色绝对关联度为

$$\varepsilon_{0i}=\frac{1+|s_0|+|s_i|}{1+|s_0|+|s_i|+|s_i-s_0|}$$

$$=\frac{1+\left|\sum_{k=2}^{n-1}x_0^0(k)+\frac{1}{2}x_0^0(n)\right|+\left|\sum_{k=2}^{n-1}x_i^0(k)+\frac{1}{2}x_i^0(n)\right|}{1+\left|\sum_{k=2}^{n-1}x_0^0(k)+\frac{1}{2}x_0^0(n)\right|+\left|\sum_{k=2}^{n-1}x_i^0(k)+\frac{1}{2}x_i^0(n)\right|+\left|\sum_{k=2}^{n-1}[x_i^0(k)-x_0^0(k)]+\frac{1}{2}[x_i^0(n)-x_0^0(n)]\right|}\quad(14.1)$$

14.2.2 灰色相对关联度

灰色相对关联度是基于序列相对于始点的变化速率而构建出的一种模型，与序列中观测值本身无关，并且任何两个序列的变化速率之间都有一些关系。两个序列相对于始点的变化速率越接近，其灰色相对关联度越大。

假设序列X_0与X_i的长度相同，且初值皆不为0，$X_0=\{x_0(1),\ x_0(2),\ \cdots,$

$x_0(n)\}$，$X_i=\{x_i(1),\ x_i(2),\ \cdots,\ x_i(n)\}$，
则 X_0 与 X_i 的初值象为

$$X_0' = \{x_0'(1),\ x_0'(2),\ \cdots,\ x_0'(n)\} = \left\{\frac{x_0(1)}{x_0(1)},\ \frac{x_0(2)}{x_0(1)},\ \cdots,\ \frac{x_0(n)}{x_0(1)}\right\}$$

$$X_i' = \{x_i'(1),\ x_i'(2),\ \cdots,\ x_i'(n)\} = \left\{\frac{x_i(1)}{x_i(1)},\ \frac{x_i(2)}{x_i(1)},\ \cdots,\ \frac{x_i(n)}{x_i(1)}\right\}$$

则 X_0' 与 X_i' 的始点零化象为

$$\begin{aligned} X_0'^0 &= \{x_0'^0(1),\ x_0'^0(2),\ \cdots,\ x_0'^0(n)\} \\ &= \{x_0'(1)-x_0'(1),\ x_0'(2)-x_0'(1),\ \cdots,\ x_0'(n)-x_0'(1)\} \end{aligned}$$

$$\begin{aligned} X_i'^0 &= \{x_i'^0(1),\ x_i'^0(2),\ \cdots,\ x_i'^0(n)\} \\ &= \{x_i'(1)-x_i'(1),\ x_i'(2)-x_i'(1),\ \cdots,\ x_i'(n)-x_i'(1)\} \end{aligned}$$

令

$$|s_i'| = \left|\sum_{k=2}^{n-1} x_i'^0(k) + \frac{1}{2}x_i'^0(n)\right|,\quad |s_0'| = \left|\sum_{k=2}^{n-1} x_0'^0(k) + \frac{1}{2}x_0'^0(n)\right|$$

$$|s_i' - s_0'| = \left|\sum_{k=2}^{n-1}[x_i'^0(k) - x_0'^0(k)] + \frac{1}{2}[x_i'^0(n) - x_0'^0(n)]\right|$$

则称 X_0' 与 X_i' 的灰色绝对关联度为 X_0 与 X_i 的灰色相对关联度，
灰色相对关联度为

$$\begin{aligned} r_{0i} &= \frac{1+|s_0'|+|s_i'|}{1+|s_0'|+|s_i'|+|s_i'-s_0'|} \\ &= \frac{1+\left|\sum_{k=2}^{n-1} x_0'^0(k) + \frac{1}{2}x_0'^0(n)\right| + \left|\sum_{k=2}^{n-1} x_i'^0(k) + \frac{1}{2}x_i'^0(n)\right|}{1+\left|\sum_{k=2}^{n-1} x_0'^0(k) + \frac{1}{2}x_0'^0(n)\right| + \left|\sum_{k=2}^{n-1} x_i'^0(k) + \frac{1}{2}x_i'^0(n)\right| + \left|\sum_{k=2}^{n-1}[x_i'^0(k) - x_0'^0(k)] + \frac{1}{2}[x_i'^0(n) - x_0'^0(n)]\right|} \end{aligned} \tag{14.2}$$

14.2.3 灰色综合关联度

灰色综合关联度既可以反映序列之间的相似度，又可以反映序列相对于始点的变化速率的接近程度，是从比较全面的角度来考虑序列之间联系的紧密程度的一个指标，其中 $\theta \in [0,\ 1]$，一般取 $\theta = 0.5$。

假设序列 X_0 与 X_i 的长度相同，且初始值不为 0，两个序列的灰色绝对关联度为 ε_{0i}，灰色相对关联度为 r_{0i}，则 X_0 与 X_i 的灰色综合关联度为

$$\rho_{0i} = \theta\varepsilon_{0i} + (1 - \theta) r_{0i}$$

14.3 直播电商发展规模预测指标选取与确定

14.3.1 直播电商发展规模预测指标选取

直播电商经过萌芽期的摸索、探索期的尝试，当前迎来了爆发期的狂欢。直播电商在发展中受到许多因素的影响，通过阅读文献和查阅资料，本节选取直播电商的市场交易额作为直播电商发展规模的量化指标。此外，根据阿里研究院和毕马威的研究分析，直播电商有今日的发展势头，除有国家的政策扶持外，还有平台、消费者、主播等多种因素的影响，这些角色在直播电商的发展过程中各司其职，最后形成了日趋完善的直播电商生态系统，具体如图 14.2 所示。

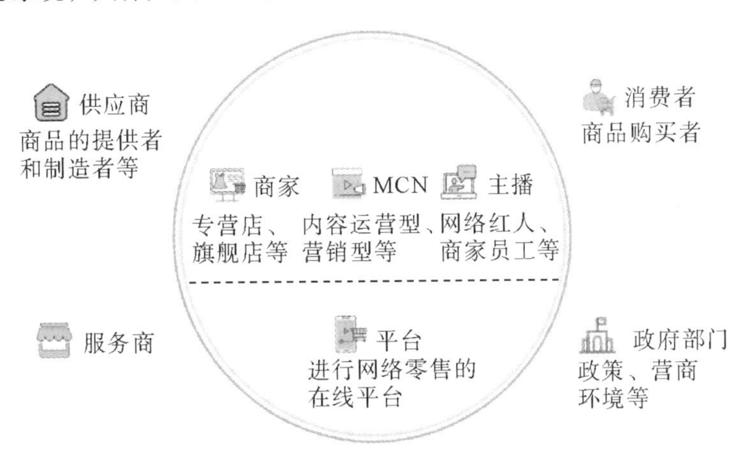

图 14.2 直播电商生态系统

本节依据直播电商生态系统，从平台、主播、MCN 机构、商家、消费者、供应商、服务商和政府这 8 个类别中，选取可量化的指标作为直播电商发展规模的相关影响因素，并从中确定主要影响因素，相关预测指标分级如表 14.1 所示。

表 14.1　直播电商发展规模的相关预测指标

目标层	一级指标	二级指标
直播电商市场交易额	平台指标	淘宝直播电商交易额
	主播指标	电子商务从业人数
	MCN 机构指标	MCN 机构市场规模
	商家指标	直播电商企业注册数
	消费者指标	网络直播用户规模
		居民人均可支配收入
	供应商指标	农产品电商交易额
		化妆品电商交易额
		服饰电商交易额
		休闲食品电商交易额
	服务商指标	快递服务企业业务量
		电商支持服务业营收额
	政府指标	网上零售交易额
		国内生产总值

（1）平台指标：在直播电商的发展中，淘宝直播电商发展势头很猛且运营模式相对成熟，具有很强的代表性，因此选取淘宝直播电商交易额作为影响因素。

（2）主播指标：主播作为电子商务从业人员的一部分，电子商务从业人数的增加也可以反映主播数量的增加，两者都与直播电商发展密切相关，因主播从业人数尚未有官方统计数据，故选择电子商务从业人数作为影响因素。

（3）MCN 机构指标：MCN 机构的发展对直播电商的发展起到了催化作用，现在很多电商可通过 MCN 机构实现商业变现，因此选取 MCN 机构市场规模作为影响因素。

（4）商家指标：直播电商企业注册数越多，说明企业越想抓住发展红利期，越能反映市场行情较好，因此选择直播电商企业注册数作为影响因素。

（5）消费者指标：消费者作为直播电商中的重要参与者，对直播电商的发展起直接作用，考虑到消费者是可量化的指标，选取网络直播用户规模和居民人均可支配收入作为影响因素。

（6）供应商指标：供应商作为直播电商中货物的提供者，涵盖了很多品类，结合直播电商的热销品类发展现状，选取农产品电商交易额、化妆品电商交易额、服饰电商交易额、休闲食品电商交易额作为影响因素。

（7）服务商指标：服务商为直播电商的发展提供了各种便利，其中，电子商务支撑服务领域中的电子支付、信息技术服务和信用服务等营收，对直播电商的发展起到了巨大的推动作用，因此选取快递服务企业业务量和电商支持服务业营收额作为影响因素。

（8）政府指标：政府部门对直播电商的发展不仅有政策方面的扶持，还为直播电商的发展创造了有利的营商环境，营商环境包括市场环境和经济环境等，其中市场环境可以考虑电子商务市场，而国家的经济发展水平也决定了行业发展的大环境，因此选取网络零售交易额和国内生产总值作为影响因素。

14.3.2 直播电商发展规模预测指标确定

（1）数据来源

根据直播电商生态系统，我们选取了 14 个可量化的影响因素，其原始数据如表 14.2 所示。本节以 2017—2020 年的数据作为原始数据，通过灰色关联分析来确定各因素与直播电商发展规模之间的关系，以最终确定直播电商发展规模的预测指标。

本节所用数据来源于国家统计局、国家邮政局、艾媒咨询、毕马威、阿里研究院、企查查、网经社、前瞻产业研究院、中商产业研究院、电子商务交易技术国家工程实验室、中央财经大学中国互联网研究院以及综合上市公司历年公布的财报等。

表 14.2　原始数据

序列	影响因素	2017 年	2018 年	2019 年	2020 年
X_0	直播电商市场交易额/亿元	366	1 400	4 338	10 500
X_1	淘宝直播电商交易额/亿元	200	1 000	2 500	4 300
X_2	电子商务从业人数/万人	4 250.32	4 700.65	5 125.65	6 015.33
X_3	MCN 机构市场规模/亿元	78	112	168	245
X_4	直播电商企业注册数/家	698	1 121	1 548	6 939
X_5	网络直播用户规模/亿元	3.98	4.56	5.04	5.26
X_6	居民人均可支配收入/元	25 974	28 228	30 733	32 189
X_7	农产品电商交易额/亿元	1 723	2 305	3 975	6 107

表14.2(续)

序列	影响因素	2017 年	2018 年	2019 年	2020 年
X_8	化妆品电商交易额/亿元	83.9	103.6	151.6	198.8
X_9	服饰电商交易额/亿元	6 725.7	8 205.4	10 133.7	10 944.4
X_{10}	休闲食品电商交易额/亿元	761	969	1 202	1 475
X_{11}	快递服务企业业务量/亿件	400.6	507.1	635.2	833.6
X_{12}	电商支持服务业营收额/万亿元	1.12	1.3	1.8	2.09
X_{13}	网上零售交易额/万亿元	7.18	9.01	10.63	11.76
X_{14}	国内生产总值/亿元	832 035.9	919 281.1	986 515.2	1 015 986.2

（2）基于灰色关联分析的直播电商发展规模预测指标

利用灰色关联分析模型，可以分别计算出直播电商市场交易额与各影响因素之间的灰色绝对关联度、灰色相对关联度和灰色综合关联度，并确定关联等级，以最终确定影响我国直播电商发展规模的预测指标。根据灰色关联分析的建模机理进而进行算法设计，灰色关联分析模型算法的设计流程如图 14.3 所示。

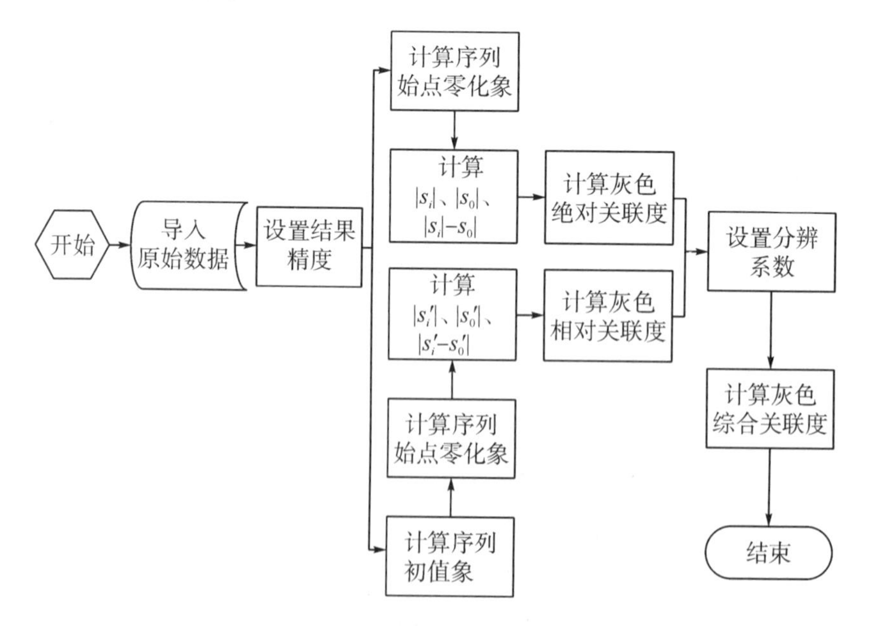

图 14.3　灰色关联分析算法的设计流程

灰色关联分析的计算过程包括求解初值象、求解始点零化象等步骤，具体计算过程不再赘述，计算结果如表 14.3 所示。一般认为，当 0.5≤关联度<0.6 时，两因素存在中度关联；当 0.6≤关联度<0.7 时，两因素存在较强关联；当 0.7≤关联度<0.8 时，两因素存在强关联；当 0.8≤关联度 1.0 时，两因素存在极强关联。

表 14.3　关联度计算结果

序列	影响因素	灰色绝对关联度	灰色相对关联度	灰色综合关联度	关联等级
X_1	淘宝直播电商交易额	0.755 6	0.968 4	0.862 0	极强关联
X_2	电子商务从业人数	0.609 6	0.518 2	0.563 9	中度关联
X_3	MCN 机构市场规模	0.510 3	0.556 4	0.533 4	中度关联
X_4	直播电商企业注册数	0.718 1	0.621 2	0.669 7	较强关联
X_5	网络直播用户规模	0.500 1	0.519 1	0.509 6	中度关联
X_6	居民人均可支配收入	0.997 7	0.515 9	0.756 8	强关联
X_7	农产品电商交易额	0.749 5	0.561 0	0.655 2	较强关联
X_8	化妆品电商交易额	0.507 2	0.539 7	0.523 5	中度关联
X_9	服饰电商交易额	0.847 3	0.527 5	0.687 4	较强关联
X_{10}	休闲食品电商交易额	0.550 0	0.532 5	0.541 2	中度关联
X_{11}	快递服务企业业务量	0.527 7	0.533 8	0.530 7	中度关联
X_{12}	电商支持服务业营收额	0.500 1	0.530 3	0.515 2	中度关联
X_{13}	网上零售交易额	0.500 4	0.527 7	0.514 1	中度关联
X_{14}	国内生产总值	0.515 1	0.516 1	0.515 6	中度关联

按照灰色绝对关联度进行排序，X_6、X_9、X_1、X_7 和 X_4 排在前五位，说明这五个影响因素的序列折线与直播电商交易额的序列折线很相似，关系密切。按照灰色相对关联度进行排序，X_1、X_4、X_7、X_3 和 X_8 排在前五位，说明这五个影响因素相对于始点的变化速率与直播电商交易额相对于始点的变化速率更接近，两者之间存在密切关系。按照灰色综合关联度进行排序，X_1、X_6、X_9、X_4 和 X_7 排在前五位，说明从更全面的视角去考虑时，这五个

影响因素与直播电商交易额之间存在更为密切的关系，三种关联度的比较如图 14.4 所示。

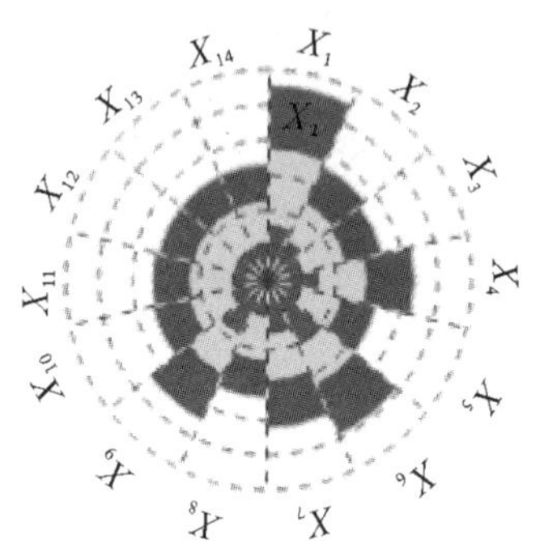

图 14.4　三种关联度比较

通过关联度结果可知，X_1、X_4、X_6、X_7 和 X_9 这 5 个因素与直播电商交易额的关联度达到了 0.6 以上，说明它们与直播电商交易额有更为密切的联系。因此，本章选取这 5 个影响因素作为直播电商发展规模的预测指标，以更全面地预测直播电商的发展规模。

14.4　直播电商发展规模预测

14.4.1　级比检验

序列 $X_0=(366,\ 1\,400,\ 4\,338,\ 10\,500)$ 的级比检验为

$$n=4,\ \sigma(k)=\frac{x^{(0)}(k-1)}{x^{(0)}(k)}$$

$$=(\frac{366}{1\,400},\frac{1\,400}{4\,338},\frac{4\,338}{10\,500})$$

$$=(0.261\,4,\ 0.322\,7,\ 0.413\,1)\notin(e^{-\frac{2}{4+1}},\ e^{\frac{2}{4+1}})$$

$$=(0.670\,3,\ 1.491\,8)$$

可知级比检验不通过，引入二阶弱化算子 D^2 后的序列为

$$X_0D^2=(6\,870.67,\ 7\,777.22,\ 8\,959.50,\ 10\,500.00)$$

再对 X_0D^2 进行级比检验：

$$\sigma(k)=\frac{x^{(0)}(k-1)}{x^{(0)}(k)}=(\frac{6\ 870.67}{7\ 777.22},\frac{7\ 777.22}{8\ 959.50},\frac{8\ 959.50}{10\ 500.00})$$

$$=(0.883\ 4,\ 0.868\ 0,\ 0.853\ 3)\in(e^{-\frac{2}{4+1}},\ e^{\frac{2}{4+1}})=(0.670\ 3,\ 1.491\ 8)$$

可知 X_0D^2 通过级比检验，符合建模要求。

按照上述步骤分别对 X_1、X_4、X_6、X_7 和 X_9 进行级比检验，检验结果如表 14.4 所示。

表 14.4　各序列的级比检验结果

序列	原始序列	级比检验序列	X_0D^2 序列	级比检验序列
X_0	(366，1 400，4 338，10 500)	(0.261 4，0.322 7，0.413 1)	(6 870.67，7 777.22，8 959.50，10 500.00)	(0.883 4，0.868 0，0.853 3)
X_1	(200，1 000，2 500，4 300)	(0.200 0，0.400 0，0.581 4)	(3 075.00，3 433.33，3 850.00，4 300.00)	(0.895 6，0.891 8，0.895 3)
X_4	(698，1 121，1 548，6 939)	(0.622 7，0.724 2，0.223 1)	(4 240.42，4 795.06，5 591.25，6 939.00)	(0.884 3，0.857 6，0.805 8)
X_6	(25 974，28 228，30 733，32 189)	(0.920 2，0.918 5，0.958 4)	—	—
X_7	(1 723，2 305，3 975，6 107)	(0.747 5，0.579 9，0.650 9)	(4 701.13，5 092.33，5 574.00，6 107.00)	(0.923 2，0.913 6，0.912 7)
X_9	(6 725.7，8 205.4，10 133.7，10 944.4)	(0.819 7，0.809 7，0.925 9)	—	—

14.4.2　灰色预测建模过程

本章以序列 X_0 为例，分别详细说明 GM（1，1）、DGM（1，1）、NDGM（1，1）和 FDGM（1，1）的建模过程，其他序列的建模过程不再赘述。

（1）GM（1，1）建模过程

序列 X_0D^2 =（6 870.67，7 777.22，8 959.50，10 500.00）$\triangleq X=\{x(1),x(2),x(3),x(4)\}$，其（1－AGO）序列 $X^{(1)}$ =（6 870.67，14 647.89，23 607.39，34 107.39），$X^{(1)}$ 的紧邻生成序列为 $Z^{(1)}$ =（10 759.28，19 127.64，28 857.39）。

假设 $x^{(0)}(k)+az^{(1)}(k)=b$，式中的 a，b 可通过最小二乘法求解，即 $\hat{h}=(B^TB)^{-1}B^TY=[a,\ b]^T$，其中 B，Y 分别为

$$B = \begin{bmatrix} -10\ 759.28 & 1 \\ -19\ 127.64 & 1 \\ -28\ 857.39 & 1 \end{bmatrix}, \quad Y = \begin{bmatrix} 7\ 777.22 \\ 8\ 959.50 \\ 10\ 500.00 \end{bmatrix} \tag{14.3}$$

求得 $a=-0.15$，$b=6\ 128.81$，从而求得白化微分方程为

$$\frac{dx^{(1)}}{dt} - 0.15x^{(1)} = 6\ 128.81 \tag{14.4}$$

则 GM（1，1）模型的时间响应式为

$$\begin{cases} \hat{x}^{(1)}(k+1) = 47\ 729.40e^{0.15(k-1)} - 40\ 858.73 \\ \hat{x}^{(0)}(k) = \hat{x}^{(1)}(k) - \hat{x}^{(1)}(k-1) \end{cases} \tag{14.5}$$

求得模拟序列为

$$\hat{X} = (5\ 707.44,\ 7\ 731.74,\ 8\ 988.91,\ 10\ 450.49)$$

（2）DGM（1，1）建模过程

序列 $X_0D^2 = (6\ 870.67,\ 7\ 777.22,\ 8\ 959.50,\ 10\ 500.00) \triangleq X = \{x(1),\ x(2),\ x(3),\ x(4)\}$，其（1-AGO）序列为 $X^{(1)} = (6\ 870.67,\ 14\ 647.89,\ 23\ 607.39,\ 34\ 107.39)$。

假设 $x^{(1)}(k+1) = \beta_1 x^{(1)}(k) + \beta_2$，式中的 β_1，β_2 可以通过最小二乘法求解，即 $\hat{g} = (B^TB)^{-1}B^TY = [\beta_1,\ \beta_2]^T$，其中 B，Y 分别为

$$B = \begin{bmatrix} 6\ 870.67 & 1 \\ 14\ 647.89 & 1 \\ 23\ 607.39 & 1 \end{bmatrix}, \quad Y = \begin{bmatrix} 14\ 647.89 \\ 23\ 607.39 \\ 34\ 107.39 \end{bmatrix} \tag{14.6}$$

经计算可得，$\beta_1 = 1.16$，$\beta_2 = 6\ 628.33$，

则 DGM（1，1）模型的时间响应式为

$$\begin{cases} \hat{x}^{(1)}(k) = 48\ 297.73 \times 1.16^k - 41\ 427.06 \\ \hat{x}^{(0)}(k) = \hat{x}^{(1)}(k) - \hat{x}^{(1)}(k-1) \end{cases} \tag{14.7}$$

求得模拟序列为

$$\hat{X} = (6\ 870.67,\ 7\ 747.67,\ 9\ 009.89,\ 10\ 477.74)。$$

（3）NDGM（1，1）建模过程

序列 $X_0D^2 = (6\ 870.67,\ 7\ 777.22,\ 8\ 959.50,\ 10\ 500.00) \triangleq X = \{x(1),\ x(2),\ x(3),\ x(4)\}$，其（1-AGO）序列为 $X^{(1)} = (6\ 870.67,\ 14\ 647.89,\ 23\ 607.39,\ 34\ 107.39)$。

假设

$$\begin{cases}\hat{x}^{(1)}(k+1)=\beta_1\hat{x}^{(1)}(k)+\beta_2 k+\beta_3\\ \hat{x}^{(1)}(1)=x^{(1)}(1)+\beta_4\end{cases} \tag{14.8}$$

通过最小二乘法来计算β_1、β_2、β_3，即$\hat{p}=(B^TB)^{-1}B^TY=[\beta_1,\ \beta_2,\ \beta_3]^T$，其中$B$、$Y$分别为

$$B=\begin{bmatrix}6\ 870.67 & 1 & 1\\ 14\ 647.89 & 2 & 1\\ 23\ 607.39 & 3 & 1\end{bmatrix},\quad Y=\begin{bmatrix}14\ 647.89\\ 23\ 607.39\\ 34\ 107.39\end{bmatrix} \tag{14.9}$$

经计算可得，$\beta_1=1.30$，$\beta_2=-1\ 174.15$，$\beta_3=6\ 869.62$，

则 NDGM（1，1）模型的时间响应式为

$$\begin{cases}\hat{x}^{(1)}(k+1)=6\ 870.67\times 1.30^k-1\ 174.15\sum_{j=1}^{k}j\,1.30^{(k-j)}-22\ 898.78\times(1-1.30^k)\\ \hat{x}^{(0)}(k)=\hat{x}^{(1)}(k)-\hat{x}^{(1)}(k-1)\end{cases} \tag{14.10}$$

求得模拟序列为

$\hat{X}=(6\ 870.67,\ 7\ 777.22,\ 8\ 959.50,\ 10\ 500.00)$

（4）FDGM（1，1）建模过程

序列 $X_0D^2=(6\ 870.67,\ 7\ 777.22,\ 8\ 959.50,\ 10\ 500.00)\triangleq X=\{x(1),\ x(2),\ x(3),\ x(4)\}$，假设$x^{(r)}(k+1)=\beta_1 x^{(r)}(k)+\beta_2$，$k=1,\ 2,\ \cdots,\ n-1$，取$r=1/2$，$\beta_1$、$\beta_2$可通过最小二乘法求解，即$\hat{m}=(B^TB)^{-1}B^TY=[\beta_1,\ \beta_2]^T$，其中$B$，$Y$分别为

$$B=\begin{bmatrix}6\ 870.67 & 1\\ 11\ 212.56 & 1\\ 15\ 424.61 & 1\end{bmatrix}\quad Y=\begin{bmatrix}11\ 212.56\\ 15\ 424.61\\ 20\ 043.29\end{bmatrix} \tag{14.11}$$

求得$\beta_1=1.03$，$\beta_2=4\ 033.02$，

则 FDGM（1，1）模型的时间响应式为

$$\begin{cases}\hat{x}^{(r)}(k)=141\ 304.67\times 1.03^{(k-1)}-134\ 434\\ \hat{x}^{(0)}(k)=\hat{x}^{(r)}(k)-\hat{x}^{(r)}(k-1)\end{cases} \tag{14.12}$$

求得模拟序列为

$\hat{X}=(6\ 870.67,\ 7\ 688.49,\ 9\ 092.49,\ 10\ 466.78)$

以上建模步骤是以X_0为例进行的，序列建模结果如表 14.5 所示，其

他序列的建模过程与 X_0 的建模机理一致，建模具体过程略去，建模结果如表 14.6 至表 14.10 所示。

表 14.5　序列 X_0 四种预测模型建模结果

模型		GM (1, 1)		DGM (1, 1)		NDGM (1, 1)		FDGM (1, 1)	
变量		$a=-0.15$ $b=6\ 128.81$		$\beta_1=1.16$ $\beta_2=6\ 628.33$		$\beta_1=1.30$ $\beta_2=-1\ 174.15$ $\beta_3=6\ 869.62$		$\beta_1=1.03$ $\beta_2=4\ 033.02$	
序列	建模数据/亿元	模拟数据/亿元	模拟误差/%	模拟数据/亿元	模拟误差/%	模拟数据/亿元	模拟误差/%	模拟数据/亿元	模拟误差/%
$X_0(1)$	6 870.67	6 870.67	0	6 870.67	0	6 870.67	0	6 870.67	0
$X_0(2)$	7 777.22	7 731.74	0.58	7 747.67	0.38	7 777.22	0	7 688.49	1.14
$X_0(3)$	8 959.50	8 988.91	0.33	9 009.89	0.56	8 959.50	0	9 092.49	1.48
$X_0(4)$	10 500.00	10 450.49	0.47	10 477.74	0.21	10 500.00	0	10 466.78	0.32
MAPE		—	0.35	—	0.29	—	0	—	0.74

表 14.6　序列 X_1 四种预测模型建模结果

模型		GM (1, 1)		DGM (1, 1)		NDGM (1, 1)		FDGM (1, 1)	
变量		$a=-0.11$ $b=2\ 898.05$		$\beta_1=1.12$ $\beta_2=3\ 070.42$		$\beta_1=1.08$ $\beta_2=142.03$ $\beta_3=3\ 045.32$		$\beta_1=0.96$ $\beta_2=1\ 994.13$	
序列	建模数据/亿元	模拟数据/亿元	模拟误差/%	模拟数据/亿元	模拟误差/%	模拟数据/亿元	模拟误差/%	模拟数据/亿元	模拟误差/%
$X_1(1)$	3 075.00	3 075.00	0	3 075.00	0	3 075.00	0	3 075.00	0
$X_1(2)$	3 433.33	3 432.37	0.03	3 436.19	0.08	3 433.33	0	3 410.02	0.68
$X_1(3)$	3 850.00	3 840.20	0.25	3 844.93	0.13	3 850.00	0	3 887.85	0.98
$X_1(4)$	4 300.00	4 296.49	0.08	4 302.29	0.05	4 300.00	0	4 289.70	0.24
MAPE		—	0.09	—	0.07	—	0	—	0.63

表 14.7　序列 X_4 四种预测模型建模结果

模型		GM (1, 1)		DGM (1, 1)		NDGM (1, 1)		FDGM (1, 1)	
变量		$a=-0.19$ $b=3\ 482.94$		$\beta_1=1.21$ $\beta_2=3\ 846.38$		$\beta_1=1.69$ $\beta_2=-2\ 525.58$ $\beta_3=4\ 383.10$		$\beta_1=1.11$ $\beta_2=2\ 090.94$	
序列	建模数据/家	模拟数据/家	模拟误差/%	模拟数据/家	模拟误差/%	模拟数据/家	模拟误差/%	模拟数据/家	模拟误差/%
$X_4(1)$	4 240.42	4 240.42	0	4 240.42	0	4 240.42	0	4 240.42	0

表14.7(续)

模型		GM (1, 1)		DGM (1, 1)		NDGM (1, 1)		FDGM (1, 1)	
$X_4(2)$	4 795.06	4 709.34	1.79	4 725.71	1.45	4 795.06	0	4 690.65	2.18
$X_4(3)$	5 591.25	5 683.74	1.65	5 705.69	2.05	5 591.25	0	5 736.49	2.60
$X_4(4)$	6 939.00	6 859.75	1.14	6 888.88	0.72	6 939.00	0	6 904.24	0.50
MAPE		—	1.15	—	1.06	—	0	—	1.32

表 14.8　序列 X_6 四种预测模型建模结果

模型		GM (1, 1)		DGM (1, 1)		NDGM (1, 1)		FDGM (1, 1)	
变量		$a=-0.06$ $b=25\ 833.39$		$\beta_1=1.07$ $\beta_2=26\ 702.03$		$\beta_1=0.58$ $\beta_2=14\ 325.83$ $\beta_3=24\ 779.11$		$\beta_1=0.88$ $\beta_2=18\ 491.02$	
序列	建模数据/元	模拟数据/元	模拟误差/%	模拟数据/元	模拟误差/%	模拟数据/元	模拟误差/%	模拟数据/元	模拟误差/%
$X_6(1)$	25 974.00	25 974.00	0	25 974.00	0	25 974.00	0	25 974.00	0
$X_6(2)$	28 228.00	28 427.10	0.71	28 439.37	0.75	28 228.00	0	28 238.28	0.04
$X_6(3)$	30 733.00	30 329.79	1.31	30 341.62	1.27	30 733.00	0	30 714.87	0.06
$X_6(4)$	32 189.00	32 359.83	0.53	32 371.10	0.57	32 189.00	0	32 194.55	0.02
MAPE		—	0.64	—	0.65	—	0	—	0.03

表 14.9　序列 X_7 四种预测模型建模结果

模型		GM (1, 1)		DGM (1, 1)		NDGM (1, 1)		FDGM (1, 1)	
变量		$a=-0.09$ $b=4\ 433.24$		$\beta_1=1.10$ $\beta_2=4\ 644.12$		$\beta_1=1.11$ $\beta_2=-61.00$ $\beta_3=4\ 652.35$		$\beta_1=0.93$ $\beta_2=3\ 029.13$	
序列	建模数据/亿元	模拟数据/亿元	模拟误差/%	模拟数据/亿元	模拟误差/%	模拟数据/亿元	模拟误差/%	模拟数据/亿元	模拟误差/%
$X_7(1)$	4 701.13	4 701.13	0	4 701.13	0	4 701.13	0	4 701.13	0
$X_7(2)$	5 092.33	5 087.71	0.09	5 091.37	0.02	5 092.33	0	5 056.19	0.71
$X_7(3)$	5 574.00	5 571.38	0.05	5 575.74	0.03	5 574.00	0	5 635.17	1.10
$X_7(4)$	6 107.00	6 101.04	0.10	6 106.20	0.01	6 107.00	0	6 089.49	0.29
MAPE		—	0.06	—	0.02	—	0	—	0.53

表 14.10 序列 X_9 四种预测模型建模结果

模型		GM (1, 1)		DGM (1, 1)		NDGM (1, 1)		FDGM (1, 1)	
变量		$a = -0.14$ $b = 6\,949.90$		$\beta_1 = 1.15$ $\beta_2 = 7\,476.85$		$\beta_1 = 0.42$ $\beta_2 = 6\,683.97$ $\beta_3 = 5\,419.50$		$\beta_1 = 0.96$ $\beta_2 = 5\,314.83$	
序列	建模数据/亿元	模拟数据/亿元	模拟误差/%	模拟数据/亿元	模拟误差/%	模拟数据/亿元	模拟误差/%	模拟数据/亿元	模拟误差/%
$X_9(1)$	6 725.70	6 725.70	0	6 725.70	0	6 725.70	0	6 725.70	0
$X_9(2)$	8 205.40	8 441.07	2.87	8 463.35	3.14	8 205.40	0	8 393.68	2.29
$X_9(3)$	10 133.70	9 684.72	4.43	9 704.72	4.23	10 133.70	0	9 855.95	2.74
$X_9(4)$	10 944.40	11 111.60	1.53	11 128.18	1.68	10 944.40	0	11 012.48	0.62
MAPE		—	2.21	—	2.26	—	0	—	1.41

由表 14.5 至表 4.10 可知，从模型精度检验的角度考虑，X_0、X_1、X_6 和 X_7 序列的四种模型的 MAPE $< \alpha = 0.01$，精度为一级，而 X_4 和 X_9 序列的四种模型的 MAPE $< \alpha = 0.05$，精度为二级，因此这几个序列的建模都符合要求。根据模拟计算结果，分别绘制出 X_0、X_1、X_4、X_6、X_7 和 X_9 序列的四种模型的拟合效果图，如图 14.5 所示。

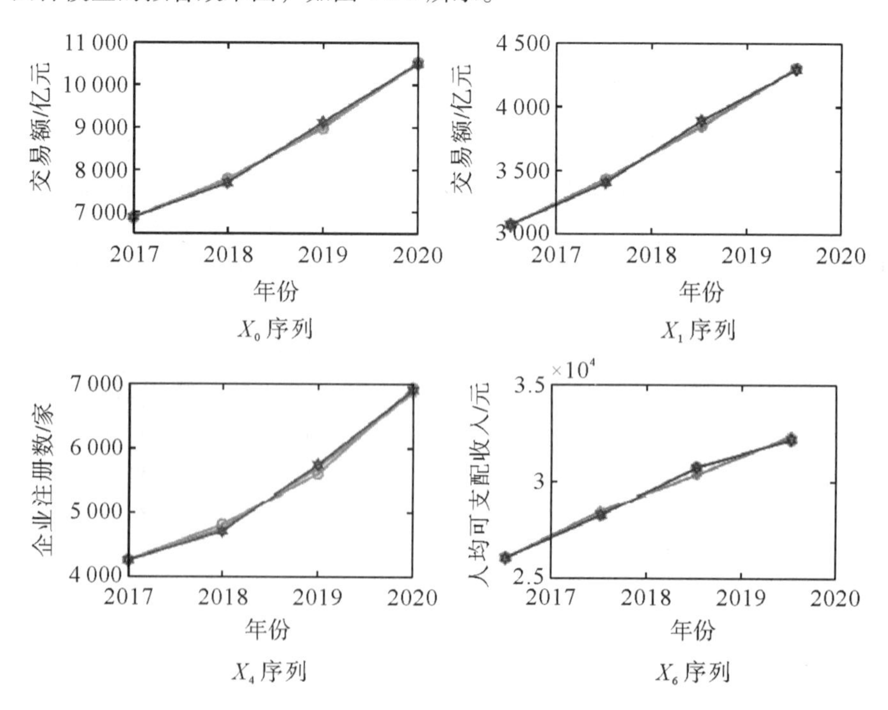

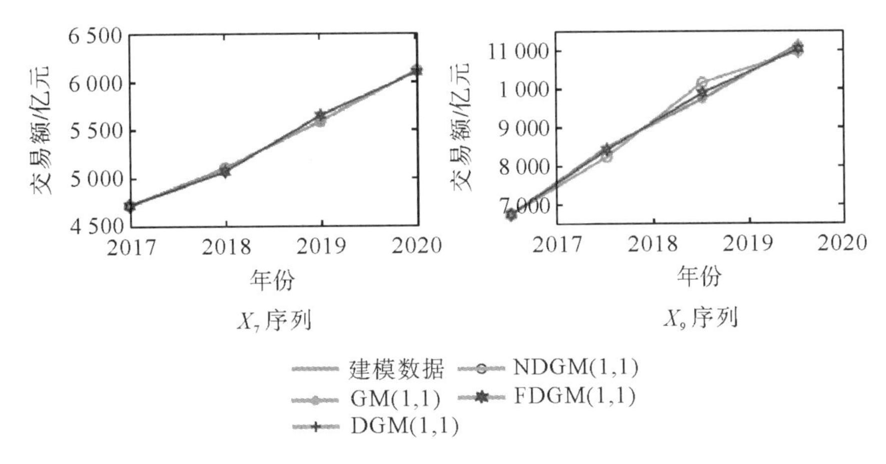

图 14.5　X_0、X_1、X_4、X_6、X_7 和 X_9 序列的四种模型的拟合效果

从各序列在四种模型中的总体拟合效果来看，X_7 的拟合效果相对较好，其 GM（1，1）模型、DGM（1，1）模型和 NDGM（1，1）模型的相对误差分别小于等于其他序列；从四种模型的相对误差来看，在 X_0、X_1、X_4、X_6、X_7 和 X_9 序列的四种模型中，NDGM（1，1）模型的相对误差相较于其他三个模型都小，模拟精度最高。因此，选取 NDGM（1，1）模型作为后续直播电商发展规模的预测模型。

14.4.3　直播电商发展规模预测与分析

通过上述计算分析，本节选取直播电商市场交易额及与其关系较密切的指标作为预测的原始数据，即淘宝直播电商交易额 X_1、直播电商企业注册数 X_4、居民人均可支配收入 X_6、农产品电商交易额 X_7 和服饰电商交易额 X_9 的 NDGM（1，1）模型，以求得 2021—2023 年直播电商预测指标值，如表 14.11。

表 14.11　2021—2023 年直播电商预测指标值

序列	模拟数据				预测数据		
	2017 年	2018 年	2019 年	2020 年	2021 年	2022 年	2023 年
X_0/亿元	6 870.67	7 777.22	8 959.5	10 500	12 507.26	15 122.70	18 530.59
X_1/亿元	3 075.00	3 433.33	3 850.00	4 300.00	4 786.00	5 310.87	5 877.72
X_4/家	4 240.42	4 795.06	5 591.25	6 939.00	9 220.40	13 082.25	19 619.38
X_6/元	25 974.00	28 228.00	30 733.00	32 189.00	33 035.28	33 527.17	33 813.08

表14.11(续)

序列	模拟数据				预测数据		
	2017 年	2018 年	2019 年	2020 年	2021 年	2022 年	2023 年
X_7 /亿元	4 701.13	5 092.33	5 574.00	6 107.00	6 696.80	7 349.45	8 071.66
X_9 /亿元	6 725.70	8 205.40	10 133.70	10 944.40	11 285.24	11 428.53	11 488.78

从表 14.11 可以看出，2021—2023 年直播电商的预测指标在不断增长，其中直播电商市场交易额的增长势头很猛，这与服饰电商市场规模、农产品电商交易额和淘宝直播电商交易额的增加息息相关，其发展规模如图 14.6 所示。

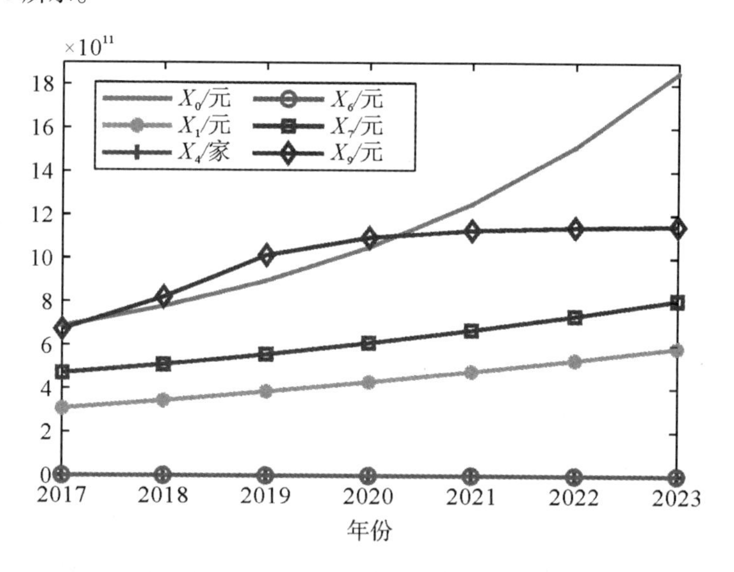

图 14.6　2017—2023 年直播电商发展规模

服饰与农产品作为直播电商交易中的热销品类，与人们的衣食密不可分，2023 年服饰电商市场的发展势头相对比较平稳，而农产品电商相较于服饰电商的发展会更快一些，这得益于国家乡村振兴战略的扶持。未来直播电商在行业中的渗透率会越来越高，因此这两个品类所创造的直播营收在众多品类中的占比将会越来越大。淘宝作为最早开始布局直播电商的平台，经过近几年不断改变直播平台的运营策略，其商业模式已日趋成熟，同时在国家政策的扶持下，未来淘宝直播电商交易额将会不断增长。此外，在直播电商行业利好的情形下，一些商人会瞄准这个好时机，纷纷创立直播电商企业，因此未来这类企业的数目将不断增加。随着国家经济的快速发展，居民人均可支配收入也在不断提高。当前人们更加倾向于直观、便利的直播购物方式，加上人们对美好生活的需求越来越高，希望足不出户尝尽天下美食，同时居民人均可支配收入持续增长，这些都将促使人们更倾向于选择通过直播购物的方式来完成消费。

14.4.4 直播电商未来发展的对策与建议

直播电商发展至今，直播电商市场交易额不断增加，如图 14.7 所示，但是随着国家政策的引导，直播电商逐渐从“野生爆发式生长”走向健康可持续发展之路。直播电商的未来发展仍受到多方面的影响，因此在发展过程中需要特别注意以下几点：

（1）优化直播平台建设，推广淘宝直播模式

淘宝最早开始布局直播电商，随着互联网的不断发展和国家政策的扶持力度不断加大，淘宝直播电商市场交易额的增长速度逐渐加快。但是随着行业生态的不断完善，逐渐出现了其他直播电商平台，例如抖音电商直播、快手电商直播等，这些直播平台的出现，瓜分了用户流量池，因此淘宝直播电商市场交易额后期的增长速度放缓，如图 14.8 所示。淘宝直播的成长，从最初的单调的直播间，到如今智能主播机器人的出现，平台在不断地调整和优化，消费者的购物体验也在不断提升。随着 VR、人工智能技术的出现，淘宝直播创造出更多的新模式、新玩法和新场景，成为行业发展的领航者，政府应鼓励其他直播平台借鉴淘宝直播的成功经验，并结合平台自身现状来规划直播电商商业蓝图。

（2）鼓励企业开展直播，拉动消费实现共赢

直播电商企业注册数逐年增加，如图 14.9 所示。直播电商正处于发展红利期，政府应出台相关政策，引导并鼓励更多企业开展直播电商业务，同时也要加强监督和指导，创造良好的市场运行环境。此外，随着国家经济实力的增强，居民人均可支配收入不断提高，如图 14.10 所示。其中，新冠疫情的出现使得很多消费者选择在直播间进行购物，再次将直播电商推到消费者面前，直播电商迎来一片新“蓝海”。因此，电商企业应精准对接市场消费升级，创建自有特色品牌，形成产业集群，培育和发展新的消费热点，开发出更多有差异化、有针对性的商品，从而刺激消费者购买，满足消费者对优质商品的追求，实现企业和消费者的共赢，从而进一步扩大直播电商市场规模。

（3）丰富直播电商品类，重视地方特色产品

近年来，农产品电商交易额增长势头很猛（见图 14.11），服饰电商交易额也呈上升趋势（见图 14.12）。由于国家大力推进乡村振兴战略，助农直播的场次逐年增加，因此政府应大力发展地方特色产品，抓住直播电商+特色农产品的发展机遇，形成直播电商区域集聚与示范效应。在直播电商的热销品类中，服装、食品等都占据了很大一部分，这与人们的生活息息相关。随着直播电商生态系统的日趋成熟，“万物皆可播”的局面正在逐渐形成，直播电商的参与品类更加丰富多元，带货行业更加齐全，不同带货内容的直播，如旅游直播、教育直播等纷纷涌现。

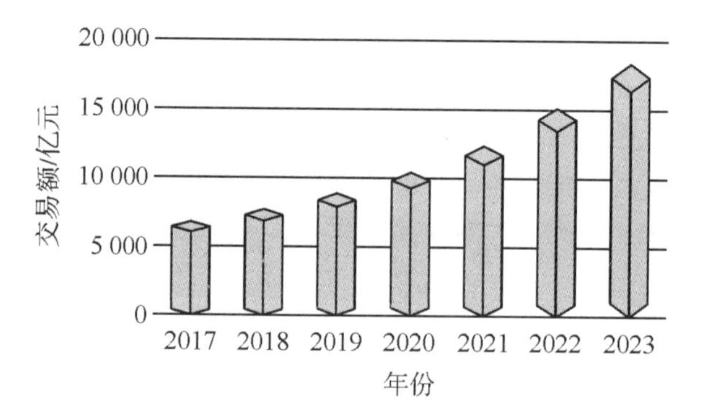

图 14.7　2017—2023 年直播电商市场交易额

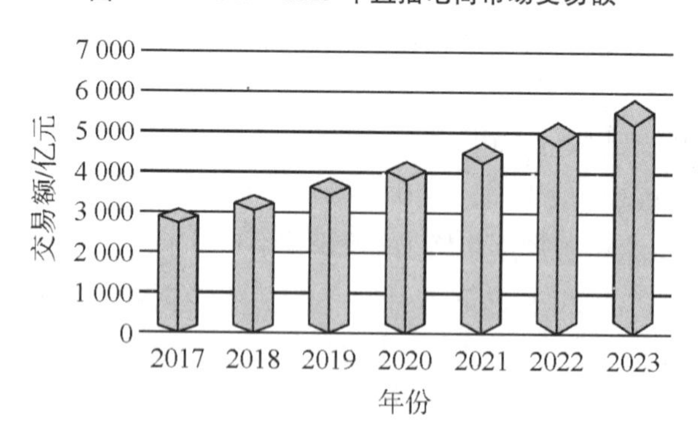

图 14.8　2017—2023 年淘宝直播电商交易额

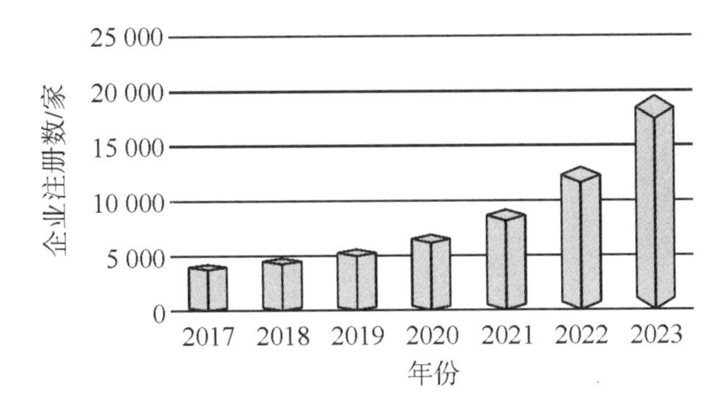

图 14.9　2017—2023 年直播电商企业注册数

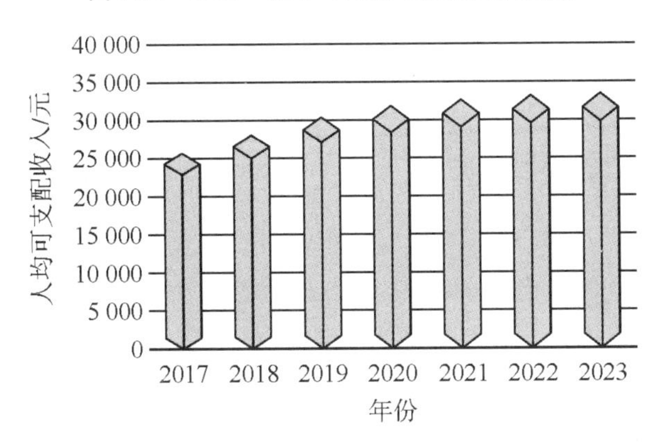

图 14.10　2017—2023 年居民人均可支配收入

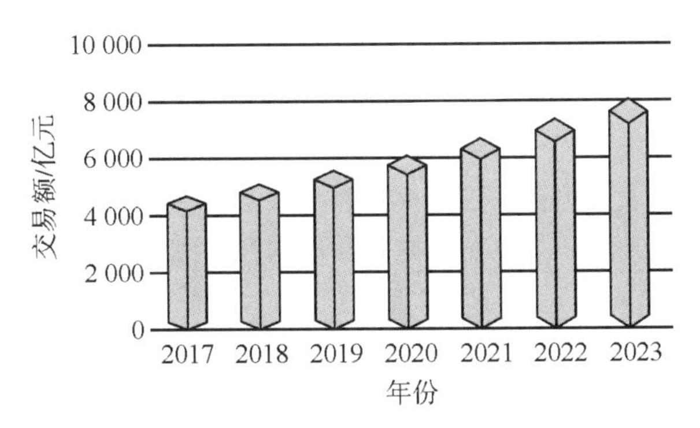

图 14.11　2017—2023 年农产品电商交易额

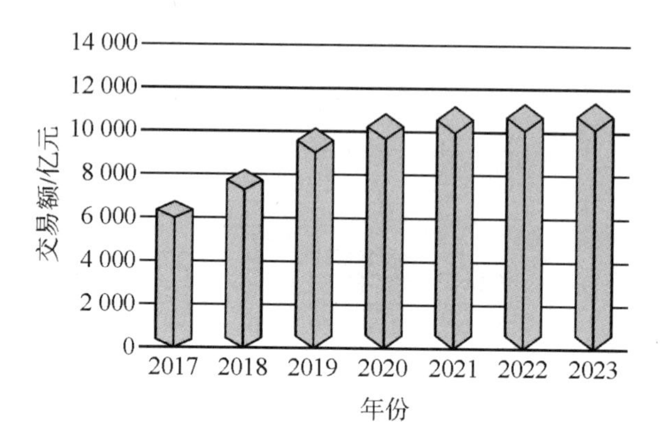

图 14.12　2017—2023 年服饰电商交易额

14.5　本章小结

现有的关于直播电商的研究多是基于定性分析，本章从新的研究视角，用新的方法从定量的角度对直播电商发展进行了研究。首先，依据直播电商的生态系统选取了可量化的指标，以构建灰色关联分析模型，并从众多因素中确定了影响直播电商发展的量化指标有淘宝直播电商交易额、直播电商企业注册数、居民人均可支配收入、农产品电商交易额和服饰电商交易额；其次，针对这些量化指标构建 GM（1，1）、DGM（1，1）、NDGM（1，1）和 FDGM（1，1）四种灰色预测模型，对直播电商市场交易额及其影响因素进行数据模拟，选出了预测精度较高的 NDGM（1，1）模型；最后，对直播电商发展规模预测指标进行分析，结果显示，直播电商的发展速度较快，但如果想要使直播电商行业健康可持续发展，就需要发展特色产业，走出一条因地制宜的创新路。例如，中国东南沿海地区，因制造业发达，孵化出了海宁皮革、杭州女装等特色产业，形成了区域产业集群，线上线下融合发展，激活了直播电商上下游产业链，包括直播平台、供应商等各市场主体的活力，打造了与直播电商行业发展需求匹配的产业生态系统，更加有利于直播电商长久稳定地发展。

15 研究结论、不足与展望

15.1 研究结论

随着科学技术的发展，人类面对的系统越来越复杂。由于冲击扰动信息的存在，以及人类认知的局限性，人们所能获取的信息往往带有很大的不确定性。灰色系统理论作为一种处理不确定性问题的新方法，经过几十年的发展，已经取得了很大的进展，在工业、农业、经济、能源、管理等众多领域得到了广泛应用。但是，作为一门新兴的横断学科，其在理论和应用上不是十分成熟，存在许多需要解决的问题。本书针对含有冲击扰动信息的不确定系统，对灰色建模技术进行了改进，建立了含可变参数的灰色预测模型，并将其运用到不同实际案例的预测中。

本书的主要研究结论如下：

（1）根据缓冲算子的构建原理，在现有研究的基础上，根据灰色系统的新信息优先原理，提出了一类含时变参数的弱化缓冲算子，并通过优化参数，使得到的序列更加符合灰色预测模型的建模条件。本书将上述弱化缓冲算子应用到上海市航空运输业从业人数、我国民航不安全事件的预测中，取得了较高的建模精度。

（2）针对含有扰动信息的系统，为了减小灰色预测模型的解的扰动界，本书提出了一种分数阶累加线性时变参数离散灰色预测模型，该模型可以用来处理既包含线性趋势又包含指数趋势耦合的复杂系统。同时，本书还利用扰动理论的最小二乘方法分析了该模型的扰动界。本书将上述模型应用于广东省的 GDP 预测、我国公路运输线路长度的预测中，均取得了优于传统灰色预测模型的建模效果，从而拓宽了灰色预测模型的应用范围。

（3）针对多项式时变参数离散灰色预测模型［PDGM（1，1，m）模型］容易出现过度拟合的问题，本书提出了分数阶累加多项式时变参数离散灰色预测模型［FPDGM（1，1，m，r）模型］。同时，利用矩阵扰动理论，发现FPDGM（1，1，m，r）模型的扰动界小于PDGM（1，1，m）模型，采用FPDGM（1，1，m，r）模型可以较好地解决过拟合问题。传统的离散灰色预测模型可以看作该模型的特殊情况，本书提出的模型更具有一般性。将新模型应用于上海市的GDP预测、家庭每年人均石油气消费量的预测中，均取得了较高的模拟和预测精度。

（4）为了提高非齐次离散灰色预测模型的解的稳定性，本书提出了分数阶反向累加非齐次离散灰色预测模型［FR-NDGM（1，1）模型］，从反向的角度去考虑累加生成问题，更符合灰色系统的新信息优先原理。同时，本书运用数学方法分析了模型的解的扰动界，证明了FR-NDGM（1，1）模型的解比一阶反向累加非齐次离散灰色预测模型［FORA-NDGM（1，1）模型］更稳定。此外，本书运用上述模型对上海市的工业废气排放量进行了预测，预测结果验证了FR-NDGM（1，1）模型的有效性和实用性。

（5）对于连续区间灰数的预测，本书提出了分数阶累加二次时变参数离散灰色预测模型［FQDGM（1，1）模型］，该模型可在不损失原始信息的前提下，将区间灰数转化为核序列和灰半径序列，然后分别对核序列和灰半径序列建立FQDGM（1，1）模型。FQDGM（1，1）模型可针对同时包含指数和二次曲线趋势的系统进行建模，并通过二次时变参数的求解和阶数的调整，实现对原始信息的有效挖掘，以及避免扰动信息的干扰。本书运用上述模型对长江三角洲地区的人均工业废水排放量进行了预测，取得了较高的建模精度，验证了FQDGM（1，1）模型的优越性。

（6）本书构建了分数阶反向累加离散灰色预测模型［FORA-DGM（1，1）模型］，并利用矩阵扰动理论分析了模型的解的扰动界，证明了FORA-DGM（1，1）模型比传统的离散灰色预测模型具有更小的解的扰动界，从而具有良好的稳定性。此外，本书应用FORA-DGM（1，1）模型对上海市工业部门的SO_2排放量进行了预测，结果表明，FORA-DGM（1，1）模型的模拟误差和预测误差小于传统的离散灰色预测模型，特别是在预测方面优势更为明显。

（7）本书从理论上分析了分数阶反向累加和分数阶反向累加离散灰色预测模型的性质，并通过算例进行了验证。研究发现，分数阶反向累加离散灰色预测模型充分利用了系统的新信息，更符合新信息优先原理。当原始数据受到干扰时，分数阶反向累加离散灰色预测模型具有较好的稳定性。

（8）本书针对具有周期性特征的小样本系统的建模问题，提出了一种新的灰色幂模型，并在建模过程中引入了三角函数，以识别数据的周期性特征。同时，在参数求解时，本书以平均相对误差最小为目标，运用最小二乘法和遗传算法对各个参数进行优化与求解。实例计算结果表明，本书提出的模型具有更高的预测精度，进一步检验了模型的有效性。

（9）本书首先采用缓冲算子对系统数据进行预处理，然后构建了分数阶累加线性时变参数离散灰色预测模型［FTDGM（1，1）模型］，并从理论上分析了该模型的优势。通过将该模型应用于中国能源消耗的预测，进一步验证了模型的有效性和实用性，从而为政府制定合理的能源政策提供了一种可以信赖的理论支持。

（10）本书将多项式引入传统 GM（1，1）幂模型，以增强模型对数据序列的适应能力，同时在构造背景值时，引入一个新参数，将背景值表示为相邻序列点的线性函数，并给出了两个具体模型的形式和求解方法，同时以平均相对误差最小化为目标，运用遗传算法对幂指数和新参数进行协同优化。此外，本书通过模型检验确定最优建模维数，在此基础上建立新陈代谢 GM（1，1，t^h，p）幂模型，并分别将模型用于生鲜电商行业交易规模和盒马季度月活用户规模的预测中，结果发现，改进后的 GM（1，1）幂模型相较于原始模型能明显提高拟合精度，新陈代谢 GM（1，1，t^h，p）幂模型在生鲜电商方面的预测上具有良好的性能。

（11）航空运输已经成为继海运、内河航运、铁路、公路之后推动经济发展的第五大力量。随着我国航空运输规模的不断扩大，航空运输问题成为学术研究的重点内容。本书利用新提出的灰色预测模型，分别对上海市航空运输业从业人数、航空旅客周转量、货物周转量和我国民航不安全事件进行了预测，得到了比较高的预测精度，从而实现了对航空运输系统的有效预测。

（12）本书分别构建了 GM（1，1）、DGM（1，1）、NDGM（1，1）和 FDGM（1，1）四种灰色预测模型，并对模型的准确性进行了比较。结果表明，NDGM（1，1）模型的模拟效果最好。同时，本书利用 NDGM（1，1）模型对 2021—2023 年我国直播电商发展规模指标进行了预测分析，并提出相关建议。本书将新的建模方法应用于直播电商的研究中，拓宽了直播电商的理论研究领域。此外，本书从不同的角度对直播电商进行了新的研究，可以为中国政府做出更合理和有效的决策提供参考。

15.2 研究不足与展望

作为一种处理不确定问题的有效方法，灰色系统理论近年来得到了越来越多学者的关注，在理论研究和实际应用上均取得了较大突破。但是，作为一门新兴学科，其仍然存在一些需要解决的问题。本书对缓冲算子的构建、灰色预测模型的构建等问题展开了深入的研究，并将新的预测模型应用于航空运输的预测中，取得了一些有价值的成果，但是还存在一些问题。

本书的研究过程侧重于对新模型的构建和模型参数的求解、优化，重点讨论模型的稳定性和有效性。研究过程也存在以下不足之处：对于模型适用范围的讨论不够，针对随机仿真序列进行大规模仿真计算还不够深入，研究方法于侧重强调模型的稳定性，研究手段稍显单一。基于此，在本书已有研究的基础上，笔者拟在接下来的研究中重点讨论并解决以下问题：

（1）缓冲算子的进一步研究。本书研究了缓冲算子的性质，构建了一类时变弱化缓冲算子，拓宽了其应用范围。但是，新缓冲算子的物理意义还需要进一步明确，而且需要进一步研究新的缓冲算子的适用范围，需要进一步研究如何根据不同的系统采用合适的缓冲算子，以及不同缓冲算子在物理意义上的区别和联系也有待进一步研究。

（2）分数阶累加线性时变参数离散灰色预测模型和分数阶多项式时变参数离散灰色预测模型用于中长期预测的研究。笔者需要进一步探讨模型的适用范围，以及进行大规模的仿真计算，以研究序列的长度和波动性与建模精度之间的关系。本书初步讨论了模型用于多步预测的建模效果，还需要进一步探讨模型用于中长期预测的建模效果，从而探讨模型用于中长期建模的可能性，以初步解决灰色预测模型只能用于短期预测的问题。

（3）分数阶反向累加非齐次离散灰色预测模型的进一步研究。基于模型稳定和新信息优先原理，本书构建了分数阶反向累加非齐次离散灰色预测模型，并研究了其解的扰动界。但是，对于反向累加的几何意义和物理意义，还需要进一步明确，尤其是正向累加与反向累加的区别和联系、新模型的适用范围，都需要做进一步的研究。

（4）连续区间灰数灰色预测模型的进一步研究。在现有研究的基础上，本书构建了一种适用于连续区间灰数的灰色预测模型，并给出了具体的求解过程。但是，如何对区间灰数的信息进行更加有效的挖掘，并进行随机序列的大规模仿真计算，从而构建更加符合区间灰数特征的灰色预测模型，仍然需要做进一步的研究。

（5）在新陈代谢 GM（1，1，t^h，p）幂模型的构建过程中，因为灰色预测模型的应用对象是小样本，所以多项式的次数不宜太高，若次数太高，在矩阵求逆的过程中可能会出现病态矩阵，导致参数无法估计，这是需要进一步解决的问题。